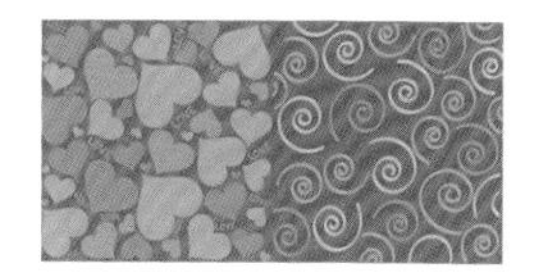

# 专业配色速查宝典

## 室内设计

吕光 / 编著

ZHUANYE PEISE
SUCHA BAODIAN

## 内容提要

本书以房间的功能性为主线介绍各个房间的配色方案与技巧，包含卧室、厨房、客厅、儿童房、书房等房间，用大量的配色方案和实例效果图与配色值来指导读者能够成功将书中内容迅速实现于家装中，迎合了设计师看图不看文的阅读习惯。本书可以作为案头、口袋型的工具书，以及培训机构的培训用书。


## 图书在版编目（CIP）数据

专业配色速查宝典——室内设计/吕光编著.-北京:印刷工业出版社,2014.6

ISBN 978-7-5142-0992-1

Ⅰ.专… Ⅱ.吕… Ⅲ.室内装饰设计-配色-图集 Ⅳ.①TU238-64②J063-64

中国版本图书馆CIP数据核字(2014)第100603号

## 专业配色速查宝典——室内设计

编　　著：吕　光

责任编辑：刘淑婧　　　　责任校对：岳智勇

责任印制：杨　松　　　　责任设计：张　羽

出版发行：印刷工业出版社（北京市翠微路2号 邮编：100036）

网　　址：www.keyin.cn　　www.pprint.cn

网　　店：//pprint.taobao.com

经　　销：各地新华书店

印　　刷：北京盛华达印刷有限公司

开　　本：880mm×1230mm　1/32

字　　数：200千字

印　　张：7.125

印　　次：2014年6月第1版　2014年6月第1次印刷

定　　价：46.00元

I S B N：978-7-5142-0992-1

如发现印装质量问题请与我社发行部联系　发行部电话：010-88275811

姓名：吕光　色彩心理学博士

**主要社会职务：**

IBCDS国际商用色彩设计学会主席
AIC国际色彩学会教育委员会国际委员
CIE国际照明委员会图像专业委员会委员
Mix国际流行趋势预测专业权威机构国际专家成员
全国颜色标准化技术委员会(SAC/TC120)专业委员
国家劳动部“配色设计师、色彩设计师、调色师”职业培训主任
国家劳动部“色彩技能培训”专家成员
中国商业联合会配色设计师职业培训专家委员
中华全国工商联纺织服装商会专家委员会委员
中国涂料流行色趋势首席发布专家
中国室内设计师学会流行趋势首席发布专家
BCDS与国家颜色计量联合试验室主任
中国民族建筑研究会理事
原中国纺织流行趋势总提案人
北京服装学院服装色彩研究生客座导师
北京理工大学客座教授
苏州大学设计学院客座教授
外交部色彩形象设计顾问等

**主要发表书籍和部分代表性文章：**

《基础设计色彩》、《专业设计色彩》、《时尚配色5000例》、《流行色配色万用宝典》、《新商用色彩设计指南－色彩量化设计》、《色彩大师－配色全攻略》、《基础/专业色彩设计师－劳动部教材》、《商用色彩设计系统与颜色设计方法》、《新趋势》、《新风格》、《新女装》等图书；《色彩意识形态对中国传统色彩教育的影响》、《产品开发中的“三仿”》、《流行趋势中的“三态”》、《创意设计中的“三相”》、《色票不是颜色标准》等文章。

**色彩流行趋势工作：**

主持中国首次纺织流行色趋势发布
主持中国首次涂料（建筑）流行色趋势发布
主持中国首次涂料（工业）流行色趋势发布

主持中国首次室内流行色趋势发布
主持中国首次家纺流行色趋势发布
主持中国首次鞋业流行色趋势发布

**发布大事：**

1997年春夏季中国纺织流行色趋势发布（1995年发布）
1998年秋冬季中国纺织流行色趋势发布（1996年发布）
2000年春夏季中国纺织流行色趋势发布（1998年发布）
2000年秋冬季中国家用纺织品流行色趋势发布（1999年发布）
2000/ 2001年秋冬季中国纺织流行色趋势发布（1999年发布）
2001/2002年春夏季中国纺织流行色趋势发布（2000年发布）
2001/2002年秋冬季中国涂料流行色趋势发布（2000年发布）等

**主要开发工作：**

《商用色彩设计体系－BCDS》设计和创造者
《中国应用色彩系统》项目设计者
《中国建设色彩标准》项目设计者
《Colour Master－色彩大师》软件项目设计者
《壁纸配色工厂》软件项目设计者
《BCDS200PA便携式分光测色仪》硬件项目设计者
《BCDS颜色转化器》软件项目设计者
《配色快递》软件项目设计者
《色彩设计师》劳动部委托技能培训项目设计者
《配色设计师》劳动部委托技能培训项目设计者
《调色设计师》劳动部委托技能培训项目设计者
《职业配色设计师》商务部中国商业联合会等级培训项目设计者。

# 前言

## FOREWORD

目前大多数设计师在设计色彩时“凭感觉”，而没有色彩设计方法，在国际上也是同样的情况。为了改变在色彩设计中没有方法的现象，中国北京领先空间商用色彩研究中心的国内外专家，以中国色彩研究历史文化为背景，用了漫长的时间，进行了大量的科学研究和实验，创造性建立了专为色彩设计应用的颜色系统“商用色彩设计体系”。以体系为色彩设计平台，用色彩量化的设计方法能解决色彩设计中没有方法的问题，也解决了“从色彩心理感到用量化色彩设计表现”，完成了色彩设计的“从无法到有法”质的改变，做到“设计思想与设计目标统一”。

色彩设计的方法和形式：商用色彩设计体系创造性地提出了“颜色量化设计”色彩教育的新理念，它采用了自然颜色和人文色彩交叉式综合教育方式，即30%的理论加70%的颜色强化技能训练，建立“物理颜色设计”和“心理色彩感受”之间的科学联系；以商用色彩设计体系的空间来设计和诠释颜色之间的关系，用商用色彩设计体系的各种规律为颜色调和进行设计，将设计中“色彩感觉”转化为“量化应用”；创新地提出了 “颜色刺激量”学说，解决了颜色设计与心理量化微调的问题；用颜色“属性设计”的理论解决颜色在设计应用中的基本调和问题，提高了设计师对色彩综合掌控能力。商用色彩设计体系拥有约40多万个可实现的颜色空间，遵循以人为本的原则,为我们了解颜色、掌握颜色、使用颜色、实现颜色提供了科学的理论依据。商用色彩理论将颜色空间的调和规律，用视觉化的形式与人们沟通，通过简单明了的使用方法，教会人们如何正确看待颜色、使用颜色和设计颜色的方法。

在科学和规范的色彩设计教育模式下，学习者可达到或超过专业设计院校的色彩设计和应用水平，并可独立完成色彩设计全过程，满足个人色彩设计和工作中色彩设计的需求，从而弥补设计师在色彩设计方面知识和技能的不足和欠缺，达到对色彩设计的根本掌握和色彩技能的熟练应用的目的。

本书形式独特、版式新颖、技术实用、资源丰富、案例经典、紧扣室内配色的要点，提供了多种配色方案和案例，并针对不同的文化层面的消费者，能够使其更容易理解和掌握每天所学习的知识，具有很强的实用价值。本书也是广告设计、杂志设计、书籍装帧、家装设计、包装设计、平面制作从业者必备的配色参考手册，也是当下社会人们生活中，对家装配色的需求丛书。

本书由吕光编写，参与本书创作的人员还有刘洋、王鹏、张晓杰、王梦甜、吕梦吟。

2014年4月　北京

# 目 录

## Part A 配色的基础理论



## Part B 教你快速设计室内配色方案

### Chapter1 儿童房间配色方案



### Chapter2 卧室配色方案



### Chapter3 [illegible]



### Chapter4 厨房配色方案



### Chapter5 书房配色方案

# 配色使用导航

本书以BCDS色彩设计体系为色彩设计基础，以快速配色设计为目的，将家具室内配色按照以下几大类进行色彩配色设计：儿童房配色、卧室配色、客厅配色、厨房配色、书房配色。为设计师和广大的用户在本书中找到自己最喜欢的室内配色提供方便的工具。

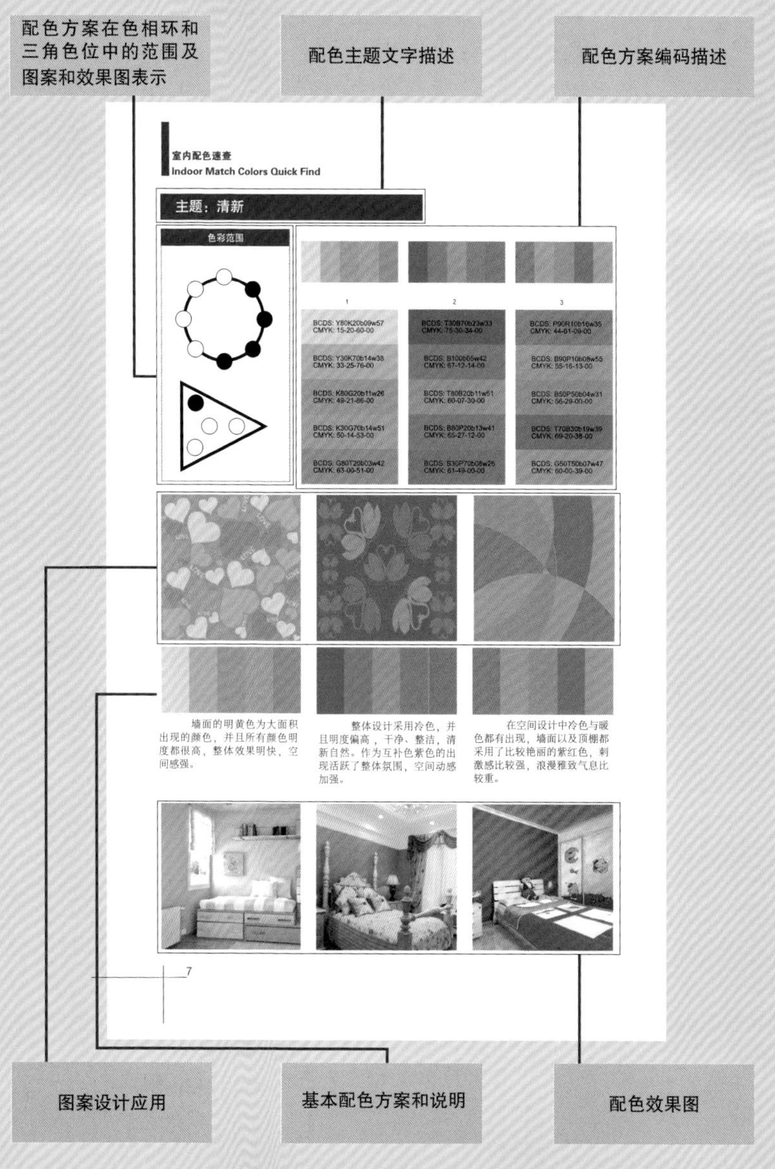


由于使用的印刷油墨的原因，色效上会出现一些偏色的现象。

P20R80
P30R70
P40R60
P50R50
P60R40
P70R30
P80R20
P90R10
P 100
B10P90
B20P80
B30P70
B40P60
B50P50
B60P40
B70P30
B80P20
B90P10
B 100

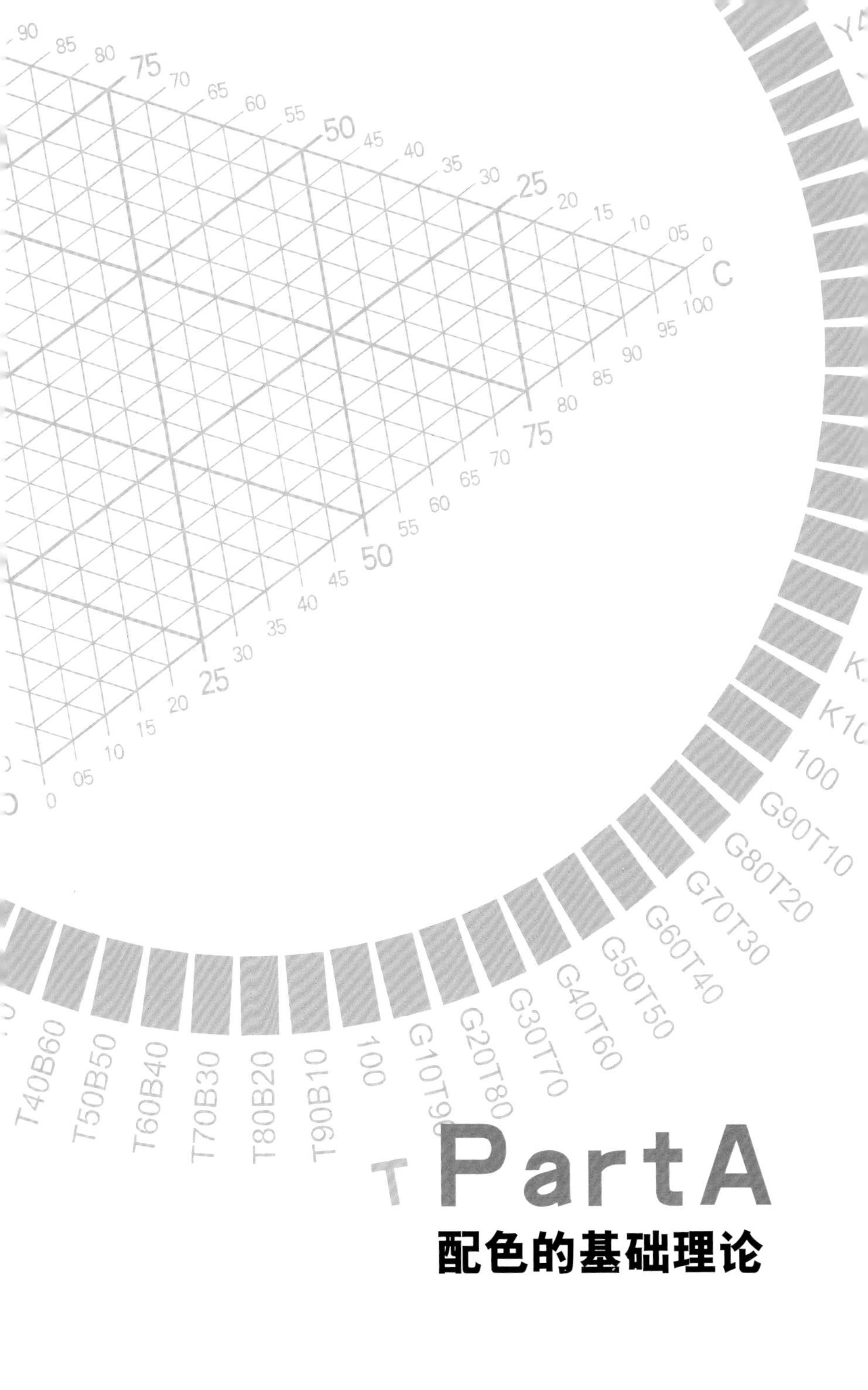


# Part A 配色的基础理论

# 1 室内设计基本配色原理

每一组设计案例都不是设计师凭空想象完成的，前期要做大量的调研，包括室内设计的针对人群、空间的使用目的、空间的大小、空间的方位、使用者在空间内的活动及使用时间的长短、该空间所处的周围环境、使用者对于色彩的偏爱等，这样才能保证设计方案的科学合理性。

因此与人心理紧密相连的色彩，对于室内设计整体评估起着至关重要的影响。

空间使用如会议室、病房、起居室，其用途不同显然用色以及整体气氛也不相同；空间大小固定，但冷暖色、深浅色的不同应用同时改变了人们心理上对距离的认知；空间的方位不同，自然光线作用下的色彩、冷暖感也有差别；使用空间的人的年龄以及职业不同对色彩的要求有很大的区别；空间使用时间的长短、安全度、舒适度，如学习教室、工业生产车间，不同的活动与工作内容其用色也不尽相同；空间所处的周围情况，色彩和环境有密切联系，尤其在室内，色彩的反射可以影响其他颜色。同时，不同的环境，通过室外的自然景物也能反射到室内来，色彩还应与周围环境取得协调；使用者对于色彩的偏爱，在符合原则的前提下，应该合理地满足不同使用者的爱好和个性，才能符合使用者的心理要求。

因此色彩的协调问题成为室内色彩设计的根本问题，任何颜色都没有高低贵贱之分，只有不恰当的配色，而没有不可用的色彩。色彩效果取决于不同颜色之间的相互关系，同一颜色在不同的背景条件下，其色彩效果可以迥然不同，这是色彩所特有的敏感性和依存性，因此如何处理好色彩之间的协调关系，就成为配色的关键问题。

所以要想达到室内设计用色的调和性以及色彩搭配的科学性，就需要对色彩基本心理以及色彩属性有相应的认知。下面我们来了解一些色彩的基本属性。

## 1.1 同时对比

在室内色彩设计中，观察我们周围的环境会经常出现一种有趣的色彩变化现象。当我们注视红色10秒后，再转视白墙或闭上眼睛，就仿佛会看到绿色，注视紫色之后会看到黄绿色，而注视黄色之后会看到蓝色。此外，以同样明亮的纯色作为底色，色域内嵌入一块灰色，如果纯色为绿色，则灰色色块看起来带有红味，反之亦然。这种现象，前者称为“连续对比”，后者称为“同时对比”。之所以出现这些现象是因为视觉器官对色彩的刺激本能地进行调剂，以保持视觉上的生理平衡而产生的。所以对于室内设计配色来说大面积的背景色（如墙面、地面、天棚），会影响家具、织物的色彩（如门、窗、墙裙、壁柜、橱柜、梳妆台、床、桌、椅、沙发），同时有小面积出现的陈设物颜色与绿化植物的颜色（如灯具、电视机、电冰箱、热水瓶、日用器皿、工艺品、绘画雕塑）也要与环境色相协调或者扮演点缀的角色。

## 1.2 色彩的冷暖

色彩的冷暖感即温度感，这属于人的触觉，触觉与自然界的冷暖、热源载体有关。在BCDS色彩设计体系中以黄绿色和紫色为冷暖分界线，上半部分为暖色，下半部分为冷色。冷颜色的房间会给人凉爽、冷的感觉，暖色的房间给人温暖、热的感觉。

## 1.3 色彩的质量感

一般高明度色有软、轻、薄感，低明度色有硬、重、厚重感。所以在室内设计时背景色如墙色、顶棚或者地板选择高明度有轻薄、宽敞明亮的感觉，而像沙发、家具等选择低明度或中明度有安全、稳重的感觉。

### 1.4 色彩的进退感和远近感

在等距离下，红、橙、黄这类暖色相有前进感，而蓝、绿、紫这类冷色相有后退感。明度高的色彩亮度高，明亮的色相看起来要显得比阴暗的色相要前进一些。可以利用色彩远近这一属性改变色彩的空间感，在同等空间下暖色装修风格要比冷色装修风格前进些，亮的颜色要比暗的颜色前进些。

### 1.5 色彩的膨胀感和收缩感

相同面积的暖色比冷色看起来面积大，明度高的色彩比明度低的色彩显得面积大。背景的面积越大，图形面积越小；背景的明度越低，图形的明亮度越高，看起来要比实际面积大。如果面积相等的两个色彩，要想取得面积相同大小的视觉效果，必须缩小高明度色彩的面积。这一属性同色彩的进退、远近相似，可以利用其膨胀收缩属性改变空间的心理距离。

### 1.6 色彩与形状

色彩感受形状的影响很大。同一色彩以不同的几何图形呈现时，色彩感觉有明显不同，从而形成了色彩依附形状的自身特有的形状感。这个属性主要针对室内设计的功能性而言，黄色与尖锐性的形状相吻合给人以警示的作用，圆形与绿色相对，给人温和、轻快、圆滑感；正方形与蓝色相对给人明确、安定感等。

### 1.7 色彩的味觉感

色彩的味觉感大多与食物的味觉记忆信息有关。明度较高及暖色系容易引起食欲，有彩色变化搭配的食物容易增进食欲。根据这一属性就不难理解一些饭店的装饰色、光源色采用暖色比较多的原因，大多红橙色占主导地位，橙色是引起人欲望、食欲之色。

### 1.8 色彩的音乐感

在声音中我们可以感受到强烈的色彩感觉。如：亮黄色、鲜红色，带有尖锐高亢的音乐感；绿色接近小提琴低弱的中间音；蓝色、紫色相当于管乐器中发出低沉音调，暗浅的色彩更有低沉浑厚的音乐感。色彩的音乐感与色彩的质量感、色彩的远近属性相通，更好地将人的视觉与听觉相连，扩大了用色配色时的联想性，使设计方案更加符合设计主题。

### 1.9 色彩的华美感与朴素感

单从色彩鲜艳度而言，一般鲜艳的颜色显得华丽，灰暗浑浊的颜色则相对朴素。同时大家也需要了解一些颜色自身的属性，如黄色、紫色有高贵感，蓝色科技、超越、空间感等一系列颜色的相关属性，这样对于色彩的灵活运用会更有帮助。

## 2 BCDS-色彩设计的系统

商用色彩设计体系理论诞生在21世纪初，以中国北京领先空间商用色彩研究中心吕光为核心团队的中外当代色彩研究者、设计者和教育者们，提出并创建了完全基于人类生理机能为依据的色彩设计理论和配色方法应用体系。

BCDS为了全面解决颜色量化设计和色彩教育方法的问题，采用自然颜色和人文色彩交叉式研究与综合教育的形式，把色彩价值体现作为色彩教育的根本，实现和完成了色彩设计从感性到理性的飞越。我们运用BCDS颜色空间来设计和诠释色彩现象，以BCDS作为颜色设计平台，运用BCDS自然规律研究颜色设计方法，将设计中的“色彩感觉”转化为“量化应用”；以传授科学的色彩设计方法为目的，以色彩训练为手段，全面提高设计师对色彩的综合掌控能力。

## 2.1 BCDS基准色的表述

BCDS基准色的概念是，只要从色相上判断或表述出一个颜色，就必须建立起色相的评价范围。从可见光波在380¯780nm 波段，BCDS选择有代表性的十个基准色作为评价颜色色相的范围。

它们分别是：Red=红(R)630¯750nm、Orange=橙(O)595¯630nm、Yellow=黄(Y)580¯590nm、Kelly=薇(K)560¯580nm、Green=绿(G)500¯560nm、Turquoise=青(T)480¯500nm、Blue=蓝(B)435¯480nm、Purple=紫(P)400¯435nm、White(W)＝白、Black(B)＝黑，两个无彩基准色与彩色基准色共同组成评价颜色色位的空间范围。

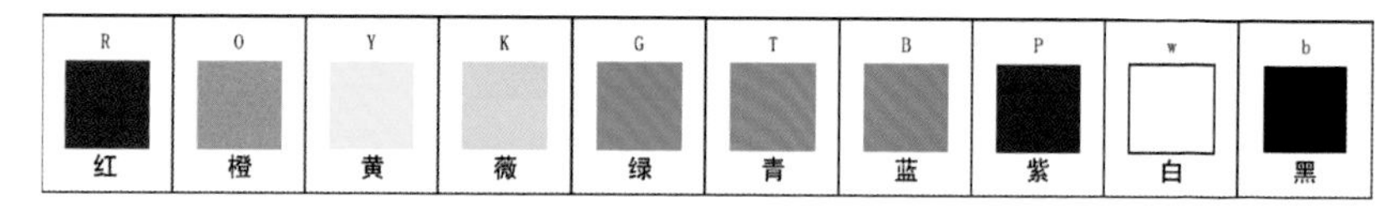


## 2.2 BCDS色相圆环表述

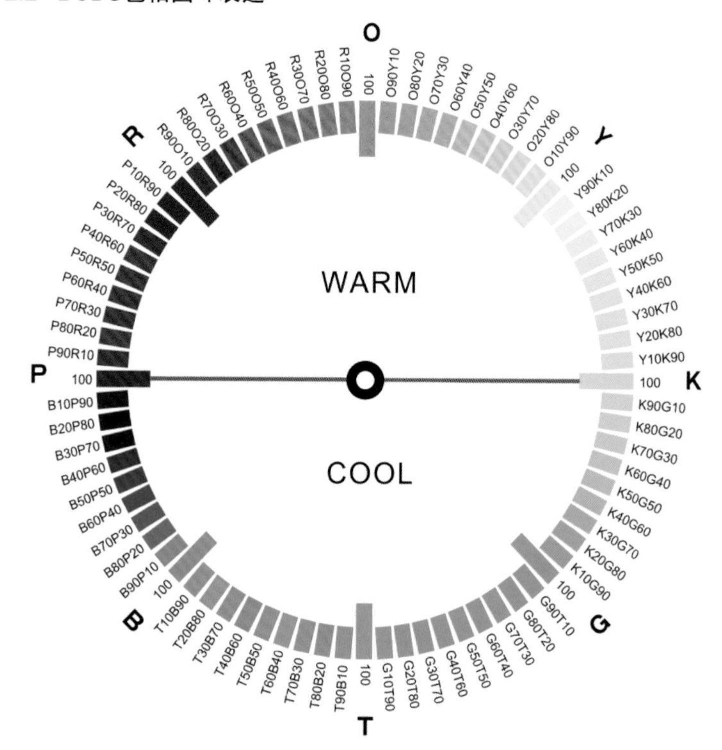

BCDS色相圆环是一个完全的生理色相环，它依照我们的视觉习惯按顺时针方向排列。每两个基准色之间划分为100阶，跨10取1，共有80个色相（Hue），基准色一律以100表述为：R100、O100、Y100、K100、G100、T100、B100、P100，其余非基准色的数值只能是两个相邻基准色之和等于100，即是：O+Y、Y+K、K+G、G+T、T+B、B+P、P+R、R+O=100；表述方法按顺时针方向，以基准色排列先后顺序表述，如：B40P60、B50P50、B60P40等。（图：色相顺时针秩序排列）。

## 2.3 BCDS颜色的三角的表述

BCDS采用b（black）、w（white）、c（chroma）小写符号分别表示颜色的黑度、白度和彩度属性（采用小写符号是为了与色相大写符号相区别）。并规定在空间中所有颜色的含量都是b+w+c=100，即任意颜色都包含有黑度、白度和彩度的成分，它们共同组成该颜色的100%含量。

在BCDS空间中，颜色的黑度、白度、彩度分别表述为：
黑度：b= 0、1、2、3、4、5、6、7、8、9、10、11……100,共100级；
白度：w= 0、1、2、3、4、5、6、7、8、9、10、11……100,共100级；
彩度：c= 0、1、2、3、4、5、6、7、8、9、10、11……100,共100级。

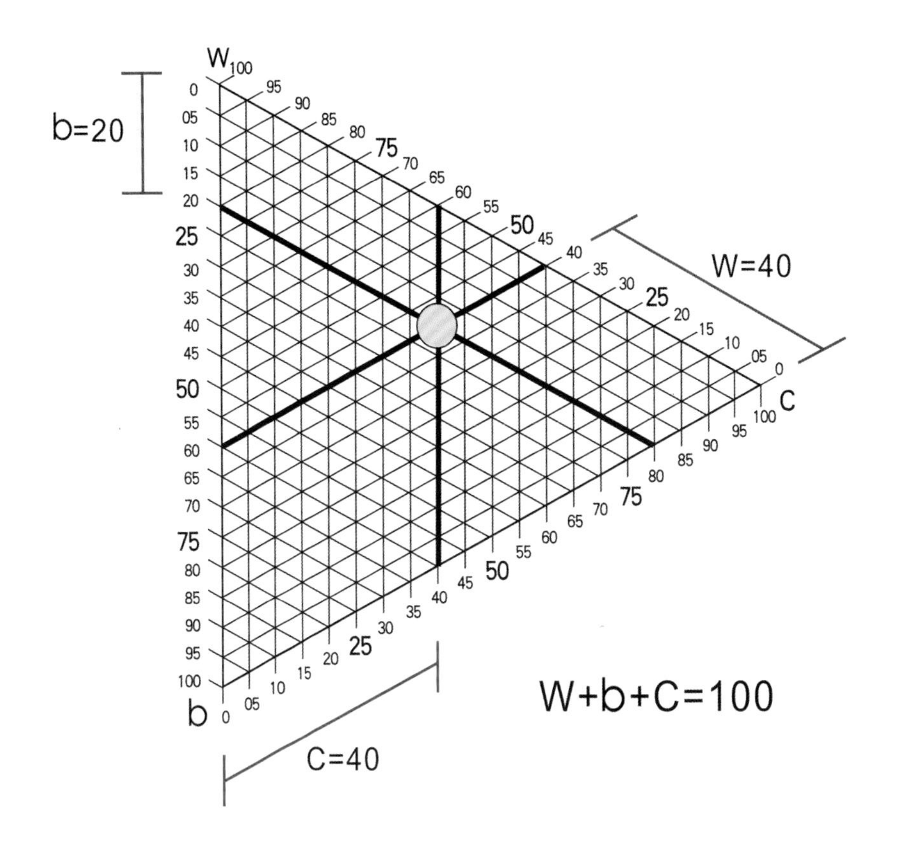

## 2.4 BCDS颜色的身份证

很简单，将颜色的色相编码和色位编码组合起来就是一个完整的BCDS颜色编码了。例如：

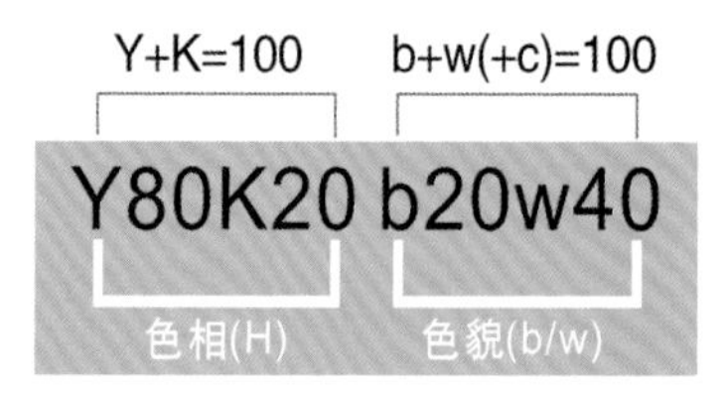


需要注意的是，在编码的时候留心色相的总和与色位（色貌）的总和要分别等于100。在这里彩度的编码不用记录，因为只需要表示出黑度和白度，彩度的数值自然就可以得出。黑白灰等无彩色的表述为：N（No）代表没有彩色，黑色N b100w00、白色N b00w100、中灰色N b50w50等。

## 2.5 BCDS颜色三角区域表述

在BCDS色位区域中，我们将八个基准色的色相按照设计要求，在色位空间中进行七大设计应用区域组合，为设计色彩提供了基础的心理色彩对应应用平台。

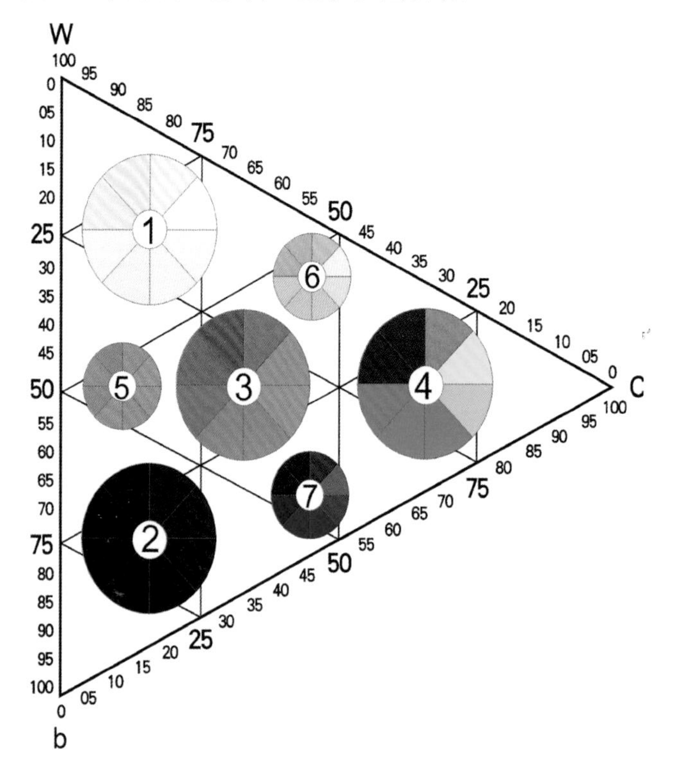

## 3 BCDS心理颜色快速指导应用

颜色心理与颜色空间的位置和区域，是BCDS体系中重要的体系理论之一，是设计师设计色彩的应用指南。

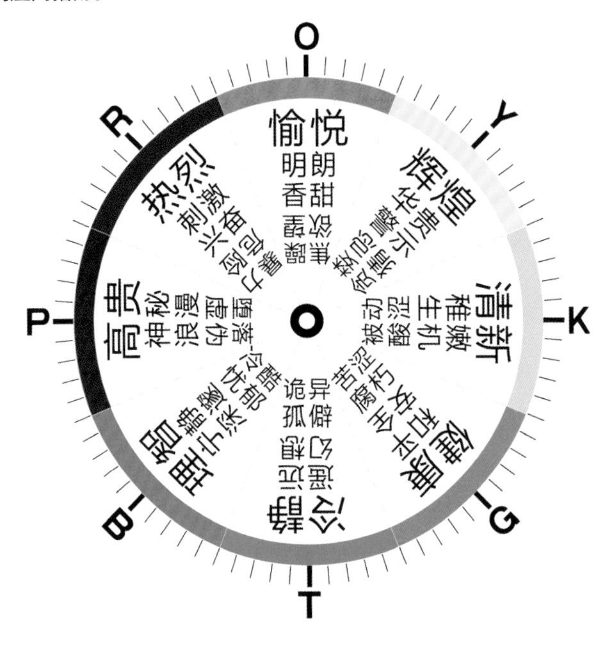


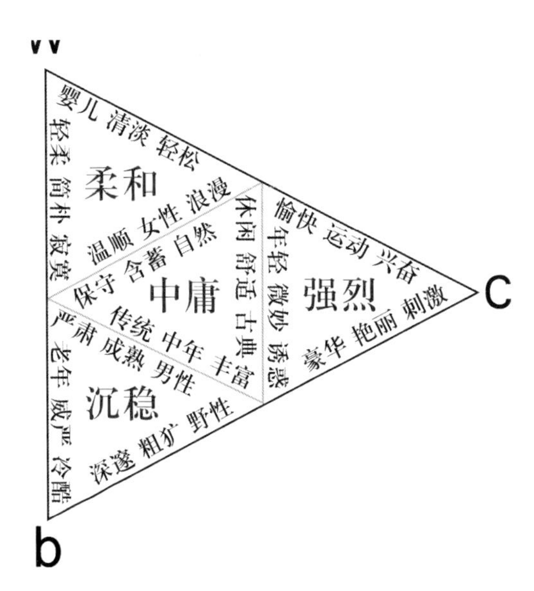

# Part B

## 教你快速设计室内配色方案

# Chapter 1 儿童房间配色方案

儿童这个群体是我们人类自我的共同爱护时期，给人可爱、活泼、稚嫩的感觉。在儿童时期他们的视觉感知色彩非常敏感，对鲜亮的、色相特征清晰的颜色识别性和兴趣高，喜好红色、蓝色、绿色、橙色。儿童喜欢的颜色都有一个颜色明暗鲜艳的规律，因此在房间配色上要用明亮一点儿的颜色，在色相上，要保持区域的相对统一。

## 1 颜色主题：清新〔中明度中彩度配色〕

色彩范围

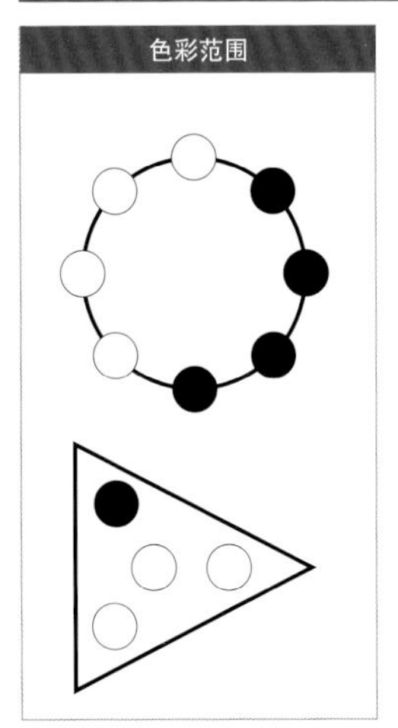

| 1 | 2 | 3 |
|---|---|---|
| BCDS: Y80K20b09w57<br>CMYK: 15-20-60-00 | BCDS: T30B70b23w33<br>CMYK: 75-30-34-00 | BCDS: P90R10b16w35<br>CMYK: 44-61-09-00 |
| BCDS: Y30K70b14w38<br>CMYK: 33-25-76-00 | BCDS: B100b05w42<br>CMYK: 67-12-14-00 | BCDS: B90P10b08w55<br>CMYK: 55-16-13-00 |
| BCDS: K80G20b11w26<br>CMYK: 49-21-86-00 | BCDS: T80B20b11w51<br>CMYK: 60-07-30-00 | BCDS: B50P50b04w31<br>CMYK: 56-29-00-00 |
| BCDS: K30G70b14w51<br>CMYK: 50-14-53-00 | BCDS: B80P20b13w41<br>CMYK: 65-27-12-00 | BCDS: T70B30b19w39<br>CMYK: 69-20-38-00 |
| BCDS: G80T20b03w42<br>CMYK: 63-00-51-00 | BCDS: B30P70b08w26<br>CMYK: 61-49-00-00 | BCDS: G50T50b07w47<br>CMYK: 60-00-39-00 |

墙面的明黄色为大面积出现的颜色，所有颜色的明度都很高，整体效果明快，空间感强。

整体设计采用冷色，并且明度偏高，干净、整洁，清新自然。作为互补色紫色的出现活跃了整体氛围，空间动感加强。

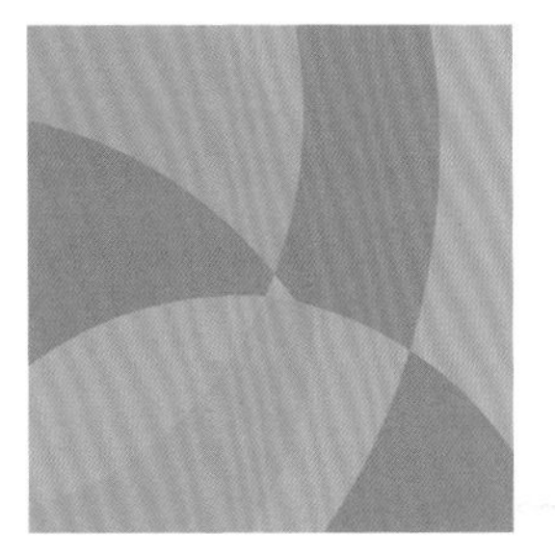

在空间设计中冷色与暖色都有出现，墙面以及顶棚都采用了比较艳丽的紫红色，刺激感比较强，浪漫雅致气息比较重。

## 1 颜色主题：清新〔中明度中彩度配色〕

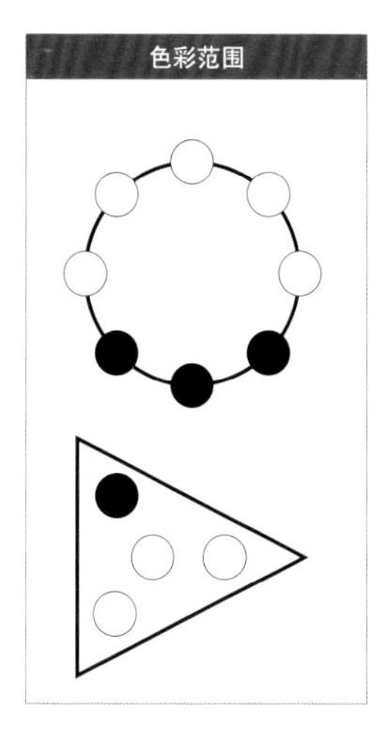

| 4 | 5 | 6 |
|---|---|---|
| BCDS: B100b19w42<br>CMYK: 67-30-24-00 | BCDS: O20Y80b05w59<br>CMYK: 02-25-56-00 | BCDS: G80T20b11w37<br>CMYK: 69-05-56-00 |
| BCDS: T50B50b11w30<br>CMYK: 74-13-30-00 | BCDS: Y50K50b05w51<br>CMYK: 12-11-85-00 | BCDS: G100b20w40<br>CMYK: 65-22-58-00 |
| BCDS: T90B10b12w52<br>CMYK: 58-08-32-00 | BCDS: Y10K90b11w30<br>CMYK: 37-24-82-00 | BCDS: G10T90b24w26<br>CMYK: 80-29-53-00 |
| BCDS: G30T70b19w34<br>CMYK: 75-19-49-00 | BCDS: K50G50b02w44<br>CMYK: 45-00-67-00 | BCDS: T60B40b08w47<br>CMYK: 64-04-29-00 |
| BCDS: G60T40b00w60<br>CMYK: 46-00-93-00 | BCDS: K10G90b13w45<br>CMYK: 58-10-56-00 | BCDS: K60G40b02w31<br>CMYK: 48-04-80-00 |

蓝色、青绿色系都是最能表达自然气息的颜色。明度比较高的蓝色和青绿色系墙面使整个室内设计氛围如林中竹笋、雨后森林，清新淡雅。

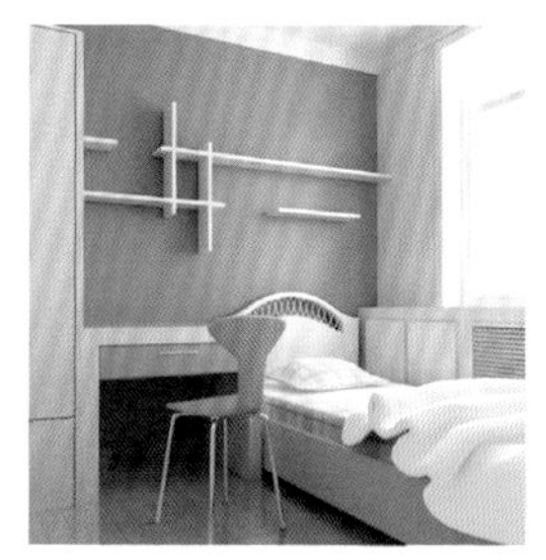

这组设计大范围采用了冷色，但加入小面积的暖橙色，使整体氛围明快、凉爽，但并不缺乏温馨与愉悦之情。

大面积运用黄绿色使整体氛围充满生机和活力，青绿色与蓝色的运用添加了成熟与成长的气息，这组设计可谓是生命历程的演绎。

## 1 颜色主题：清新〔中明度中彩度配色〕

色彩范围

| 7 | 8 | 9 |
|---|---|---|
| BCDS: G90T10b12w31<br>CMYK: 73-10-65-00 | BCDS: K20G80b13w30<br>CMYK: 66-14-71-00 | BCDS: Y60K40b05w43<br>CMYK: 12-15-71-00 |
| BCDS: K30G70b04w56<br>CMYK: 42-00-50-00 | BCDS: K50G50b17w41<br>CMYK: 55-22-67-00 | BCDS: O60Y40b09w52<br>CMYK: 03-43-59-00 |
| BCDS: K60G40b16w35<br>CMYK: 55-25-75-00 | BCDS: K100b01w59<br>CMYK: 20-05-58-00 | BCDS: O100b18w36<br>CMYK: 18-60-67-00 |
| BCDS: G50T50b14w48<br>CMYK: 60-08-41-00 | BCDS: Y50K50b02w36<br>CMYK: 10-09-78-00 | BCDS: O20Y80b13w26<br>CMYK: 09-43-82-00 |
| BCDS: G10T90b04w41<br>CMYK: 67-00-36-00 | BCDS: O10Y90b20w51<br>CMYK: 27-37-63-00 | BCDS: R30O70b19w53<br>CMYK: 21-51-48-00 |

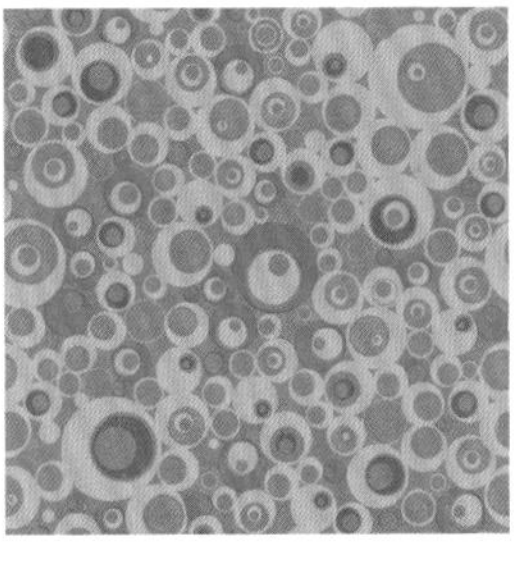

这组设计方案中大面积是明度比较高的黄绿色，小面积出现的是比较鲜艳的绿色，所以在明度以及面积上拉开层次，增强了空间感。

大面积的墙面运用明度较高的冷色，感觉空间开阔敞亮，而中间与视觉平衡的位置运用黑度偏高的暖橙色有温馨、安全、稳重之感。萌芽中希望无限，创造与激情同行。

这组设计中除明度比较高的黄色以外，其他都是色相比较接近暖红色，充满甜美、舒适、温馨、轻松的感觉，在明度上巧妙运用打破视觉疲劳，引导使用空间的功能性。

## 1 颜色主题：清新〔中明度中彩度配色〕

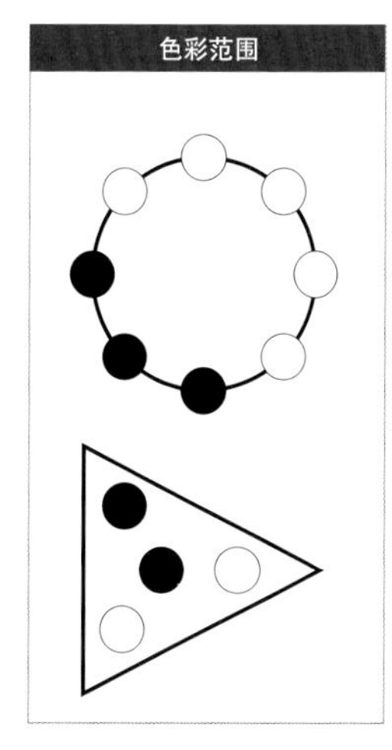

| 10 | 11 | 12 |
|---|---|---|
| BCDS: T60B40b13w33<br>CMYK: 74-13-35-00 | BCDS: R70O30b06w38<br>CMYK: 07-68-50-00 | BCDS: P20R80b10w33<br>CMYK: 19-71-37-00 |
| BCDS: T30B70b07w50<br>CMYK: 62-06-23-00 | BCDS: P30R70b02w60<br>CMYK: 03-44-13-00 | BCDS: R40O60b20w37<br>CMYK: 25-64-60-00 |
| BCDS: B80P20b20w37<br>CMYK: 69-36-19-00 | BCDS: P80R20b21w36<br>CMYK: 44-62-18-00 | BCDS: O80Y20b04w50<br>CMYK: 00-48-60-00 |
| BCDS: B30P70b07w35<br>CMYK: 54-42-00-00 | BCDS: B30P70b10w51<br>CMYK: 45-33-00-00 | BCDS: O20Y80b16w52<br>CMYK: 19-36-61-00 |
| BCDS: G40T60b10w53<br>CMYK: 56-03-35-00 | BCDS: B70P30b15w27<br>CMYK: 75-38-07-00 | BCDS: Y60K40b01w66<br>CMYK: 04-06-49-00 |

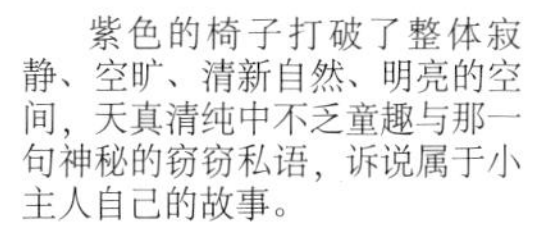

紫色的椅子打破了整体寂静、空旷、清新自然、明亮的空间，天真清纯中不乏童趣与那一句神秘的窃窃私语，诉说属于小主人自己的故事。

整体设计清新、愉悦，又不乏个性。大面积出现的还是明度比较高的颜色，颜色组合清淡、雅致，空间开阔性强。

大面积明度较高的黄色与小面积明度较高的暖色组合，使室内氛围不失清新、淡雅之风范。柔和中不失浪漫与灵动之感。

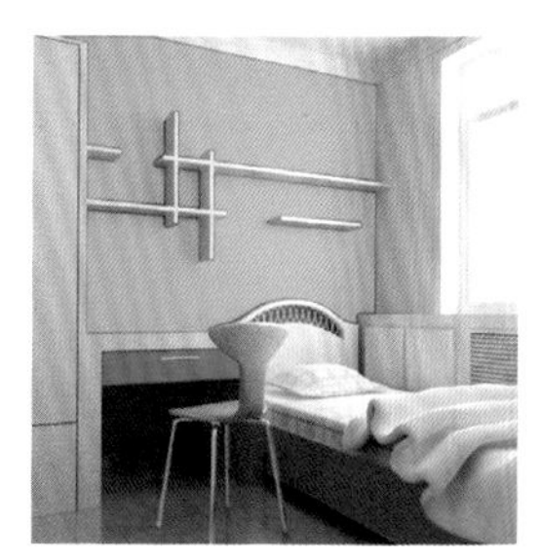

## 1 颜色主题：清新〔中明度中彩度配色〕

色彩范围

| 13 | 14 | 15 |
|---|---|---|
| BCDS: R40O60b04w56<br>CMYK: 00-51-42-00 | BCDS: Y60K40b14w40<br>CMYK: 27-26-74-00 | BCDS: P90R10b02w59<br>CMYK: 18-34-00-00 |
| BCDS: P80R20b14w46<br>CMYK: 32-51-08-00 | BCDS: K60G40b05w30<br>CMYK: 51-10-82-00 | BCDS: B30P70b10w42<br>CMYK: 51-39-00-00 |
| BCDS: B40P60b07w42<br>CMYK: 53-32-00-00 | BCDS: G80T20b19w30<br>CMYK: 74-19-61-00 | BCDS: B60P40b13w48<br>CMYK: 55-27-07-00 |
| BCDS: B80P20b13w36<br>CMYK: 69-29-08-00 | BCDS: O30Y70b04w37<br>CMYK: 02-36-73-00 | BCDS: B90P10b04w29<br>CMYK: 77-28-11-00 |
| BCDS: T60B40b18w54<br>CMYK: 58-20-31-00 | BCDS: R20O80b13w56<br>CMYK: 13-48-47-00 | BCDS: T30B70b04w46<br>CMYK: 65-00-21-00 |

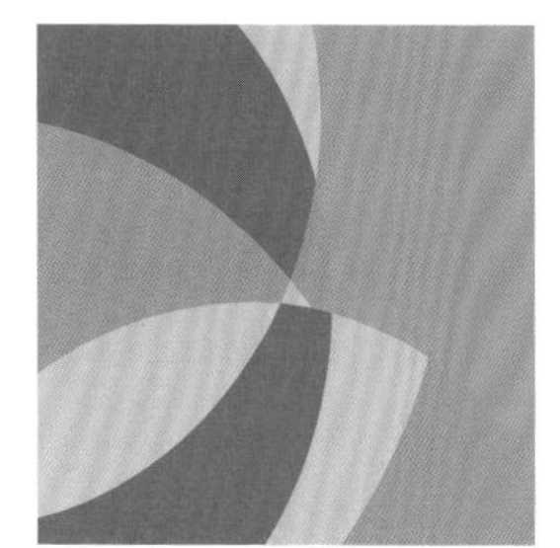

明度比较高的绿色与橙色组合，甜美、亮丽、淡雅、清新，稚嫩中饱含对成熟的期盼。

粉红色立面墙和橙黄色给人纯净温馨之感，深灰的地毯使环境安静了许多。

大面积的紫红色墙面搭配海蓝色的大床，童趣可爱，活泼不失文雅。

## 1 颜色主题：清新〔中明度中彩度配色〕

色彩范围

16

BCDS: Y10K90b11w32
CMYK: 36-20-80-00

BCDS: Y50K50b09w42
CMYK: 21-19-72-00

BCDS: Y100b21w33
CMYK: 27-40-76-00

BCDS: O40Y60b13w46
CMYK: 11-42-65-00

BCDS: O90Y10b02w62
CMYK: 00-38-48-00

17

BCDS: G30T70b18w27
CMYK: 78-20-53-00

BCDS: G80T20b08w53
CMYK: 53-00-42-00

BCDS: K20G80b19w36
CMYK: 64-19-66-00

BCDS: T80B20b11w33
CMYK: 73-07-38-00

BCDS: T40B60b01w49
CMYK: 64-00-24-00

18

BCDS: P50R50b04w66
CMYK: 09-33-07-00

BCDS: P60R40b09w48
CMYK: 19-54-09-00

BCDS: P90R10b15w53
CMYK: 33-43-11-00

BCDS: B30P70b01w48
CMYK: 44-31-00-00

BCDS: B70P30b15w36
CMYK: 67-33-09-00

整体明度彩度都比较高，大面积的蓝紫色与小面积的橙色形成视觉对比，冷暖呼应，青绿色的出现打破整体的强烈刺激，自然缓和视觉与情绪。

整体设计采用冷色，明度较高，体现了安静、清新、明快。蓝色与绿色体现着天空、海洋、森林自然之色，亲切感强。

墙面色彩明度最高，中间色彩的明度最低，地板色彩较低，空间层次分明，明度较高的蓝紫色与紫红色的结合，明快与亲切，梦幻与憧憬之感油然而生。

## 1 颜色主题：清新〔中明度中彩度配色〕

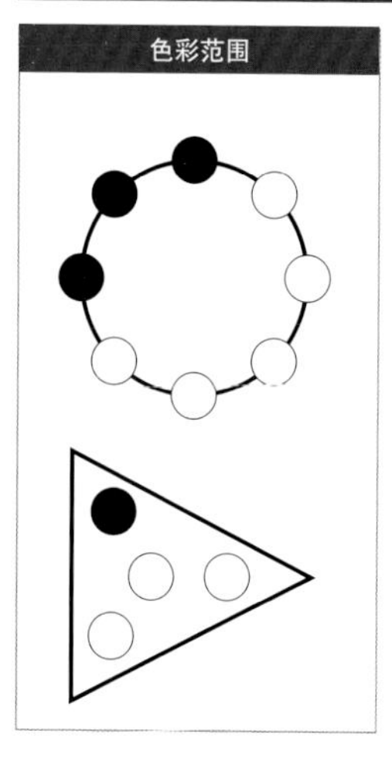

19

BCDS: P20R80b05w57
CMYK: 05-47-18-00

BCDS: P60R40b05w50
CMYK:13-53-04-00

BCDS: R40O60b17w40
CMYK: 22-63-58-00

BCDS: O40Y60b10w31
CMYK: 03-49-76-00

20

BCDS: R90O10b07w54
CMYK: 09-53-33-00

BCDS: P30R70b14w35
CMYK: 26-69-35-00

BCDS: P90R10b13w47
CMYK: 35-49-05-00

BCDS: B30P70b01w44
CMYK: 45-33-00-00

21

BCDS: K50G50b10w37
CMYK: 53-14-72-00

BCDS: G90T10b01w32
CMYK: 69-00-64-00

BCDS: G50T50b17w50
CMYK: 60-14-42-00

BCDS: K20G80b01w63
CMYK: 35-00-42-00

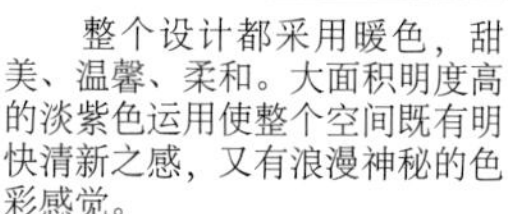

整个设计都采用暖色，甜美、温馨、柔和。大面积明度高的淡紫色运用使整个空间既有明快清新之感，又有浪漫神秘的色彩感觉。

墙面用色明度较高，橙色与蓝色形成面积对比，作为此设计的亮点，温馨而舒适。紫色增加了趣味性，更显别致。

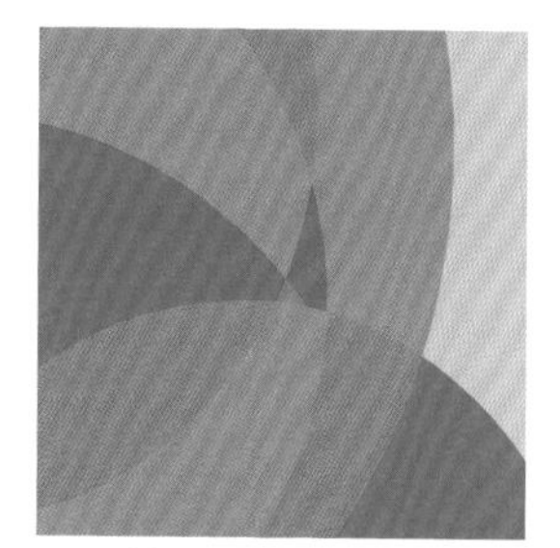

清新、自然、雅致是这组设计的主题，大面积明度较高的黄绿色与灰度偏高的蓝色组合打破了空间的寂静。

## 1 颜色主题：清新〔中明度中彩度配色〕

**色彩范围**

| 22 | 23 | 24 |
|---|---|---|
| BCDS: Y80K20b01w44<br>CMYK: 05-12-72-00 | BCDS: O80Y20b05w46<br>CMYK: 00-51-62-00 | BCDS: R100b04w61<br>CMYK: 03-46-26-00 |
| BCDS: O50Y50b13w44<br>CMYK: 10-47-66-00 | BCDS: R50O50b04w61<br>CMYK: 00-45-36-00 | BCDS: P50R50b08w48<br>CMYK: 16-53-13-00 |
| BCDS: O80Y20b07w54<br>CMYK: 00-46-56-00 | BCDS: P20R80b12w50<br>CMYK: 22-55-30-00 | BCDS: P80R20b08w39<br>CMYK: 30-57-00-00 |
| BCDS: R30O70b10w35<br>CMYK: 09-65-63-00 | BCDS: P70R30b06w35<br>CMYK: 25-65-01-00 | BCDS: B10P90b11w29<br>CMYK: 54-61-00-00 |

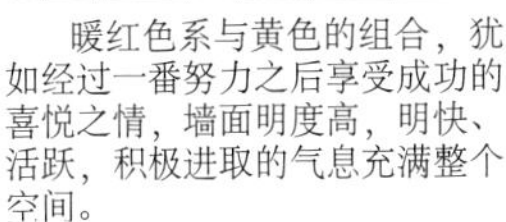

暖红色系与黄色的组合，犹如经过一番努力之后享受成功的喜悦之情，墙面明度高，明快、活跃，积极进取的气息充满整个空间。

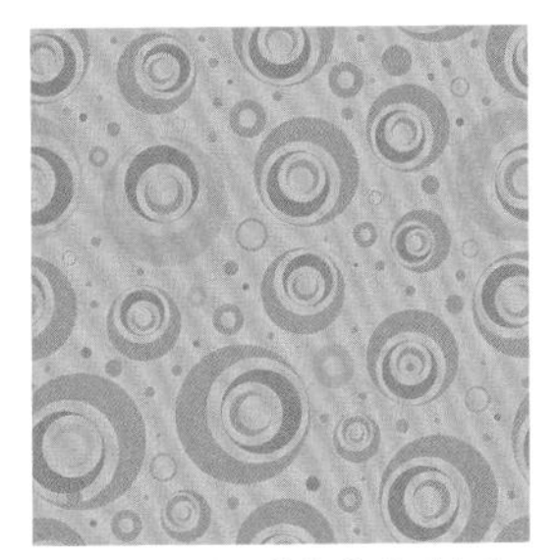

大面积出现的颜色是暖红色和橙色，而墙面用色明度比较高，整个空间设计具有甜美、柔和、愉悦之感，而采用紫色加以点缀，则别有一番精妙之趣味。

这组设计中大面积运用紫色与蓝色，增强趣味性，个性十足，墙面用色明度高，空间不乏明快之感。

## 1 颜色主题：清新〔中明度中彩度配色〕

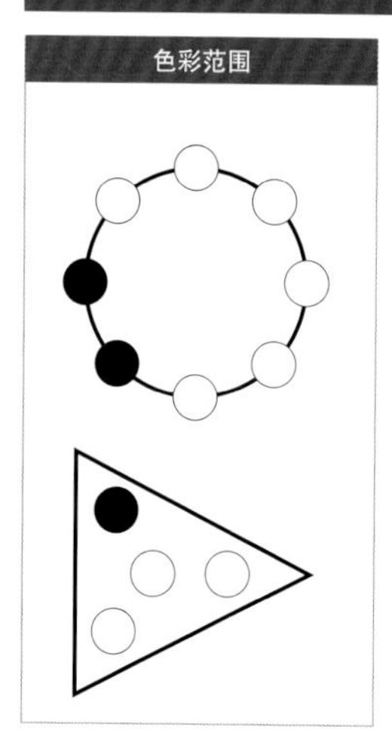

25

BCDS: P60R40b08w54
CMYK: 16-45-07-00

BCDS: P60R40b16w46
CMYK: 29-55-19-00

BCDS: B20P80b03w44
CMYK: 42-37-00-00

BCDS: B50P50b16w38
CMYK: 62-38-05-00

26

BCDS: O30Y70b10w59
CMYK: 08-31-54-00

BCDS: O90Y10b07w49
CMYK: 00-50-58-00

BCDS: R40O60b01w42
CMYK: 00-62-53-00

BCDS: R90O10b12w35
CMYK: 22-69-50-00

27

BCDS: B50P50b13w47
CMYK: 54-31-04-00

BCDS: B90P10b04w42
CMYK: 67-16-10-00

BCDS: T30B70b11w36
CMYK: 74-16-27-00

BCDS: P70R30b04w60
CMYK: 14-38-01-00

整体用色明度高，在大面积的蓝色与红色氛围下，跳跃处的淡紫色，彰显了柔和、清新、亮丽、精致的设计风格。

颜色组合都为暖色，色相夹角范围比较小，整体设计的和谐性比较高，墙面采用明度高的橙黄色，所以整体设计温馨、柔和、明亮。

这组设计大面积采用冷色，冲破原本严肃、寂静、清凉的空间，从而增强了空间设计的艺术性风格。

## 1 颜色主题：清新〔中明度中彩度配色〕

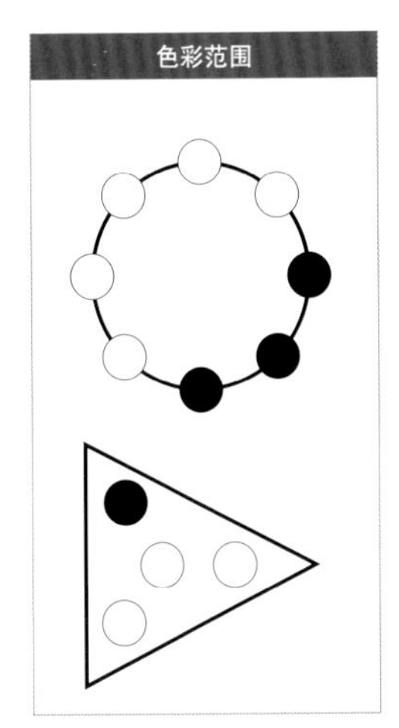


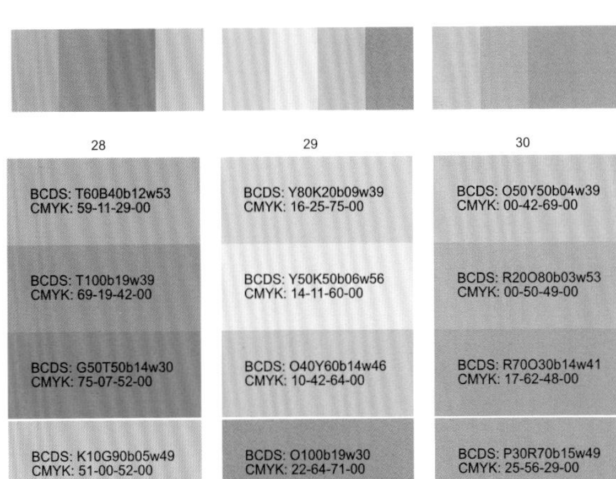

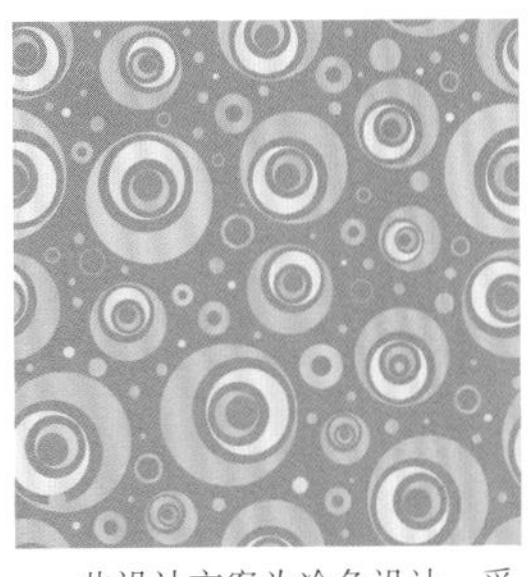

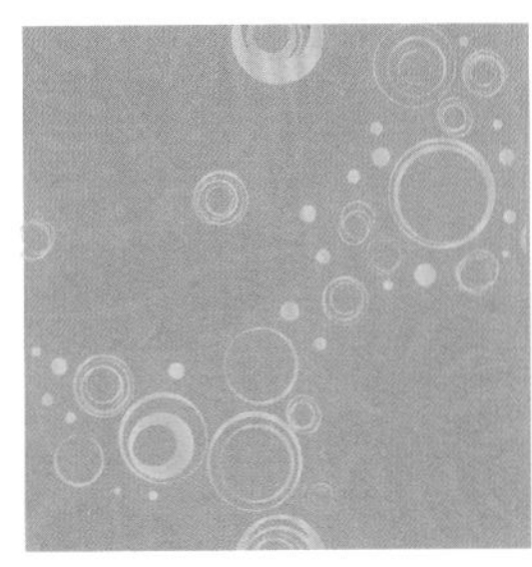

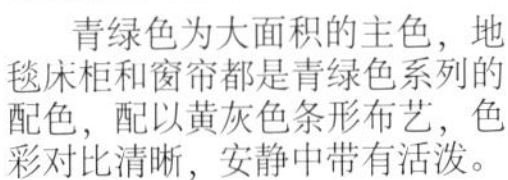

青绿色为大面积的主色，地毯床柜和窗帘都是青绿色系列的配色，配以黄灰色条形布艺，色彩对比清晰，安静中带有活泼。

此设计方案为冷色设计，采用色相夹角范围比较小的绿色与蓝色的组合，色彩明度比较高，干净、整洁、清新、明快。

整个空间设计中的颜色都为暖色，夹角范围小，但颜色的明度差比较大，空间层次性强。大面积为黄色，明度高，空间具有明快、动感效果。

## 1 颜色主题：清新〔中明度中彩度配色〕

色彩范围

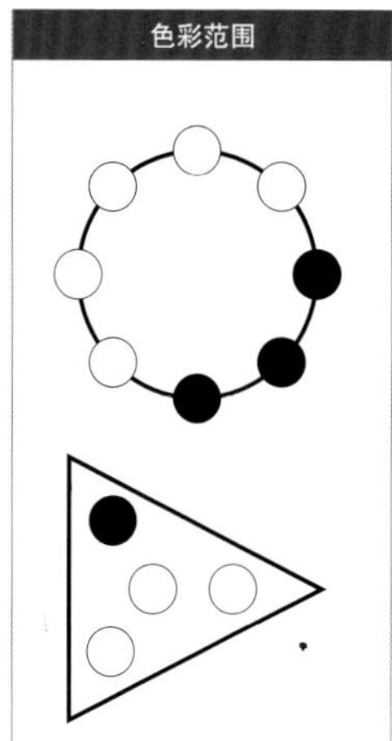

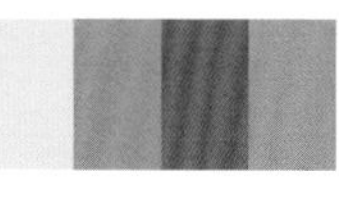

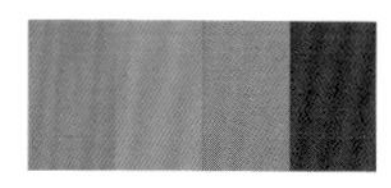

| 31 | 32 | 33 |
|---|---|---|
| BCDS: T60B40b12w53<br>CMYK: 40-16-19-09 | BCDS: Y80K20b09w39<br>CMYK: 06-00-71-00 | BCDS: G80T20b15w35<br>CMYK: 76-16-96-00 |
| BCDS: [illegible]<br>CMYK: [illegible] | BCDS: Y50K50b16w46<br>CMYK: 11-43-79-00 | BCDS: K20G80b03w53<br>CMYK: 65-17-84-00 |
| BCDS: G50T50b24w30<br>CMYK: 88-38-72-29 | BCDS: O40Y60b14w26<br>CMYK: 18-66-92-00 | BCDS: R70O30b14w41<br>CMYK: 19-45-91-00 |
| BCDS: K10G90b15w49<br>CMYK: 69-29-68-00 | BCDS: O100b19w50<br>CMYK: 20-39-52-00 | BCDS: R30O70b15w49<br>CMYK: 33-81-97-01 |

青绿色系列的配色系列组合，明度对比大，清凉放松。

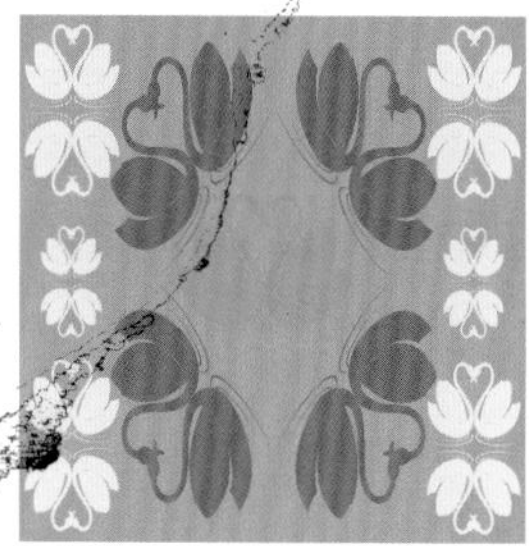

中黄色配以橘红色的设计，色相对比弱，明度对比强，温暖而清新。

果绿色和橙黄色的色相对比强烈，体现了休闲、自由、活泼、自然的设计风格。

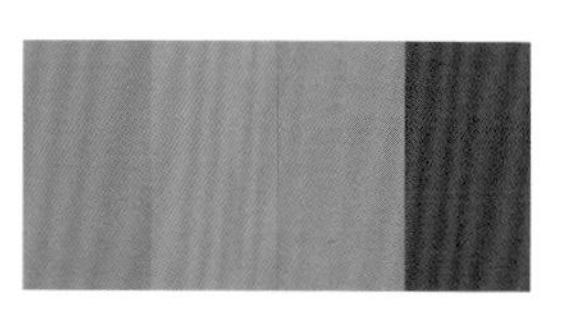

## 1 颜色主题：清新〔中明度中彩度配色〕

色彩范围

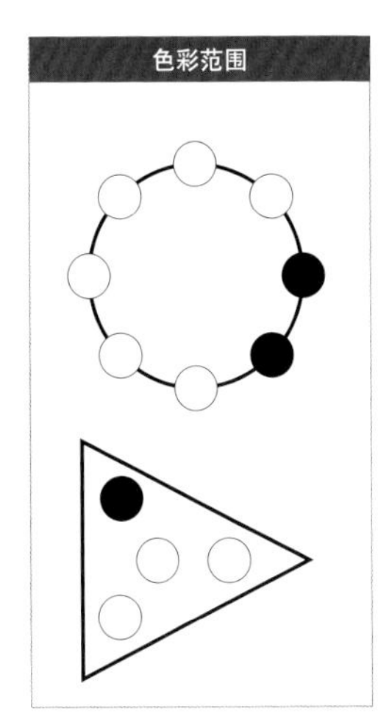

| 34 | 35 | 36 |
| --- | --- | --- |
| BCDS: G90T10b20w36<br>CMYK: 69-21-58-00 | BCDS: B60P40b17w33<br>CMYK: 69-40-09-00 | BCDS: T80B20b12w45<br>CMYK: 65-08-34-00 |
| BCDS: K20G80b15w30<br>CMYK: 67-16-73-00 | BCDS: B40P60b07w47<br>CMYK: 49-29-00-00 | BCDS: T20B80b15w36<br>CMYK: 73-21-26-00 |
| BCDS: K50G50b06w41<br>CMYK: 47-04-69-00 | BCDS: B10P90b09w35<br>CMYK: 49-56-00-00 | BCDS: G30T70b06w37<br>CMYK: 69-00-42-00 |
| BCDS: K80G20b04w52<br>CMYK: 31-06-62-00 | BCDS: P70R30b17w44<br>CMYK: 33-56-16-00 | BCDS: G80T20b18w46<br>CMYK: 63-16-50-00 |

黄绿色系组合，运用色彩的明度高，室内风格清新、明快。

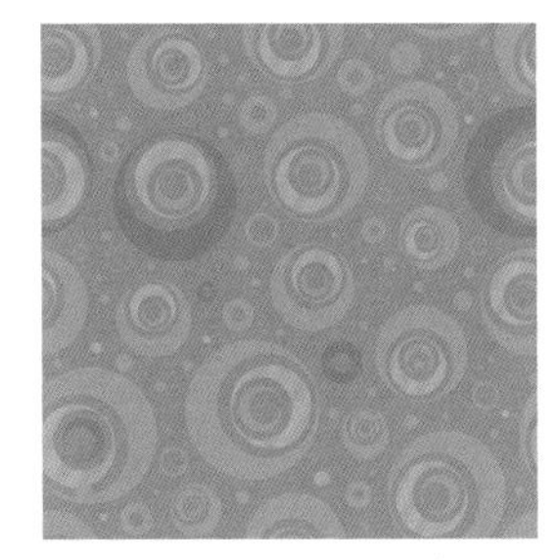

设计中紫色明度比较高，冷暖色在面积上形成对比，室内感觉舒缓、浪漫、温馨、雅致。

设计中颜色都为冷色，大面积运用绿色系，和谐性比较强，整体感觉清新、自然。

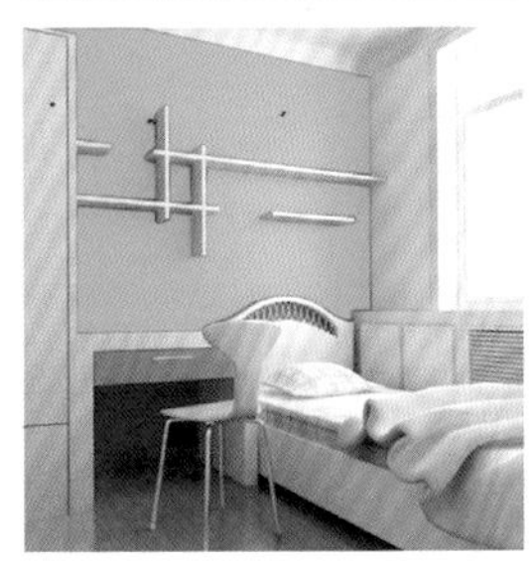

## 1 颜色主题：清新〔中明度中彩度配色〕

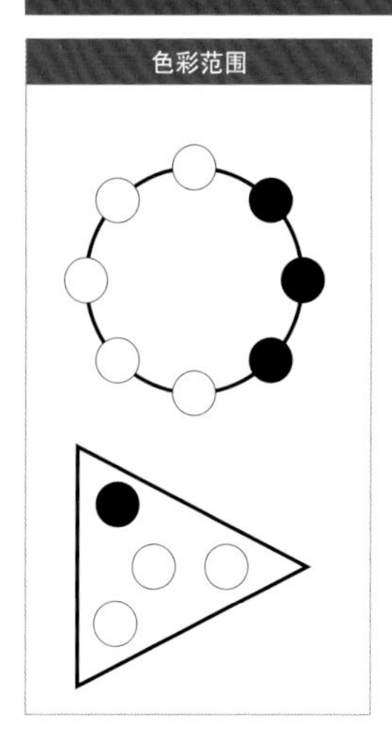


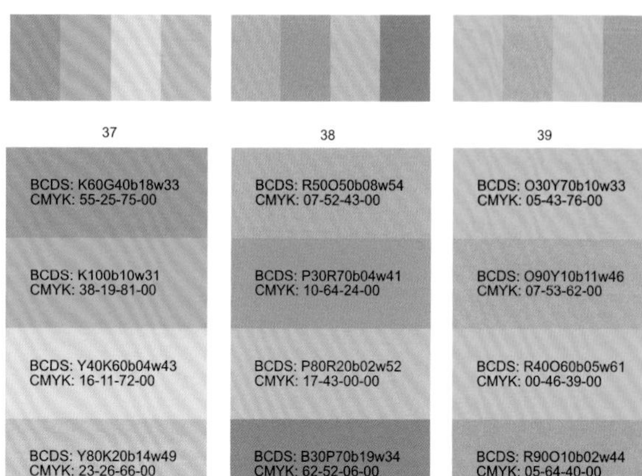

色彩夹角范围小，在彩度以及明度上有差异，分割空间层次。小面积的黄色以及青绿色作为点缀，使设计风格具有趣味性、欢快性。

感性的思维也需要理性的控制，在这组设计中大面积的暖色添加冷色加以点缀，使整体设计温馨，变幻丰富，童趣性强。

本方案运用暖色系设计，明度比较高，整体感觉纯真、愉悦、温和。

## 1 颜色主题：清新〔中明度中彩度配色〕

**色彩范围**

40

BCDS: K50G50b07w33
CMYK: 55-09-78-00

BCDS: K90G10b13w39
CMYK: 42-22-73-00

BCDS: Y40K60b05w50
CMYK: 16-11-67-00

BCDS: Y90K10b13w56
CMYK: 18-26-58-00

41

BCDS: O60Y40b08w31
CMYK: 00-53-74-00

BCDS: R10O90b06w48
CMYK: 00-54-55-00

BCDS: R60O40b16w41
CMYK: 20-64-53-00

BCDS: P60R40b08w65
CMYK: 16-35-09-00

42

BCDS: K30G70b07w29
CMYK: 64-08-77-00

BCDS: G70T30b06w44
CMYK: 61-00-45-00

BCDS: G40T60b16w32
CMYK: 75-13-50-00

BCDS: T80B20b12w52
CMYK: 60-11-31-00

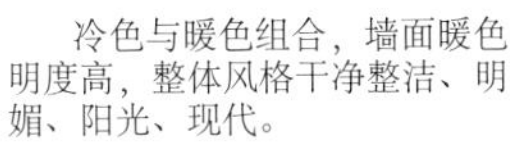

冷色与暖色组合，墙面暖色明度高，整体风格干净整洁、明媚、阳光、现代。

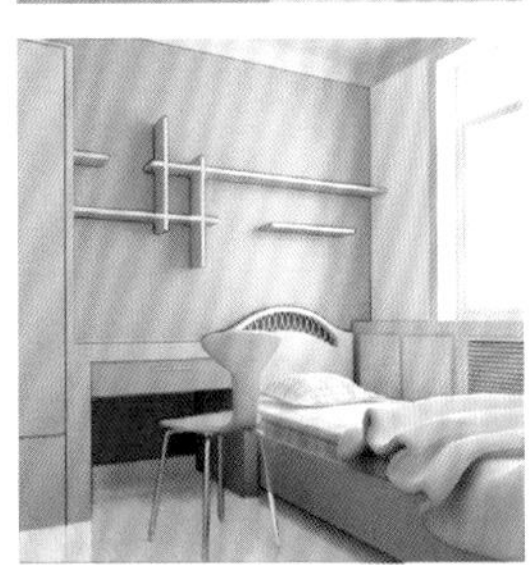

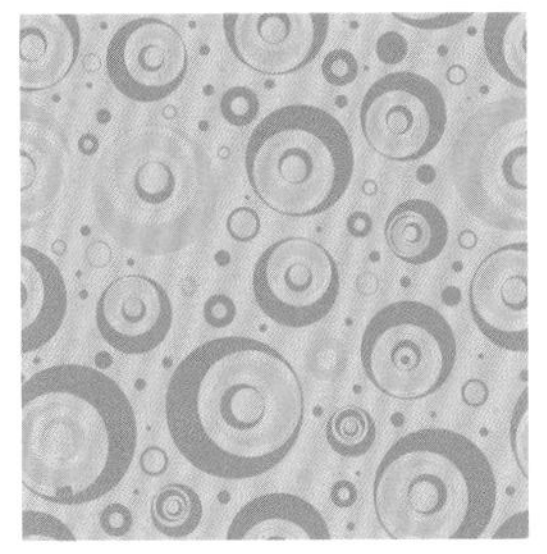

大面积运用明度比较高的紫色，而黑度比较高的红色主要在空间下半部分出现，以彩度比较高的橙红色做分割，使空间明快、整洁、舒适。

整个设计采用冷色，清新、自然、安静。墙面顶棚明度高，显得整个空间明亮。床边出现黑度高的蓝色，烘托出稳重、舒适之感。

## 1 颜色主题：清新〔中明度中彩度配色〕

色彩范围

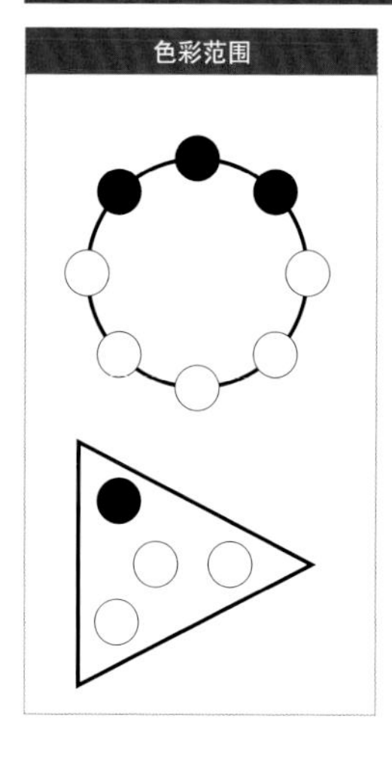

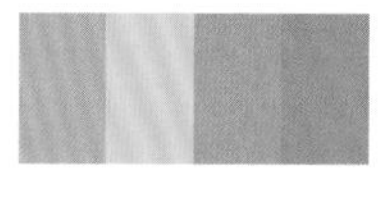

| 43 | 44 | 45 |
|---|---|---|
| BCDS: Y60K40b10w35<br>CMYK: 26-26-81-00 | BCDS: P90R10b05w66<br>CMYK: 18-29-00-00 | BCDS: B50P50b21w32<br>CMYK: 70-48-12-00 |
| BCDS: O20Y80b04w45<br>CMYK: 03-27-67-00 | BCDS: B20P80b08w52<br>CMYK: 40-34-00-00 | BCDS: P100b13w47<br>CMYK: 38-46-03-00 |
| BCDS: O80Y20b12w42<br>CMYK: 09-53-63-00 | BCDS: B60P40b03w46<br>CMYK: 58-18-00-00 | BCDS: P60R40b11w39<br>CMYK: 24-63-13-00 |
| BCDS: R20O80b20w48<br>CMYK: 22-54-55-00 | BCDS: B80P20b08w35<br>CMYK: 72-26-08-00 | BCDS: B30P70b03w56<br>CMYK: 38-27-00-00 |

整体设计中冷色与暖色结合，大面积运用明度较高的色彩，使整体感觉舒适、明快。

色彩感觉非常舒服，大面积为冷色蓝色系，而明度较高的紫红色的出现添加了惬意，整体设计清新、明快、松弛。

冷暖色的特殊组合，明度比较高的同白度与彩度比较高的同白度呼应出现。整体设计明快、自然、闲适。

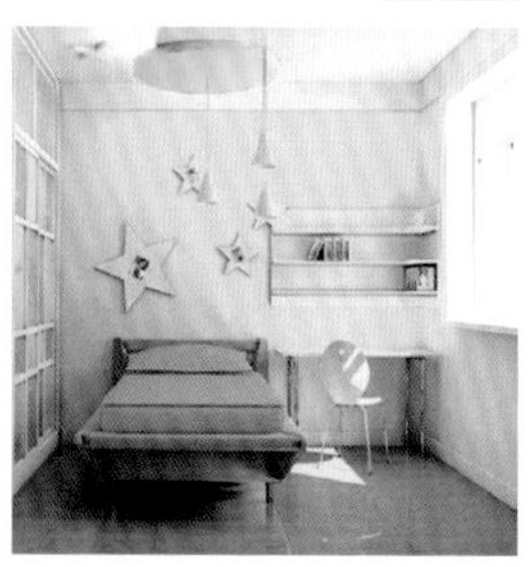

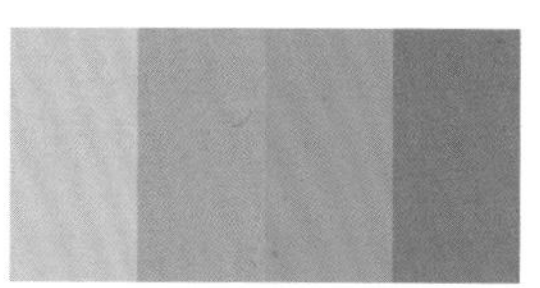

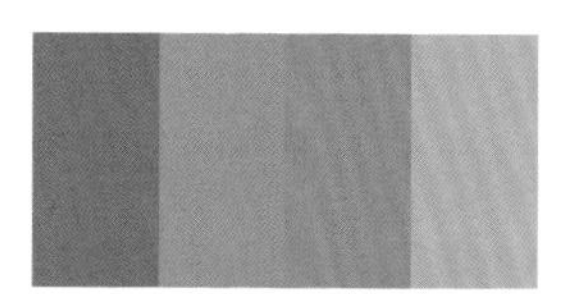

## 1 颜色主题：清新〔中明度中彩度配色〕

色彩范围

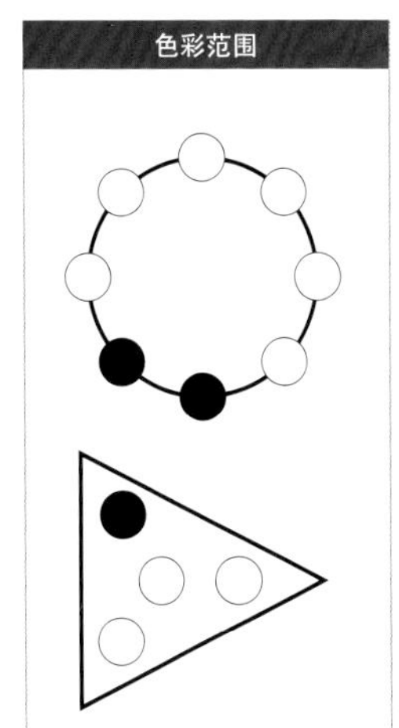

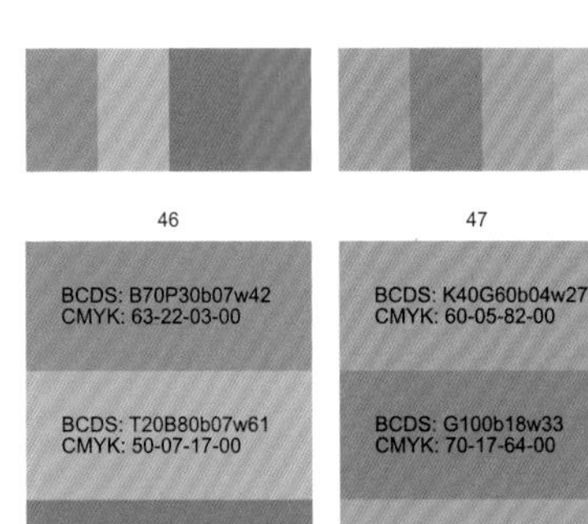

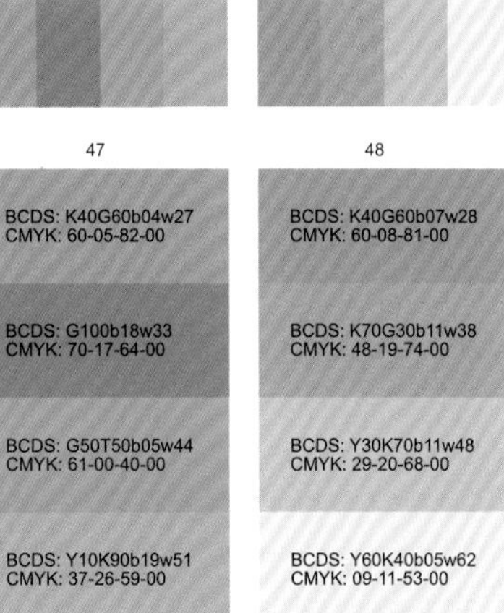

| 46 | 47 | 48 |
|---|---|---|
| BCDS: B70P30b07w42<br>CMYK: 63-22-03-00 | BCDS: K40G60b04w27<br>CMYK: 60-05-82-00 | BCDS: K40G60b07w28<br>CMYK: 60-08-81-00 |
| BCDS: T20B80b07w61<br>CMYK: 50-07-17-00 | BCDS: G100b18w33<br>CMYK: 70-17-64-00 | BCDS: K70G30b11w38<br>CMYK: 48-19-74-00 |
| BCDS: T70B30b23w38<br>CMYK: 71-26-40-00 | BCDS: G50T50b05w44<br>CMYK: 61-00-40-00 | BCDS: Y30K70b11w48<br>CMYK: 29-20-68-00 |
| BCDS: G30T70b08w30<br>CMYK: 71-00-46-00 | BCDS: Y10K90b19w51<br>CMYK: 37-26-59-00 | BCDS: Y60K40b05w62<br>CMYK: 09-11-53-00 |

冷色系设计，明度变化使空间层次性分明，根据视觉观察角度配色，整体感觉清新、自然、开阔，空间感强。

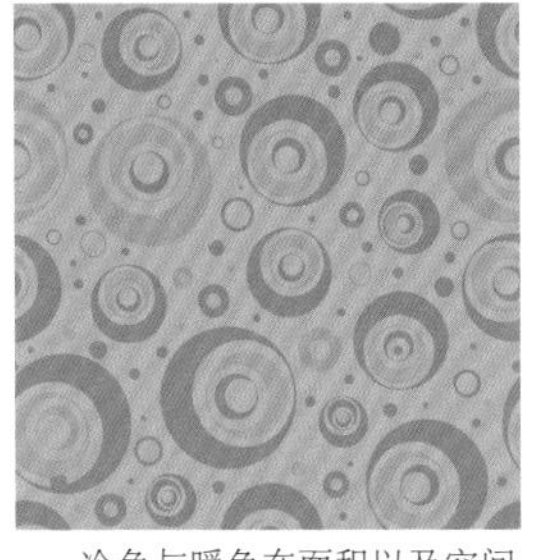

冷色与暖色在面积以及空间位置上形成对比，灰度偏高的黄绿色有一种茶香古色的味道，整体设计风格自然、简洁、艺术、内涵丰富。

色彩为柔和的邻近色组合，偏向灰度以及白度，整体的和谐性强，有一种自然、舒适、纯真、清新之感。

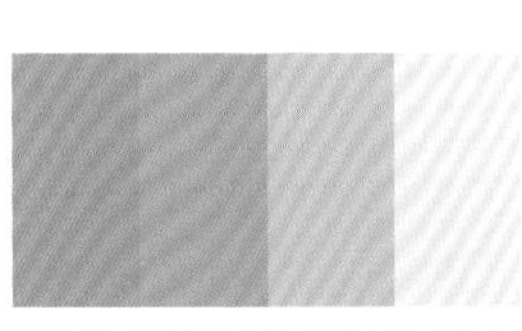

## 1 颜色主题：清新〔中明度中彩度配色〕

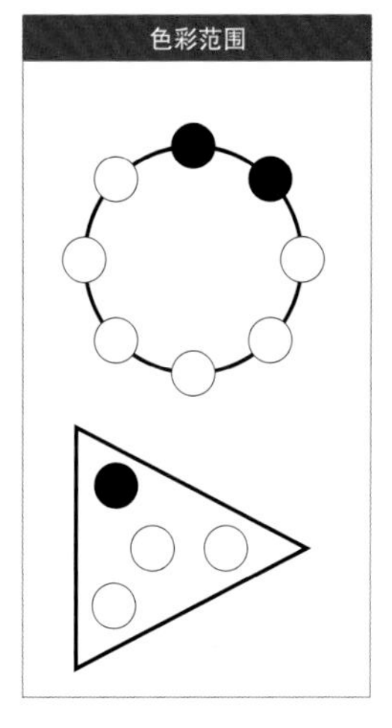

| 49 | 50 | 51 |
| --- | --- | --- |
| BCDS: O20Y80b03w73<br>CMYK: 02-13-41-00 | BCDS: O30Y70b13w28<br>CMYK: 08-45-79-00 | BCDS: T60B40b17w38<br>CMYK: 71-20-36-00 |
| BCDS: Y100b01w55<br>CMYK: 05-14-60-00 | BCDS: O70Y30b16w40<br>CMYK: 14-53-65-00 | BCDS: G20T80b13w56<br>CMYK: 53-09-32-00 |
| BCDS: Y80K20b03w45<br>CMYK: 05-15-69-00 | BCDS: R30O70b07w44<br>CMYK: 05-60-56-00 | BCDS: B100b04w56<br>CMYK: 55-10-15-00 |
| BCDS: O60Y40b01w37<br>CMYK: 00-45-69-00 | BCDS: R60O40b09w55<br>CMYK: 10-52-42-00 | BCDS: G80T20b13w31<br>CMYK: 73-09-60-00 |

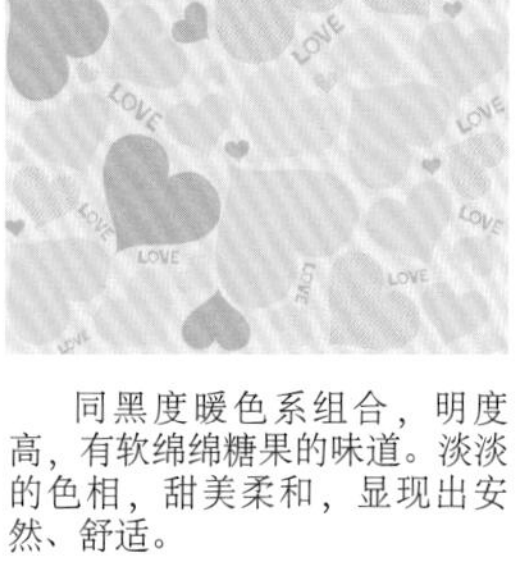

同黑度暖色系组合，明度高，有软绵绵糖果的味道。淡淡的色相，甜美柔和，显现出安然、舒适。

这组设计中色相比较多，但色彩明度接近，整体和谐、明快、情趣丰富。

明度较高的颜色大面积出现，整体感觉明亮。小面积的绿色在与背景色形成对比，整体设计出奇制胜，严谨而不严厉。

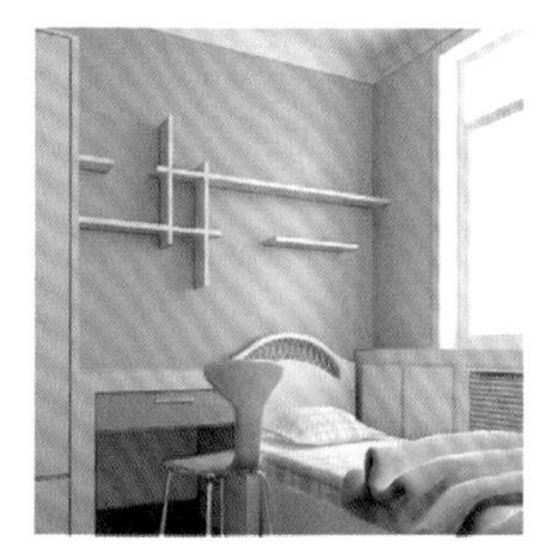

## 1 颜色主题：清新〔中明度中彩度配色〕

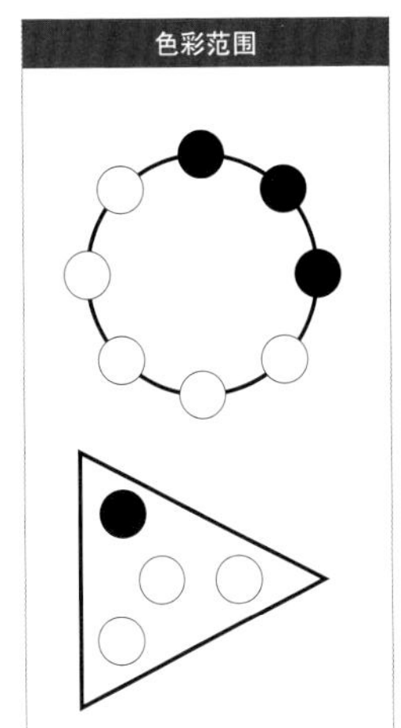


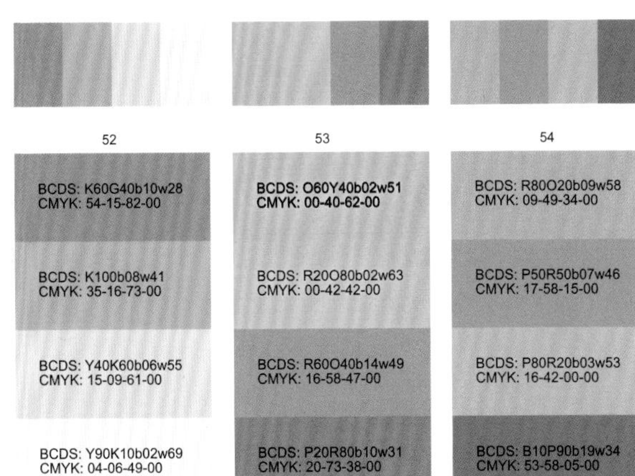

同黑度上的色彩组合配色，整体设计清新自然、柔和淡雅，有礼有节。

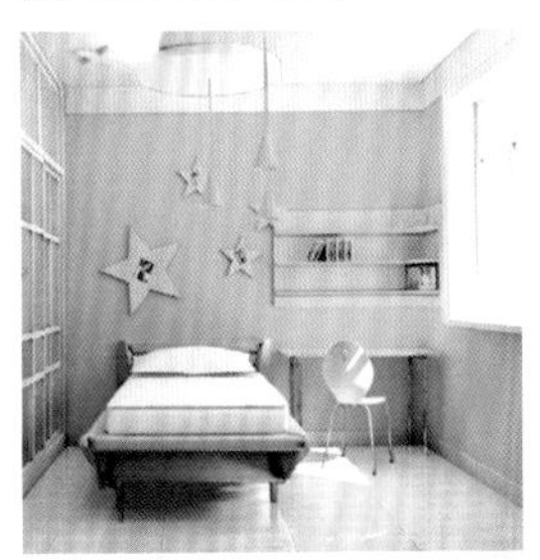

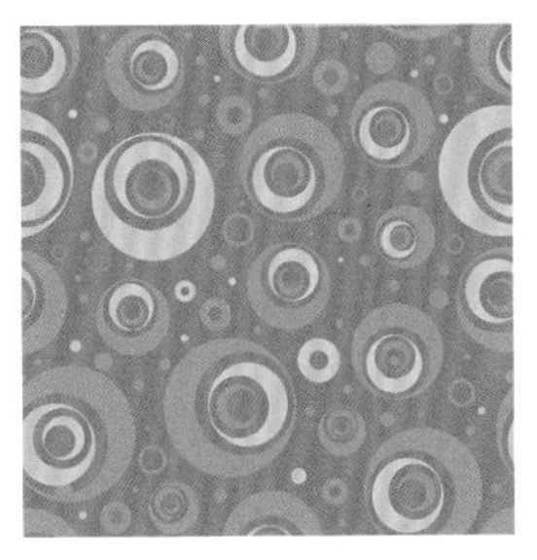

整体设计中明度彩度比较高，在顶棚运用的是明度比较高的红色，整体设计明快、亮丽、童趣十足。

暖橙红色为主色，配以紫色和蓝色，温暖中带有一点宁静和雅气。

## 1 颜色主题：清新〔中明度中彩度配色〕

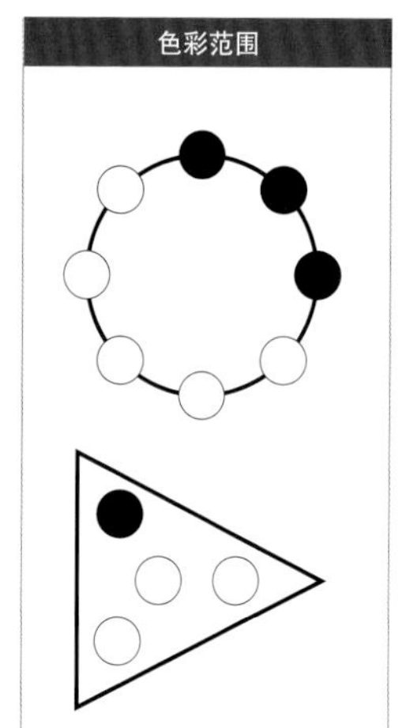


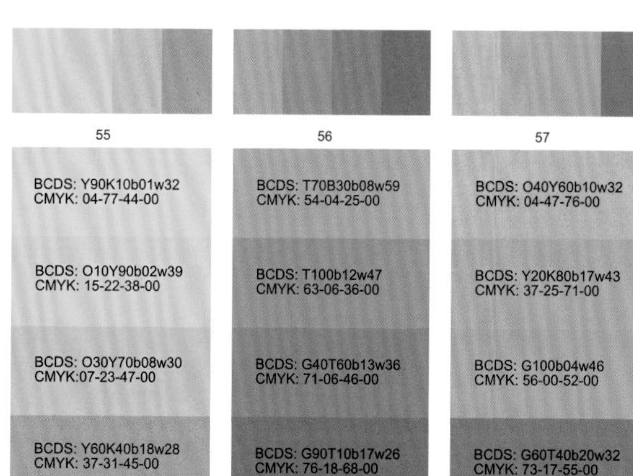

大面积为暖色，其夹角范围较小，只是在彩度上做变化，整体和谐性强。小面积黄绿色的出现，增加色彩的丰富性，缓解视觉疲劳。

大面积的蓝色系色相夹角小，明度高，使空间显得开阔。小面积绿色系的出现，使得整个设计方案显得清新、明快。

在这组设计中有对比但不刺激，高调不失含蓄。冷暖色结合制造了欢快、清新、自然、舒适、放松的氛围。

## 1 颜色主题：清新〔中明度中彩度配色〕

**色彩范围**

58

| BCDS | CMYK |
|---|---|
| R50O50b10w56 | 09-51-41-00 |
| P60R40b01w52 | 05-50-00-00 |
| B30P70b12w42 | 50-38-00-00 |
| T20B80b03w27 | 72-11-16-00 |

59

| BCDS | CMYK |
|---|---|
| P30R70b07w63 | 10-40-15-00 |
| P70R30b10w55 | 24-45-10-00 |
| B10P90b08w47 | 36-40-00-00 |
| B50P50b16w42 | 59-37-08-00 |

60

| BCDS | CMYK |
|---|---|
| G10T90b09w29 | 73-04-43-00 |
| T70B30b19w37 | 72-21-39-00 |
| T20B80b04w43 | 68-04-20-00 |
| B60P40b05w57 | 46-18-01-00 |

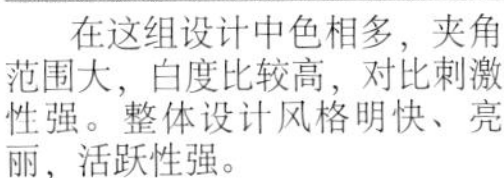

在这组设计中色相多，夹角范围大，白度比较高，对比刺激性强。整体设计风格明快、亮丽，活跃性强。

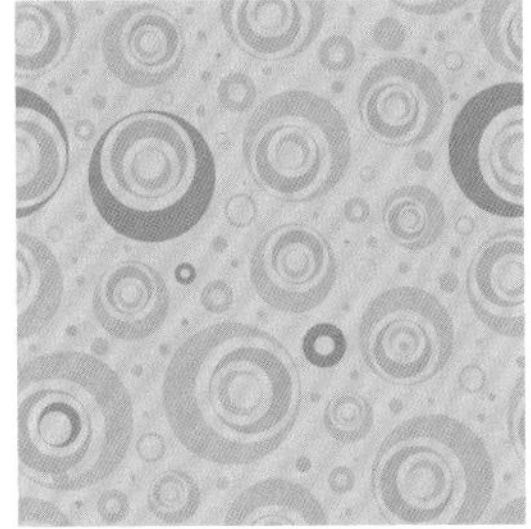

大面积为明度比较高的红色，其他颜色做辅助色或者彩度对比出现，整体设计风格清新、含蓄、雅致。

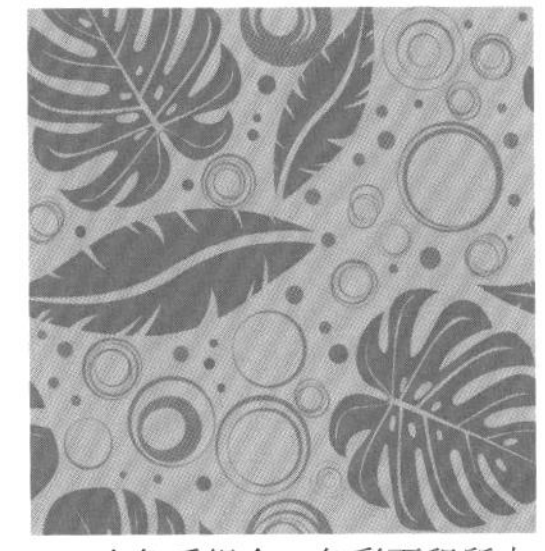

冷色系组合，色彩面积所占比重上明度较高的紫色大于蓝色与绿色系，整体设计风格干净、清新、缜密。

## 1 颜色主题：清新〔中明度中彩度配色〕

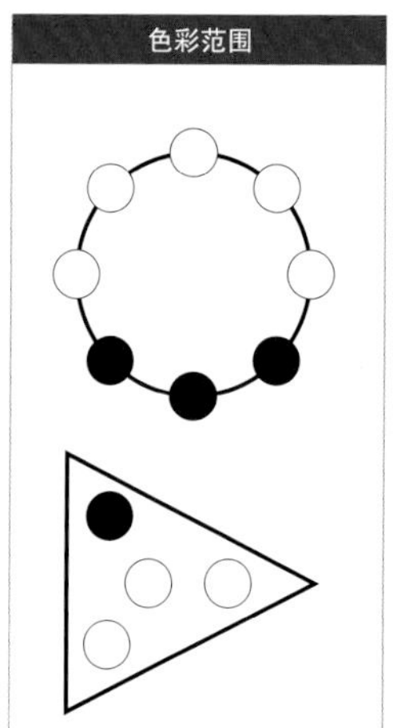

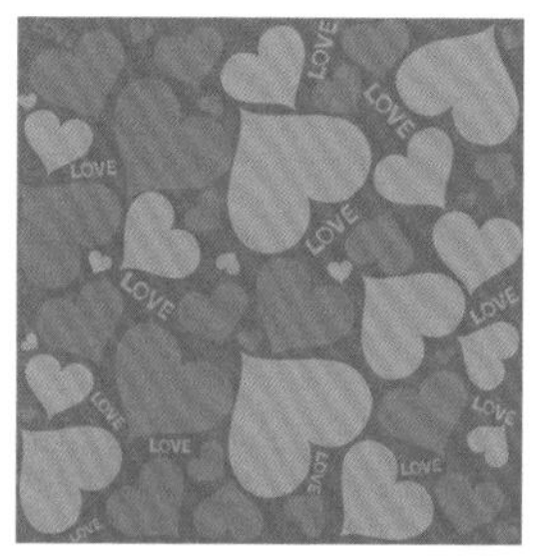


整体设计采用冷色系，不同的明度营造空间氛围，清新明快，规矩严肃。

紫色占据了整个空间，其明度较高的色相属性不明显，蓝紫色与蓝色小面积出现，浪漫神秘中加以理智的约束。

明度较高的颜色一直排序在上风，这是室内设计空间感觉明亮开阔的需要。整体设计浪漫，柔美气息凝重。

## 1 颜色主题：清新〔中明度中彩度配色〕

色彩范围

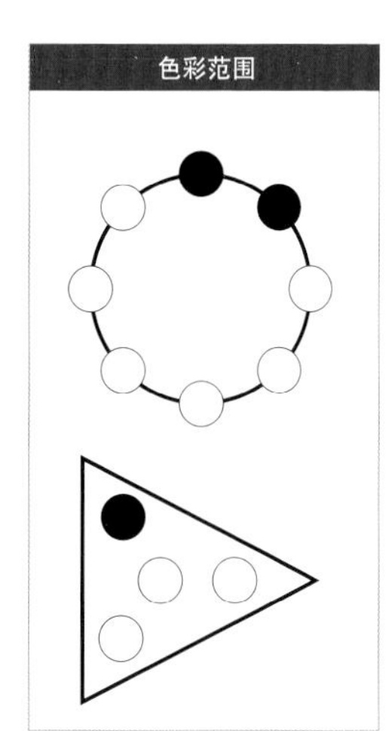

64

BCDS: O80Y20b12w31
CMYK: 11-60-73-00

BCDS: O40Y60b18w40
CMYK: 18-47-69-00

BCDS: Y80K20b07w57
CMYK: 09-16-58-00

65

BCDS: Y40K60b07w56
CMYK: 20-13-62-00

BCDS: K90G10b09w45
CMYK: 35-15-67-00

BCDS: K40G60b08w34
CMYK: 56-07-74-00

66

BCDS: K10G90b08w28
CMYK: 69-07-72-00

BCDS: G70T30b11w44
CMYK: 63-03-46-00

BCDS: G30T70b08w61
CMYK: 48-00-30-00

暖色设计，明度较高的黄色与灰度较高的橙色以及彩度较高的红色组合，整体设计明快、舒适，又不缺乏开拓和勇气。

黄绿色系组合，色相夹角跨度小，明度高，体现了自然、闲适、放松之感。

青绿色系组合，色相夹角跨度小，体现了自然、冷静、清新、希望。

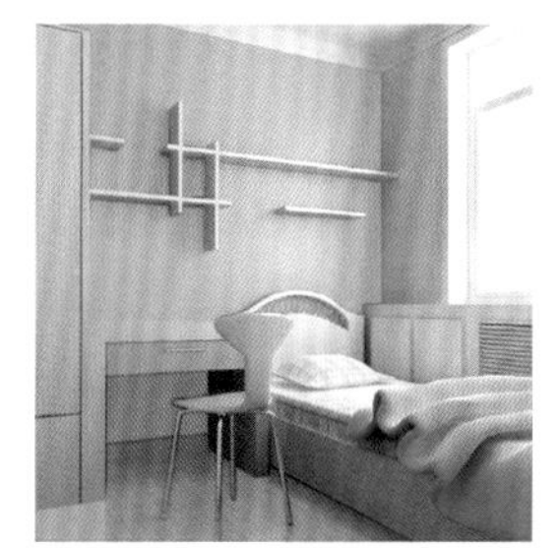

## 1 颜色主题：清新〔中明度中彩度配色〕

色彩范围

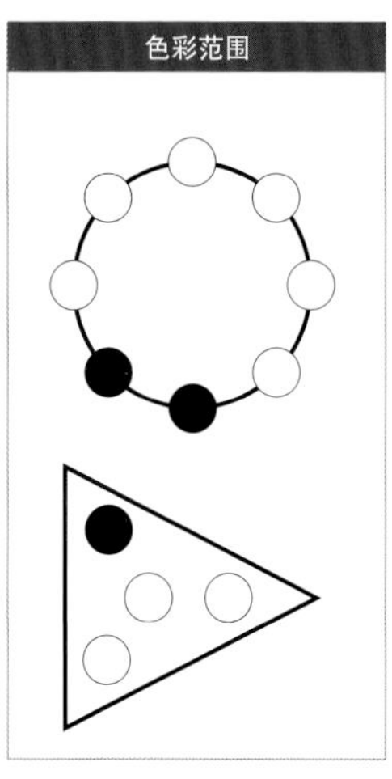

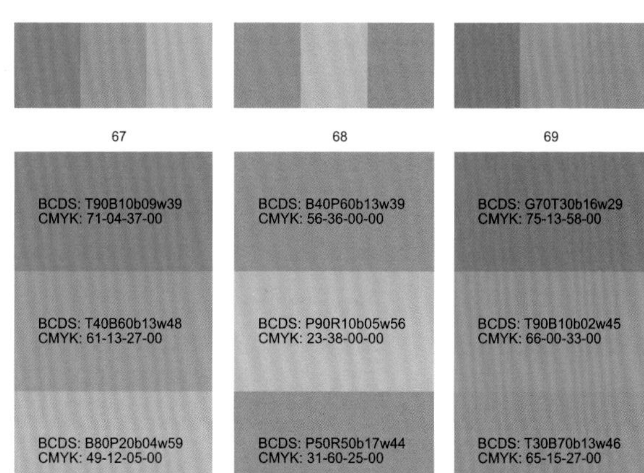

冷色系设计，大面积运用明度高的蓝色，其他色以小面积形式出现，整体设计简洁大方。

大面积运用明度较高的紫色，其他色以小面积形式出现，功能性引导，整体感觉和谐、精致、细腻。

冷色系组合，色彩明度属性拉开空间层次性，设计风格清爽、清新、自然。

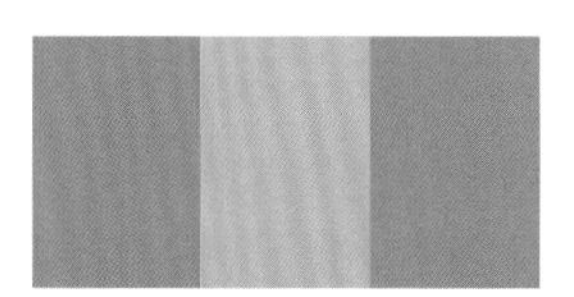

## 1 颜色主题：清新〔中明度中彩度配色〕

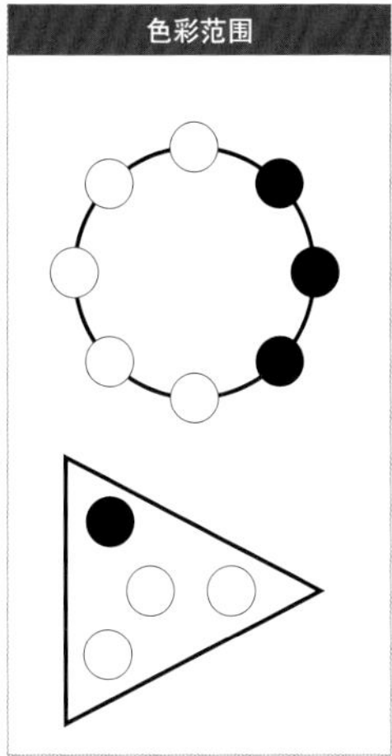


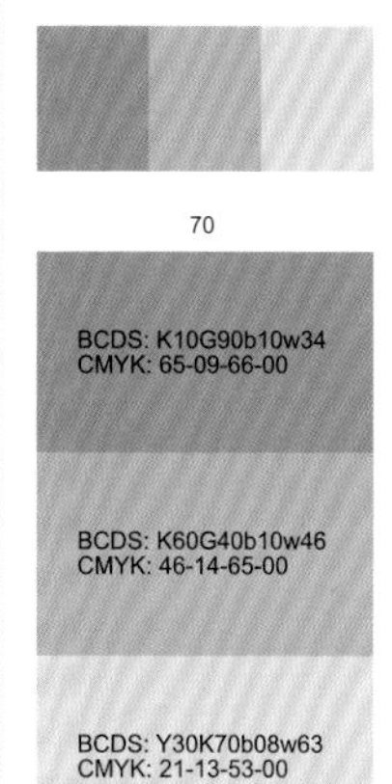


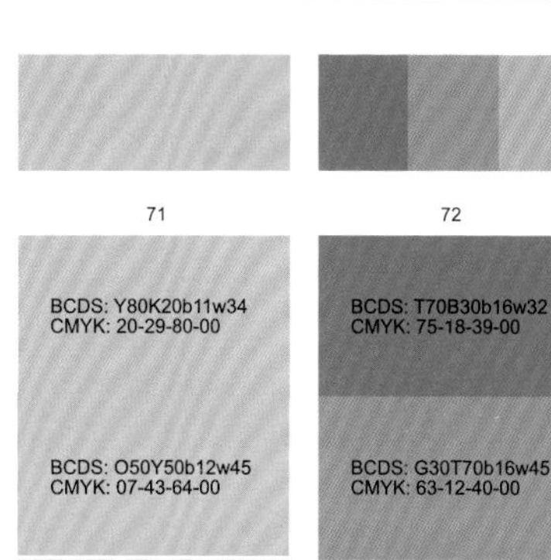

运用大面积明度高的黄绿色和小面积绿色组合，两者在彩度上对比，整体设计清新、整洁、生动。

暖色系组合，整体色彩的彩度偏高，设计风格彰显了刺激、欢快、愉悦。

冷色系组合，地板为彩度偏高的蓝色，青绿色与其他颜色的色彩属性接近，整体设计和谐性强，清新、自然。

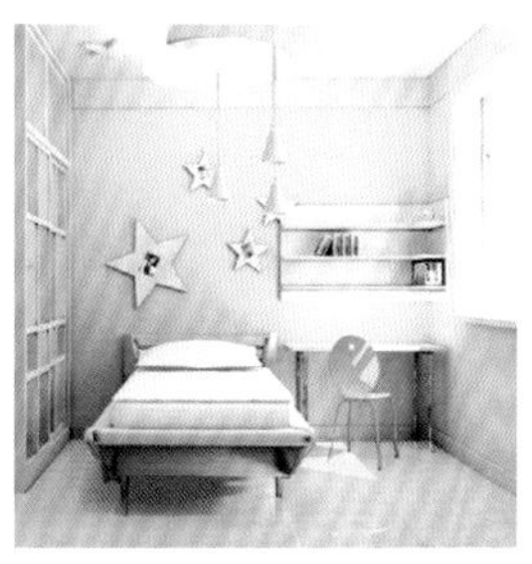

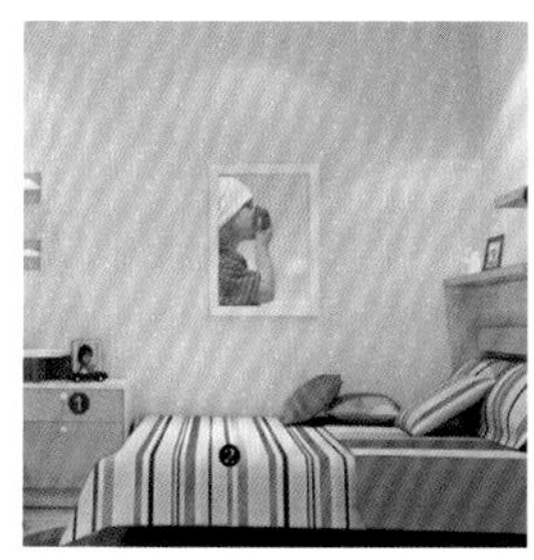

## 1 颜色主题：清新〔中明度中彩度配色〕

色彩范围

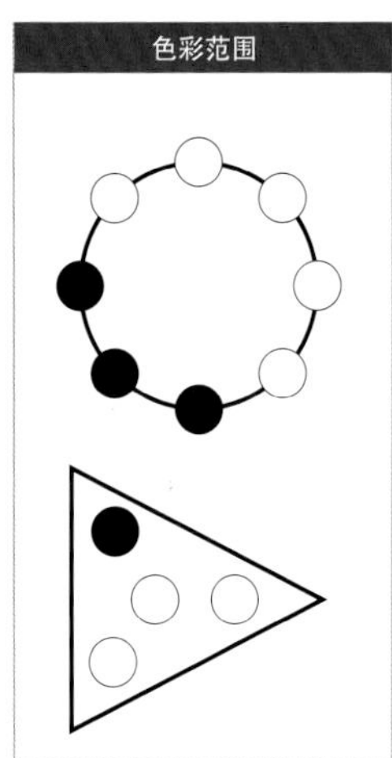

73

BCDS: T60B40b06w45
CMYK: 67-00-30-00

BCDS: B80P20b15w36
CMYK: 70-33-13-00

BCDS: B10P90b15w49
CMYK: 40-41-06-00

74

BCDS: R70O30b10w55
CMYK: 13-52-40-00

BCDS: P10R90b09w43
CMYK: 17-63-36-00

BCDS: R10O90b05w35
CMYK: 00-62-65-00

75

BCDS: O50Y50b11w37
CMYK: 08-49-70-00

BCDS: Y90K10b14w41
CMYK: 19-30-71-00

BCDS: Y30K70b01w57
CMYK: 08-00-60-00

色彩运用中，色相都为原色的间色，明度属性拉开了空间层次，整体设计风格贵气雅致。

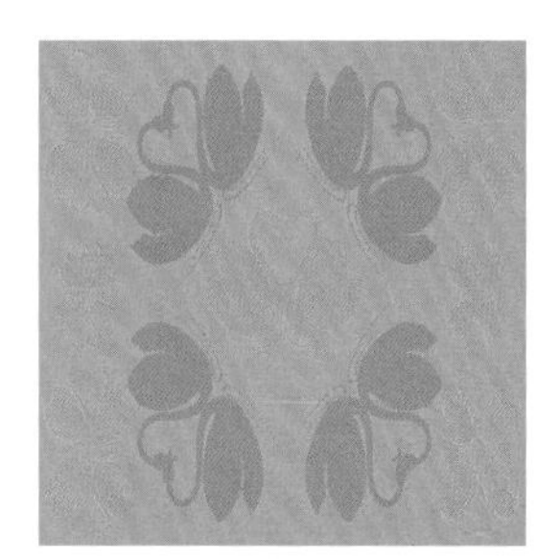

暖色系设计，橙红色彩度比较高，打破了黑度相同的紫红色组合，具有挑战、明快之感。

暖色组合，明度高的颜色与灰度色组合，整体设计氛围轻松、舒适、香甜。

## 1 颜色主题：清新〔中明度中彩度配色〕

色彩范围

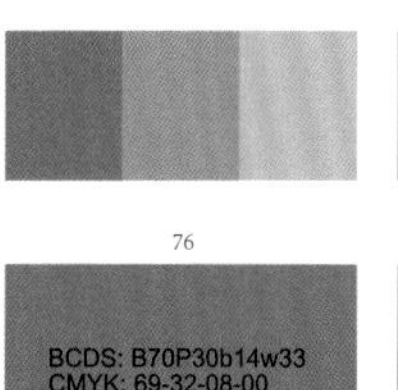

76

BCDS: B70P30b14w33
CMYK: 69-32-08-00

BCDS: B10P90b12w44
CMYK: 42-46-00-00

BCDS: P70R30b06w59
CMYK: 17-40-03-00

77

BCDS: O50Y50b11w37
CMYK: 08-49-70-00

BCDS: Y90K10b14w41
CMYK: 19-30-71-00

BCDS: Y30K70b01w57
CMYK: 08-00-60-00

78

BCDS: B70P30b14w33
CMYK: 69-32-08-00

BCDS: B10P90b12w44
CMYK: 42-46-00-00

BCDS: P70R30b06w59
CMYK: 17-40-03-00

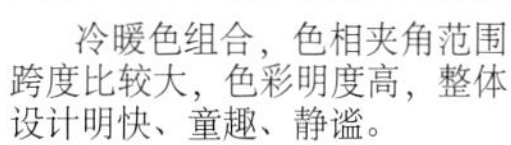

冷暖色组合，色相夹角范围跨度比较大，色彩明度高，整体设计明快、童趣、静谧。

暖色系组合，黄色明度比较高，整体设计层次分明、舒适、松弛有度。

紫蓝色的组合，色相夹角范围跨度较小，色彩对比柔和，整体设计明快、高雅、宁静。

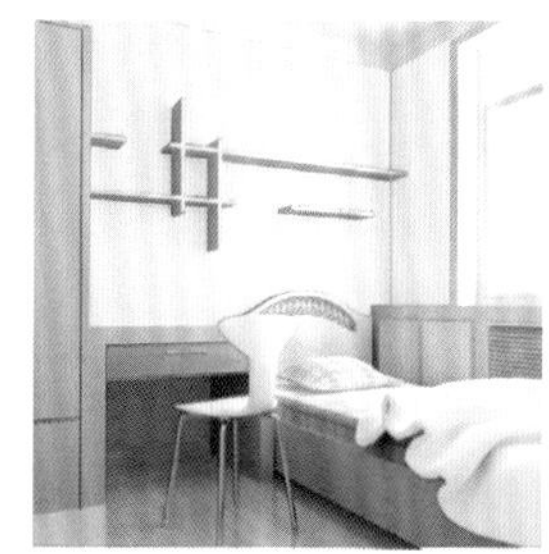

## 1 颜色主题：清新〔中明度中彩度配色〕

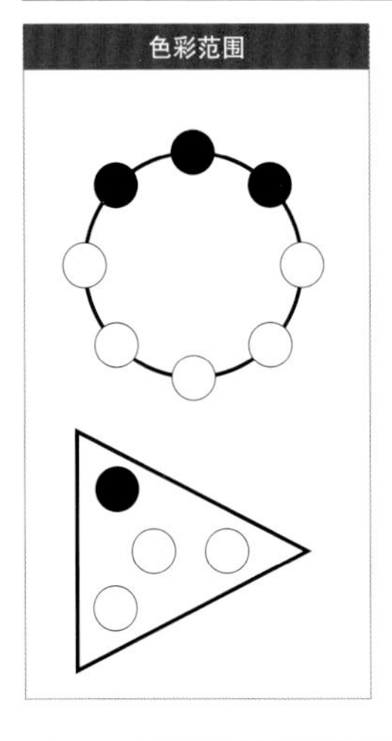

79

BCDS: R80O20b11w51
CMYK: 15-55-40-00

BCDS: R10O90b05w35
CMYK: 00-61-64-00

BCDS: O80Y20b20w42
CMYK: 20-54-64-00

80

BCDS: G70T30b09w32
CMYK: 73-03-56-00

BCDS: K20G80b07w50
CMYK: 49-01-53-00

BCDS: G30T70b13w50
CMYK: 60-09-38-00

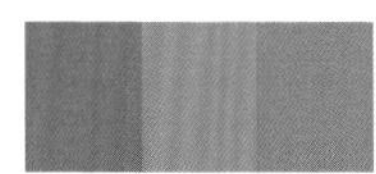

81

BCDS: G20T80b14w34
CMYK: 73-11-45-00

BCDS: T20B80b07w47
CMYK: 63-03-20-00

BCDS: B40P60b18w47
CMYK: 54-38-09-00

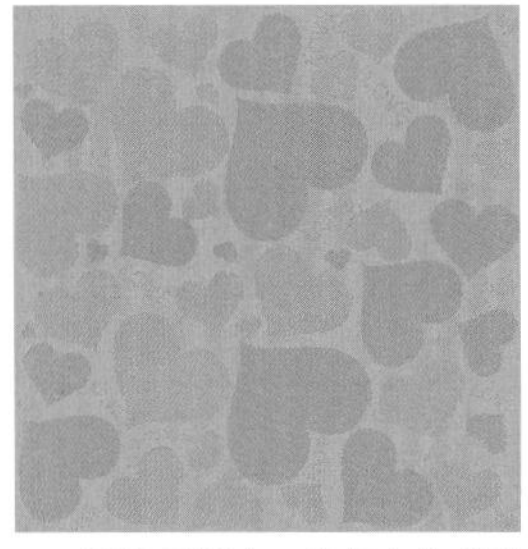

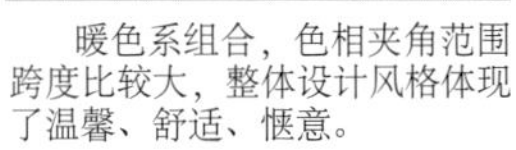

暖色系组合，色相夹角范围跨度比较大，整体设计风格体现了温馨、舒适、惬意。

青绿色系组合，自然之色，墙面与顶棚大范围是明度较高的黄绿色，整体设计风格体现了宽阔、清新、明快，亲切。

在这组设计中，色相夹角跨度比较大，情趣丰富，大面积青绿色中加入小面积的灰度。整体氛围清新、精致、品质性强。

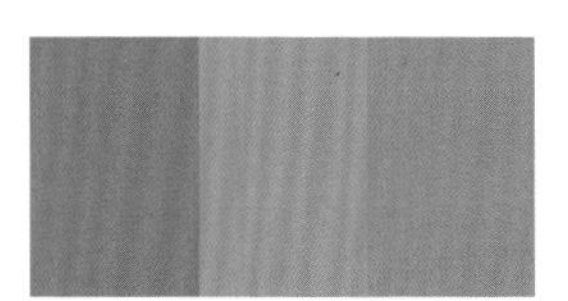

## 1 颜色主题：清新〔中明度中彩度配色〕

色彩范围

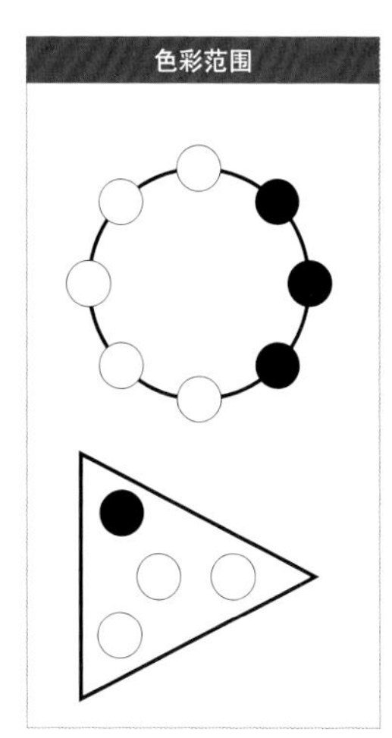

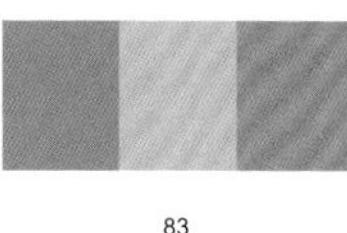

| 82 | 83 | 84 |
|---|---|---|
| BCDS: Y30K70b11w32<br>CMYK: 15-61-41-00 | BCDS: B40P60b17w37<br>CMYK: 61-43-04-00 | BCDS: T40B60b15w34<br>CMYK: 75-18-33-00 |
| BCDS: K60G40b03w49<br>CMYK: 40-03-64-00 | BCDS: P100b04w54<br>CMYK: 28-37-00-00 | BCDS: B80P20b07w47<br>CMYK: 58-18-05-00 |
| BCDS: K10G90b10w56<br>CMYK: 48-06-46-00 | BCDS: P70R30b01w29<br>CMYK: 25-69-00-00 | BCDS: B30P70b06w61<br>CMYK: 36-24-00-00 |

色相变幻丰富，但色彩属性接近，整体设计风格体现了清新、柔和、温馨。

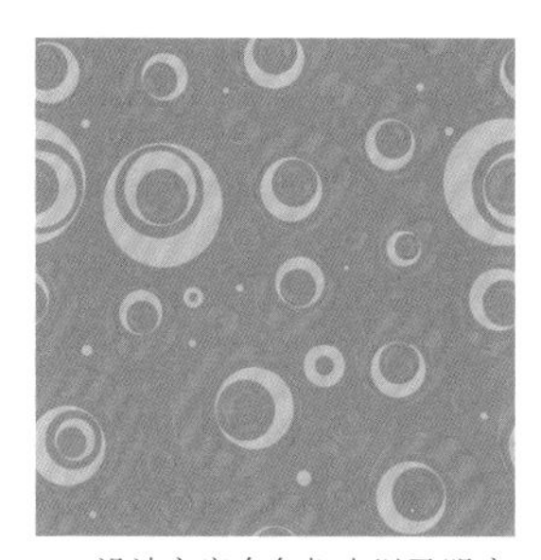

设计方案在色相上以及明度属性上都有差异，整体设计风格体现了别致，浪漫、趣味丰富。

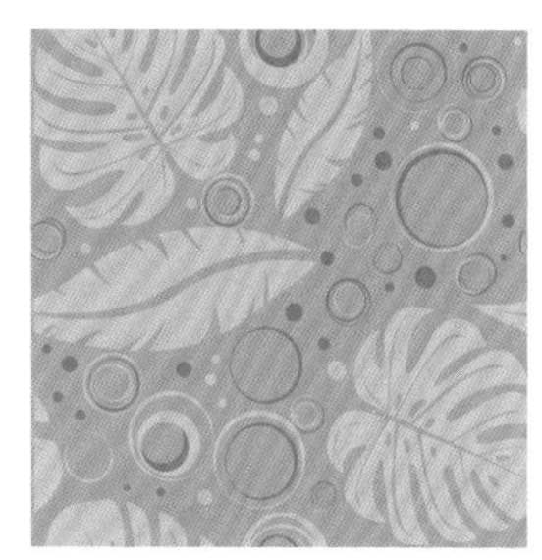

大面积蓝绿色与小面积紫色的组合，整体设计氛围清新、舒适、时尚。

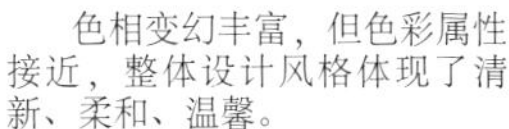

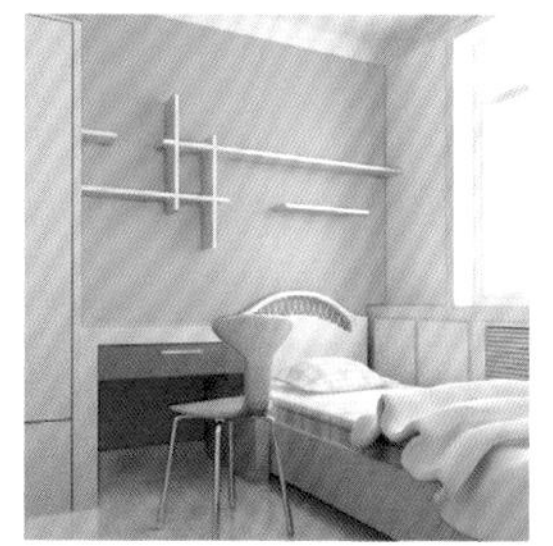

## 1 颜色主题：清新〔中明度中彩度配色〕

色彩范围

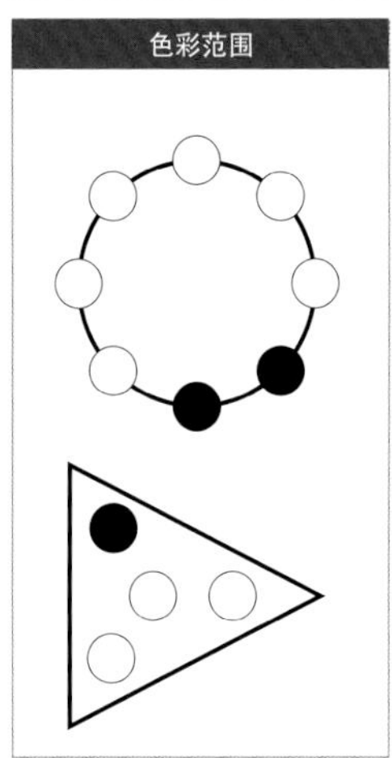

| 85 | 86 | 87 |
|---|---|---|
| BCDS: G90T10b13w33<br>CMYK: 70-08-61-00 | BCDS: P90R10b14w40<br>CMYK: 40-57-06-00 | BCDS: O40Y60b09w40<br>CMYK: 03-42-68-00 |
| BCDS: G20T80b04w51<br>CMYK: 58-00-34-00 | BCDS: P50R50b04w64<br>CMYK: 09-37-07-00 | BCDS: O90Y10b16w50<br>CMYK: 14-50-56-00 |
| BCDS: T50B50b13w59<br>CMYK: 53-13-25-00 | BCDS: R100b11w52<br>CMYK: 17-54-32-00 | BCDS: R20O80b07w29<br>CMYK: 02-66-67-00 |

冷色系组合，大面积为明度比较高的色彩，彩度比较高的青绿色以小面积的形式出现，整体设计风格清爽，饱含生机。

暖色系组合，紫色和红色以小面积的形式出现，色彩明度差异大，整体设计风格体现了空间感强、优雅、舒适。

红橙暖色系组合，夹角范围小，明度彩度差异明显，整体设计体现了温暖、舒适、饱满、有层次感。

## 1 颜色主题：清新〔中明度中彩度配色〕

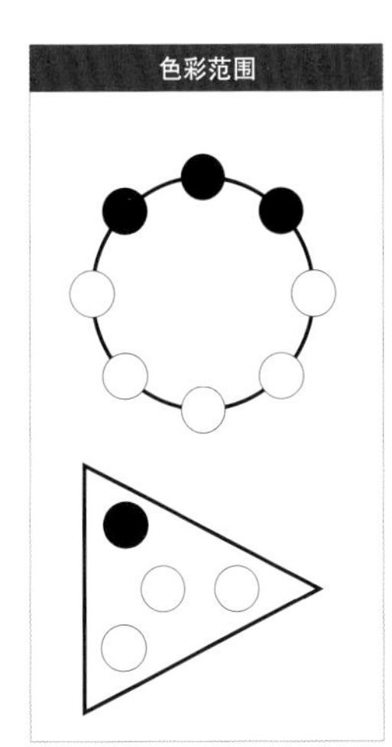


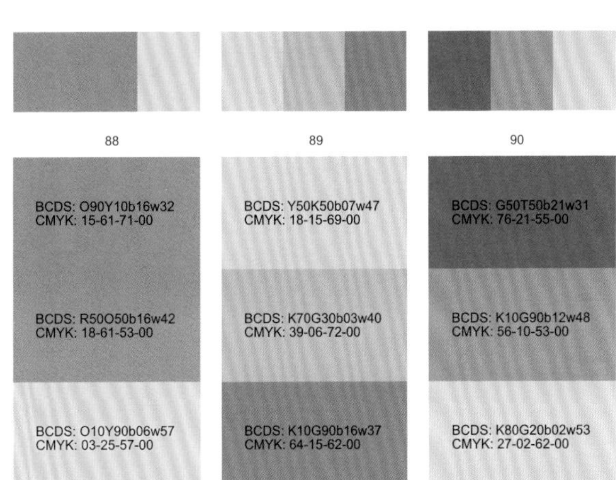

本设计为暖色系组合，明度比较高的黄色以大面积的形式出现，整体设计风格体现了刺激、明快、果敢。

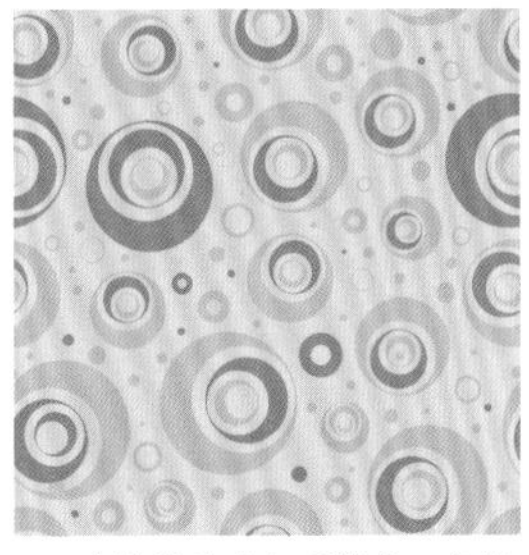

本设计为冷色系组合，色相明度差异明显，整体设计风格体现了清新、时尚、前卫。

本设计为色彩灰度偏高，色相组合微妙，有明度差异，整体设计风格体现了清爽、理智、含蓄、低调。

## 1 颜色主题：清新〔中明度中彩度配色〕

色彩范围

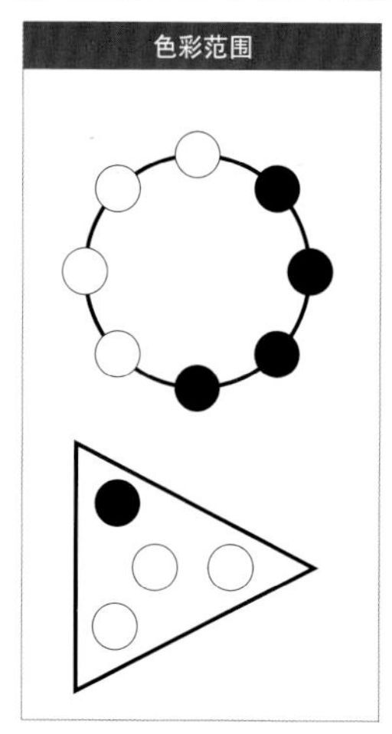

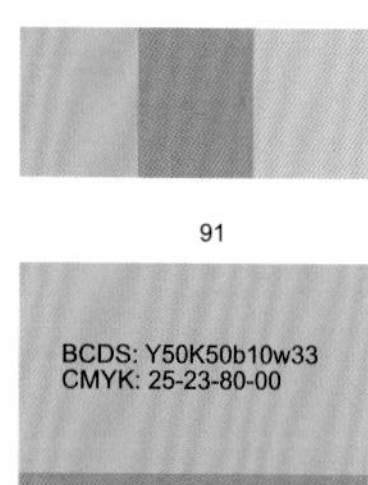

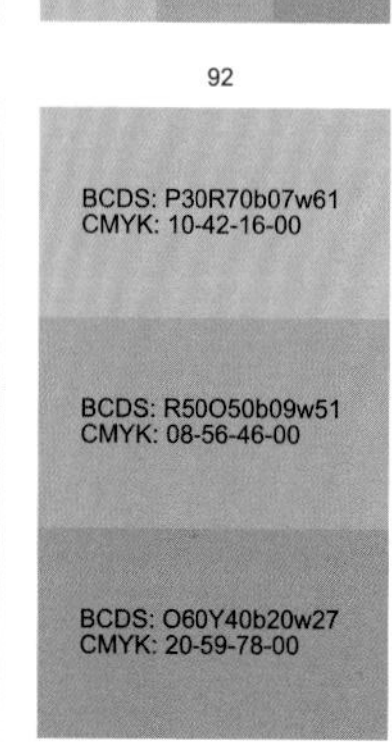

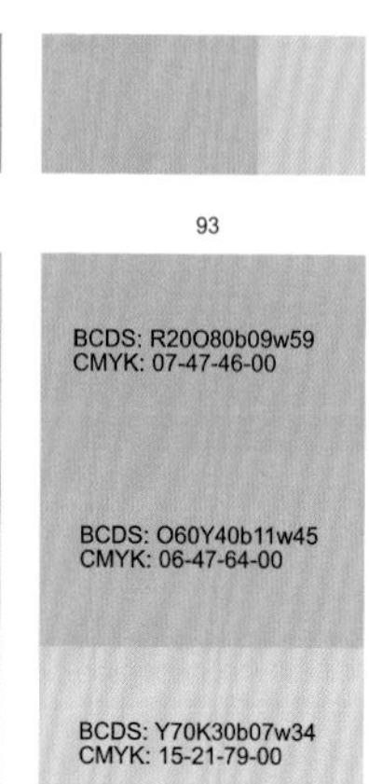

| 91 | 92 | 93 |
| --- | --- | --- |
| BCDS: Y50K50b10w33<br>CMYK: 25-23-80-00 | BCDS: P30R70b07w61<br>CMYK: 10-42-16-00 | BCDS: R20O80b09w59<br>CMYK: 07-47-46-00 |
| BCDS: K40G60b18w41<br>CMYK: 57-20-65-00 | BCDS: R50O50b09w51<br>CMYK: 08-56-46-00 | BCDS: O60Y40b11w45<br>CMYK: 06-47-64-00 |
| BCDS: G80T20b03w63<br>CMYK: 42-00-33-00 | BCDS: O60Y40b20w27<br>CMYK: 20-59-78-00 | BCDS: Y70K30b07w34<br>CMYK: 15-21-79-00 |

冷色与暖色组合，面积上形成对比，彩度不高，整体设计风格体现了休闲、明亮、别致。

暖色组合，橙色的诱惑，紫色的优雅，形成温馨、甜美、浪漫的的设计风格。

色相整体明度都比较高，在彩度上变化明显，整体设计风格体现了丰富的情绪，明快活跃。

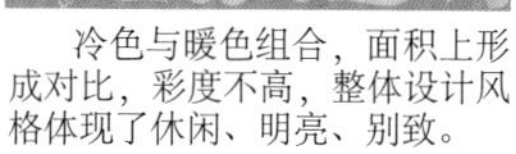

## 2 颜色主题：童话〔中明度高彩度配色〕

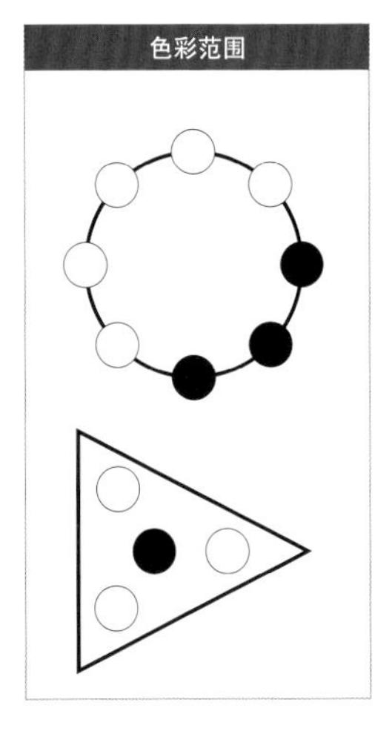

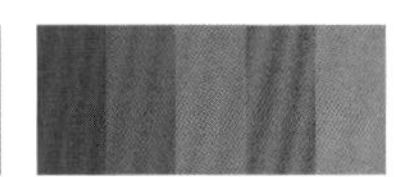

| 1 | 2 | 3 |
| --- | --- | --- |
| BCDS: K70G30b20w07<br>CMYK: 67-42-100-02 | BCDS: T20B80b23w14<br>CMYK: 83-41-31-00 | BCDS: B100b26w02<br>CMYK: 88-58-24-00 |
| BCDS: K30G70b05w06<br>CMYK: 78-20-100-00 | BCDS: B80P20b28w02<br>CMYK: 93-70-22-00 | BCDS: B50P50b15w11<br>CMYK: 80-56-00-00 |
| BCDS: G100b13w11<br>CMYK: 81-23-85-00 | BCDS: T40B60b13w08<br>CMYK: 81-35-35-00 | BCDS: B20P80b11w25<br>CMYK: 62-58-00-00 |
| BCDS: G50T50b14w21<br>CMYK: 76-13-57-00 | BCDS: B50P50b06w20<br>CMYK: 65-42-00-00 | BCDS: R50O50b06w10<br>CMYK: 17-88-89-00 |
| BCDS: G40T60b07w17<br>CMYK: 70-00-53-00 | BCDS: B20P80b18w01<br>CMYK: 84-82-00-00 | BCDS: O60Y40b23w12<br>CMYK: 27-66-89-00 |

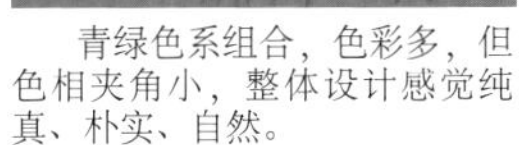

青绿色系组合，色彩多，但色相夹角小，整体设计感觉纯真、朴实、自然。

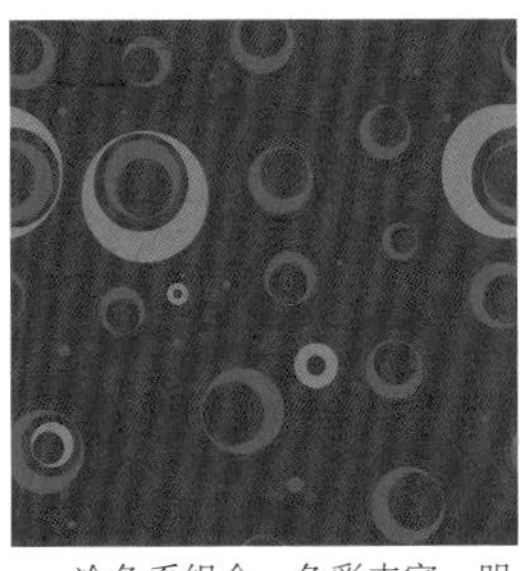

冷色系组合，色彩丰富，明度差异明显，整体设计感觉理智、踏实、安静。

色彩丰富，色相夹角范围大，整体彩度偏高，橙色与蓝色形成鲜明对比。表达出个性、大胆，富于挑战的空间氛围。

## 2 颜色主题：童话〔中明度高彩度配色〕

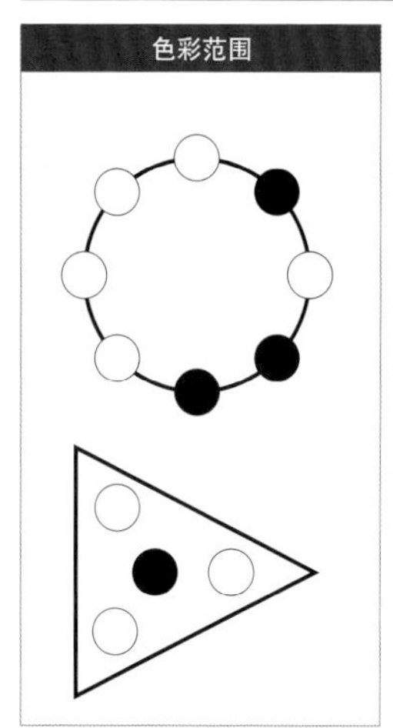


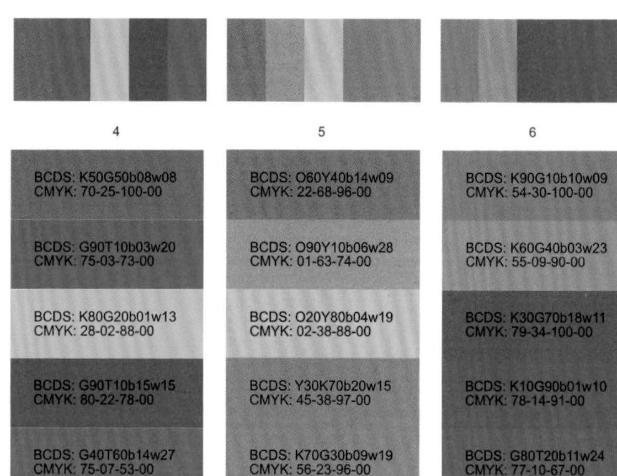

| 4 | 5 | 6 |
|---|---|---|
| BCDS: K50G50b08w08<br>CMYK: 70-25-100-00 | BCDS: O60Y40b14w09<br>CMYK: 22-68-96-00 | BCDS: K90G10b10w09<br>CMYK: 54-30-100-00 |
| BCDS: G90T10b03w20<br>CMYK: 75-03-73-00 | BCDS: O90Y10b06w28<br>CMYK: 01-63-74-00 | BCDS: K60G40b03w23<br>CMYK: 55-09-90-00 |
| BCDS: K80G20b01w13<br>CMYK: 28-02-88-00 | BCDS: O20Y80b04w19<br>CMYK: 02-38-88-00 | BCDS: K30G70b18w11<br>CMYK: 79-34-100-00 |
| BCDS: G90T10b15w15<br>CMYK: 80-22-78-00 | BCDS: Y30K70b20w15<br>CMYK: 45-38-97-00 | BCDS: K10G90b01w10<br>CMYK: 78-14-91-00 |
| BCDS: G40T60b14w27<br>CMYK: 75-07-53-00 | BCDS: K70G30b09w19<br>CMYK: 56-23-96-00 | BCDS: G80T20b11w24<br>CMYK: 77-10-67-00 |

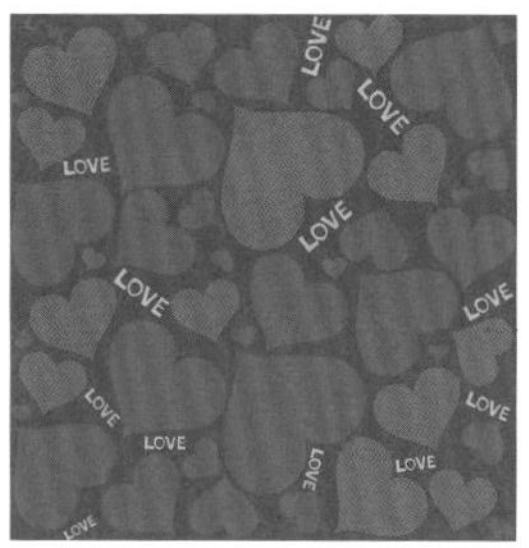

色彩丰富，除黄色外，其他颜色的色系很接近。而黄色在彩度以及色相上与其他颜色差异大，所以整体设计感觉活泼、机智、明亮、时尚。

色彩丰富的红绿色系对比，需控制对比面积。大面积运用暖橙色，整体设计感觉温馨、童趣、机警。

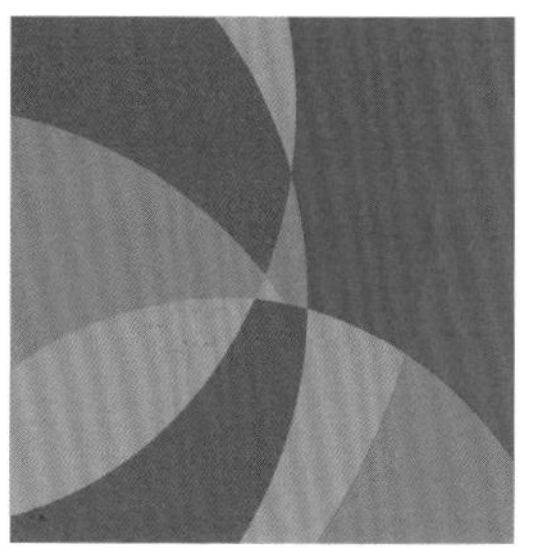

色彩丰富，夹角范围大，但整体色相彩度、明度差异不明显，整体设计清新、灵活、舒适、和谐。

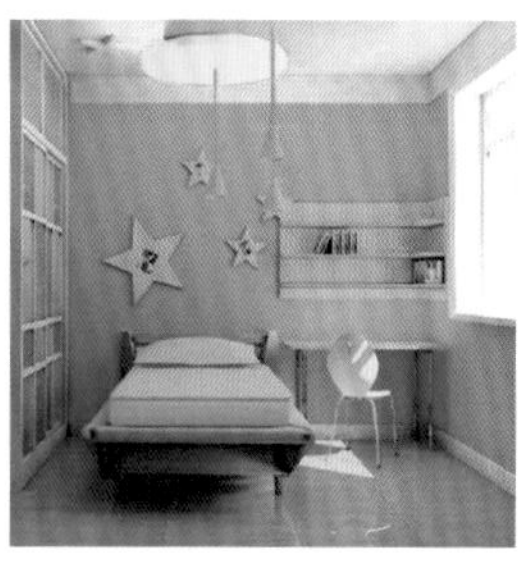

## 2 颜色主题：童话〔中明度高彩度配色〕

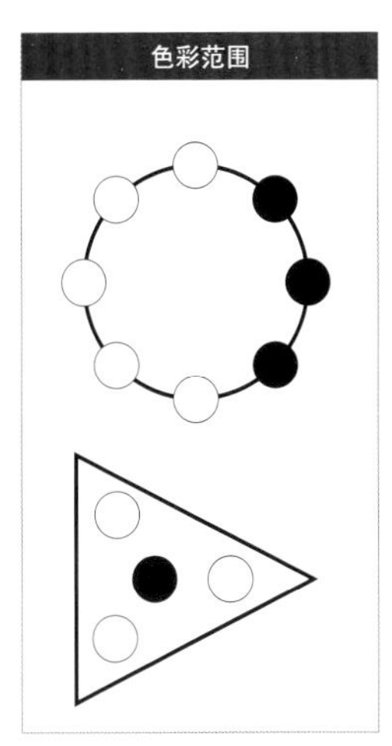

| 7 | 8 | 9 |
|---|---|---|
| BCDS: Y10K90b04w26<br>CMYK: 34-18-90-00 | BCDS: K40G60b04w02<br>CMYK: 74-20-100-00 | BCDS: G80T20b20w11<br>CMYK: 84-34-80-00 |
| BCDS: K50G50b16w02<br>CMYK: 76-39-100-02 | BCDS: K70G30b03w13<br>CMYK: 49-13-98-00 | BCDS: K60G40b05w12<br>CMYK: 60-15-100-00 |
| BCDS: Y100b22w09<br>CMYK: 35-53-99-00 | BCDS: Y30K70b05w06<br>CMYK: 34-27-98-00 | BCDS: Y20K80b01w26<br>CMYK: 22-08-87-00 |
| BCDS: K40G60b16w19<br>CMYK: 69-24-89-00 | BCDS: O90Y10b03w18<br>CMYK: 00-65-80-00 | BCDS: Y80K20b14w09<br>CMYK: 28-44-99-00 |

冷暖色组合，红绿色形成对比，黄色明度比较高，整体设计精致、细腻、可爱、欢快。

色彩组合变化丰富，红色与绿色小面积对比出现，整体设计格调鲜明，趣味丰富。

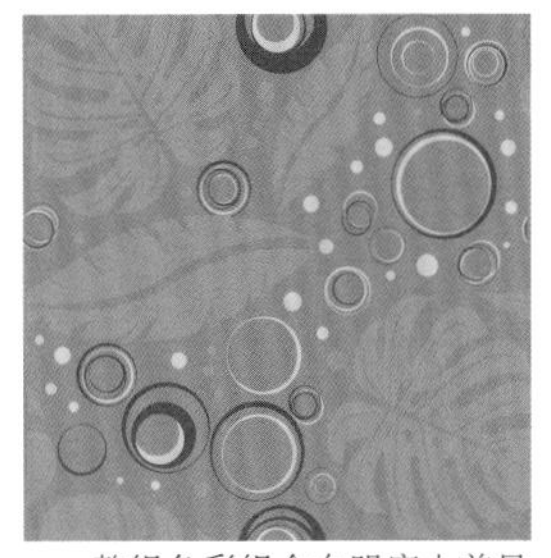

整组色彩组合在明度上差异比较明显，橙色运用面积比较大，整体设计感觉温馨、明快、舒适。

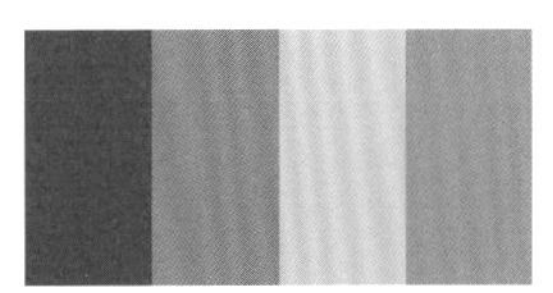

## 2 颜色主题：童话〔中明度高彩度配色〕

色彩范围

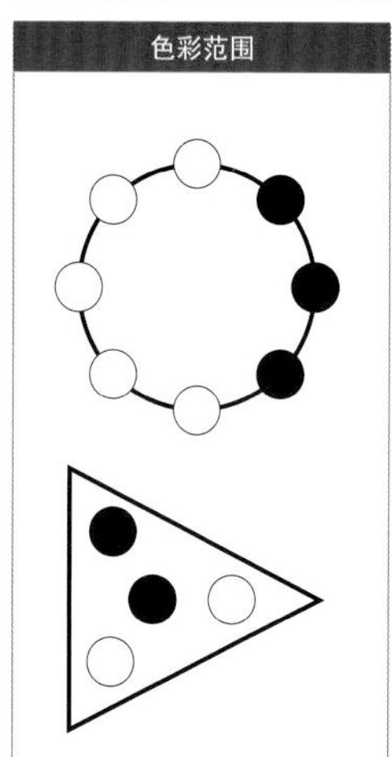

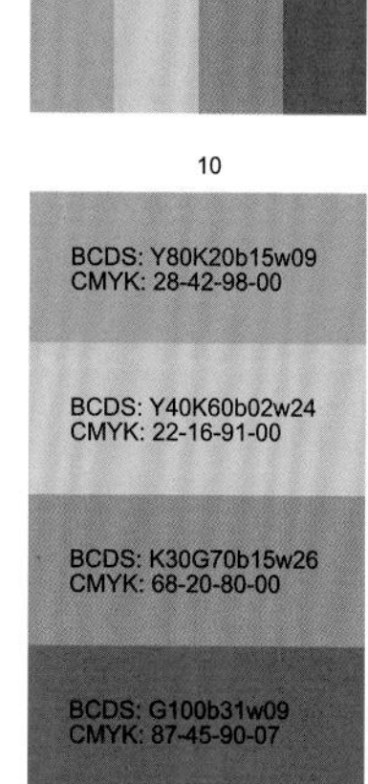


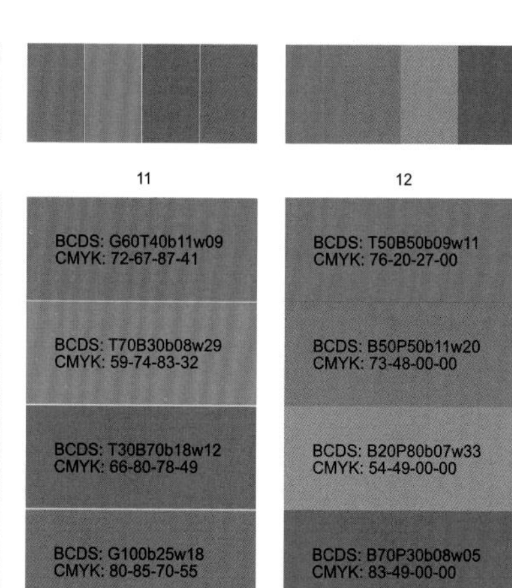

冷暖结合，明度和色相上都有差异，整体设计感觉个性鲜明、生机勃勃。

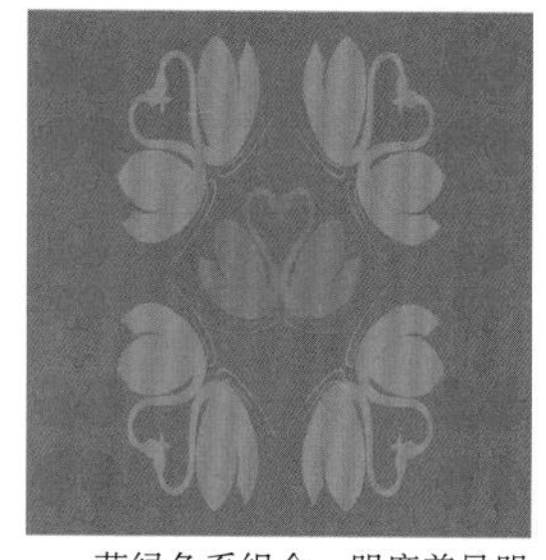

蓝绿色系组合，明度差异明显，整体设计感觉稳重、朴实。

色彩丰富，黑度相同，彩度变化差异比较明显，整体设计感觉童趣、天真、幼稚。

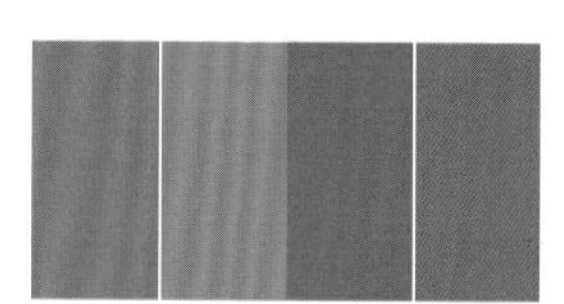

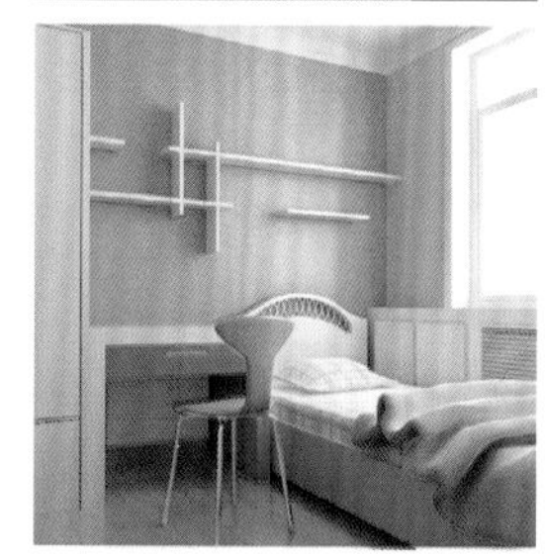

## 2 颜色主题：童话〔中明度高彩度配色〕

色彩范围

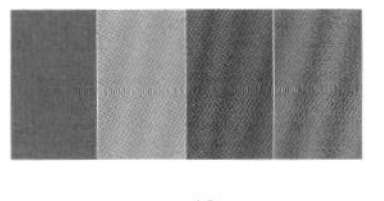
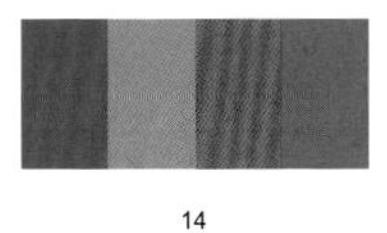

| 13 | 14 | 15 |
|---|---|---|
| BCDS: T20B80b06w04<br>CMYK: 79-32-15-00 | BCDS: B80P20b12w05<br>CMYK: 87-56-13-00 | BCDS: K80G20b03w05<br>CMYK: 35-12-95-00 |
| BCDS: B60P40b04w16<br>CMYK: 57-19-00-00 | BCDS: B40P60b02w15<br>CMYK: 62-44-00-00 | BCDS: K60G40b02w19<br>CMYK: 55-07-92-00 |
| BCDS: B20P80b12w11<br>CMYK: 74-70-00-00 | BCDS: P100b11w16<br>CMYK: 57-82-00-00 | BCDS: K30G70b04w13<br>CMYK: 74-12-99-00 |
| BCDS: P40R60b04w25<br>CMYK: 16-85-33-00 | BCDS: B80P20b04w29<br>CMYK: 81-38-15-00 | BCDS: G100b03w32<br>CMYK: 69-00-66-00 |

色彩属性差异明显，红色彩度高，作为点缀出现，整体设计感觉品质大气、个性。

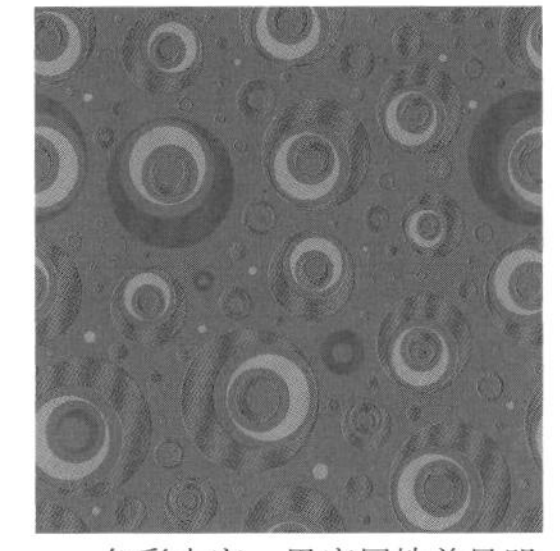

色彩丰富，黑度属性差异明显，整体设计感觉细腻、温柔、小成熟。

色彩彩度、明度属性变化不明显，大面积色彩与小面积色彩形成对比，整体设计感觉秀气、敏感、纯真。

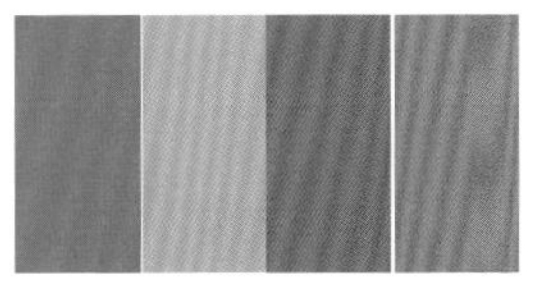

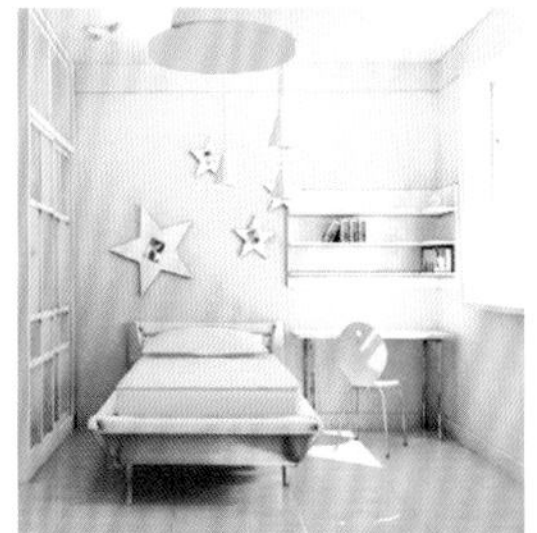

## 2 颜色主题：童话〔中明度高彩度配色〕

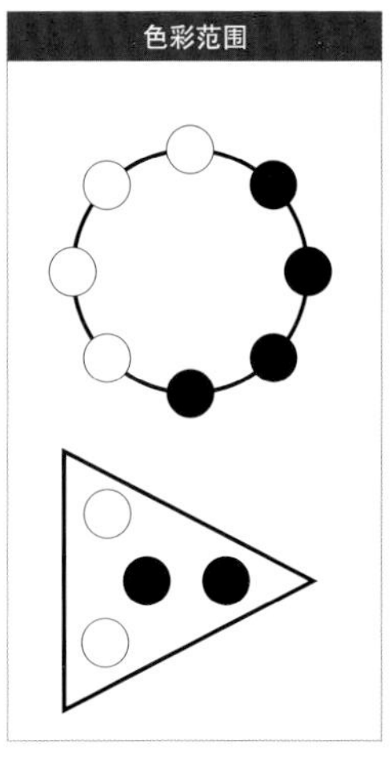


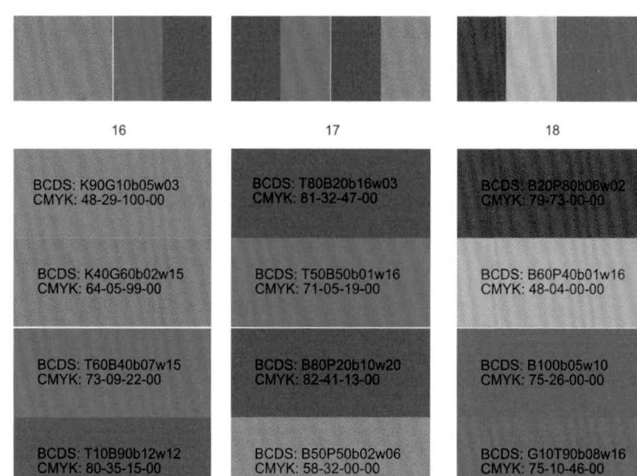

黄绿色的墙纸下，搭配蓝色和紫色家具、装饰品，活跃的生命中带一点宁静。

蓝色立面墙搭配海蓝和湖蓝色的家具，安静中带一点平和。

青绿色的大床和海蓝色的墙面，配一盏橙红色的床头灯，清新而又温暖。

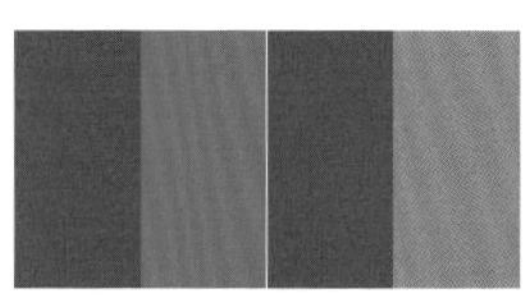

## 2 颜色主题：童话〔中明度高彩度配色〕

色彩范围

| 19 | 20 | 21 |
|---|---|---|
| BCDS: K40G60b04w03<br>CMYK: 71-16-100-00 | BCDS: Y20K80b01w03<br>CMYK: 24-12-92-00 | BCDS: O90Y10b12w09<br>CMYK: 19-76-96-00 |
| BCDS: Y40K60b01w15<br>CMYK: 33-26-98-00 | BCDS: Y100b01w15<br>CMYK: 07-12-87-00 | BCDS: O20Y80b01w22<br>CMYK: 03-31-89-00 |
| BCDS: Y80K20b07w08<br>CMYK: 14-36-94-00 | BCDS: O40Y60b05w07<br>CMYK: 00-48-91-00 | BCDS: P80R40b26w03<br>CMYK: 56-99-47-04 |
| BCDS: G80T20b17w06<br>CMYK: 82-29-84-00 | BCDS: O90Y10b12w03<br>CMYK: 19-78-100-00 | |

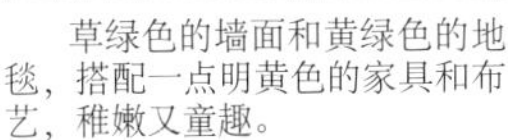

草绿色的墙面和黄绿色的地毯，搭配一点明黄色的家具和布艺，稚嫩又童趣。

粉红色和黄绿色组合的墙面，配有粉红色的儿童床，温柔又亲切。

明黄色的立面墙和灰色的家具，再搭配上橙红色的床和家具，活泼中带有一点矜持。

## 2 颜色主题：童话〔中明度高彩度配色〕

色彩范围

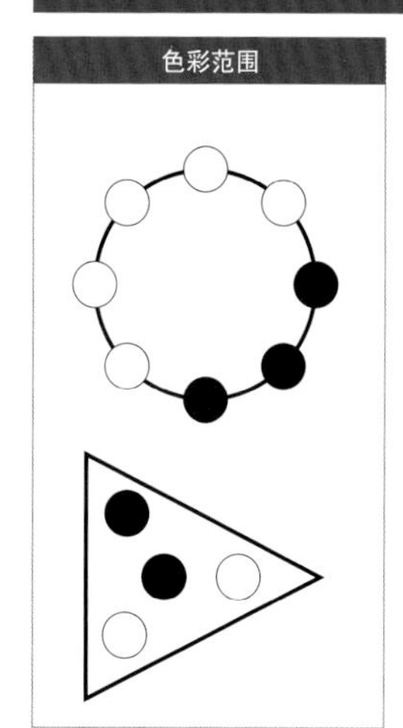

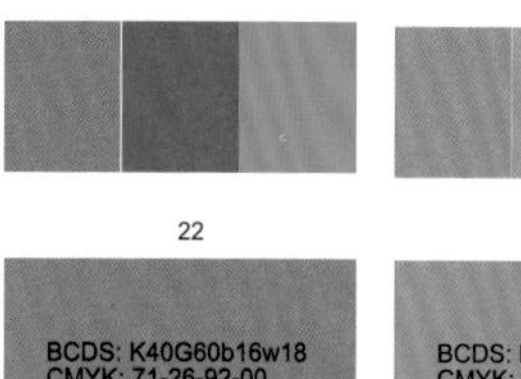

| 22 | 23 | 24 |
| --- | --- | --- |
| BCDS: K40G60b16w18<br>CMYK: 71-26-92-00 | BCDS: K60G40b02w10<br>CMYK: 61-16-100-00 | BCDS: K60G40b06w20<br>CMYK: 56-13-93-00 |
| BCDS: G90T10b13w02<br>CMYK: 83-28-91-00 | BCDS: Y50K50b13w03<br>CMYK: 35-40-100-00 | BCDS: G30T70b18w16<br>CMYK: 80-25-58-00 |
| BCDS: G30T70b02w25<br>CMYK: 64-00-42-00 | BCDS: O10Y90b07w13<br>CMYK: 01-39-91-00 | BCDS: O40Y60b03w34<br>CMYK: 01-40-75-00 |

冷色系列的房间装饰，都是为了安静和清新，青绿色系列就是这样的风格。

橙黄色和果绿色的组合，是追求一种童趣和田园的风格。

橙黄色壁纸墙，配上黄绿色斑马条的床单，再加一点青绿色的床头柜，有种甜甜的感觉。

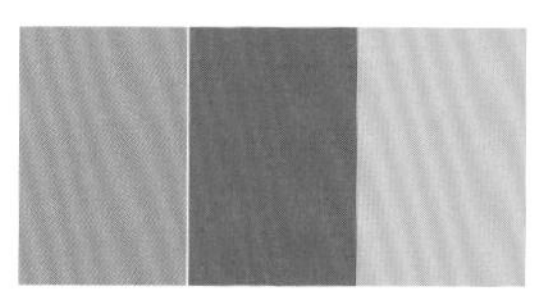

## 2 颜色主题：童话〔中明度高彩度配色〕

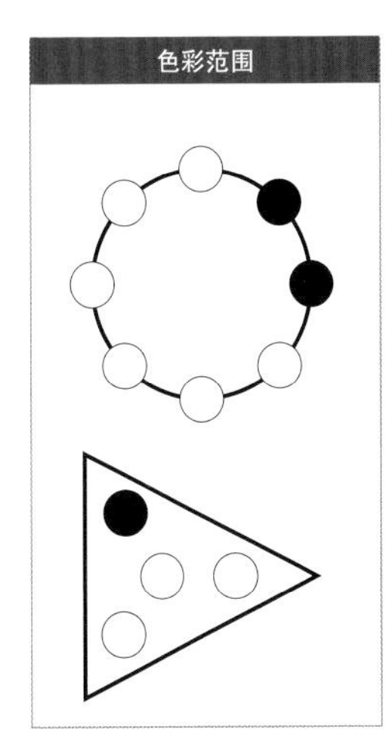

25

BCDS: K60G40b09w19
CMYK: 59-19-92-00

BCDS: Y50K50b11w08
CMYK: 29-34-98-00

BCDS: G60T40b18w02
CMYK: 82-28-69-00

26

BCDS: T60B40b12w10
CMYK: 75-16-28-00

BCDS: B100b08w03
CMYK: 78-35-00-00

BCDS: B30P70b01w12
CMYK: 64-51-00-00

27

BCDS: G80T20b06w17
CMYK: 74-00-72-00

BCDS: G40T60b06w07
CMYK: 71-00-58-00

BCDS: T80B20b22w02
CMYK: 84-38-52-00

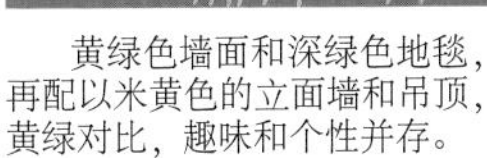

黄绿色墙面和深绿色地毯，再配以米黄色的立面墙和吊顶，黄绿对比，趣味和个性并存。

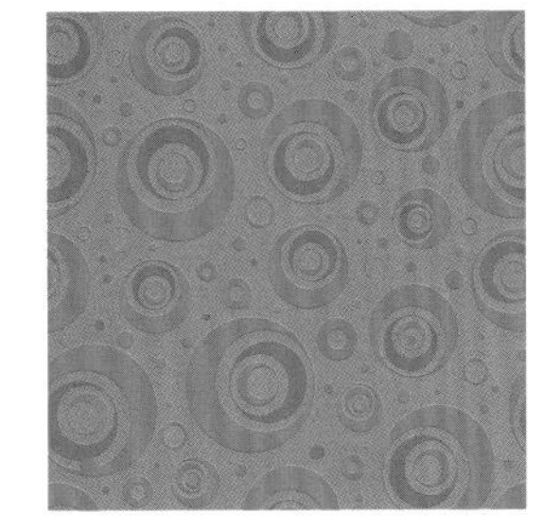

紫青色立面和天花板，搭配宝蓝色的床和湖蓝的地毯，清凉和安静是主要的风格。

青绿色的环境和家具，明度上非常统一，亮色和深色都是起调节作用。

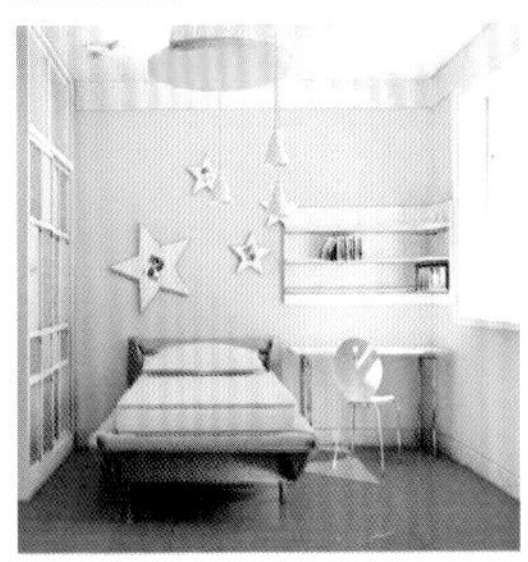

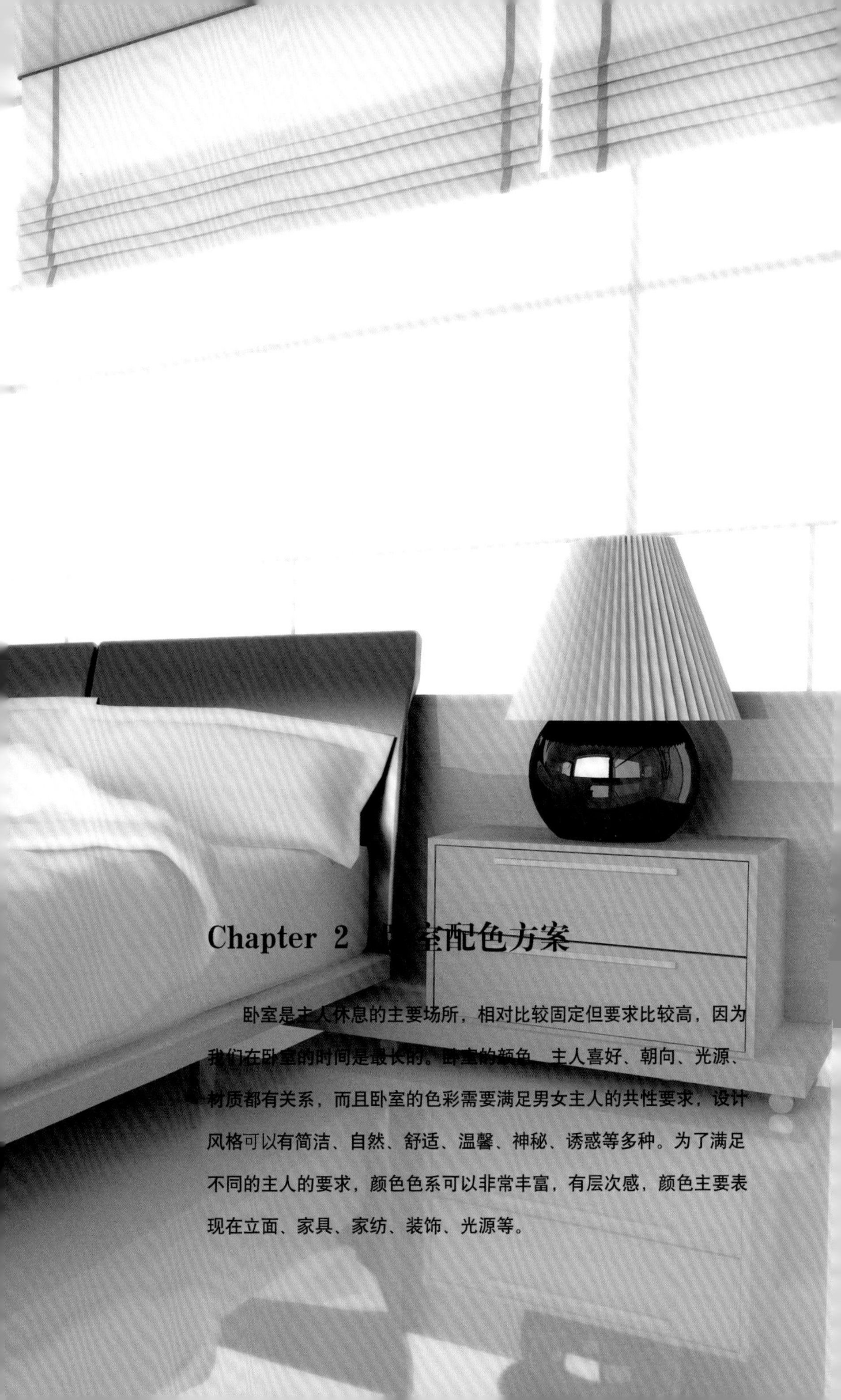

# Chapter 2 卧室配色方案

卧室是主人休息的主要场所，相对比较固定但要求比较高，因为我们在卧室的时间是最长的。卧室的颜色、主人喜好、朝向、光源、材质都有关系，而且卧室的色彩需要满足男女主人的共性要求，设计风格可以有简洁、自然、舒适、温馨、神秘、诱惑等多种。为了满足不同的主人的要求，颜色色系可以非常丰富，有层次感，颜色主要表现在立面、家具、家纺、装饰、光源等。

## 1 颜色主题：温馨〔橙色系组合配色〕

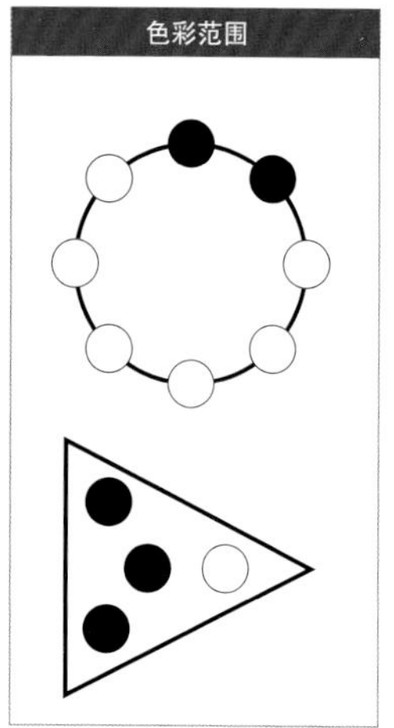


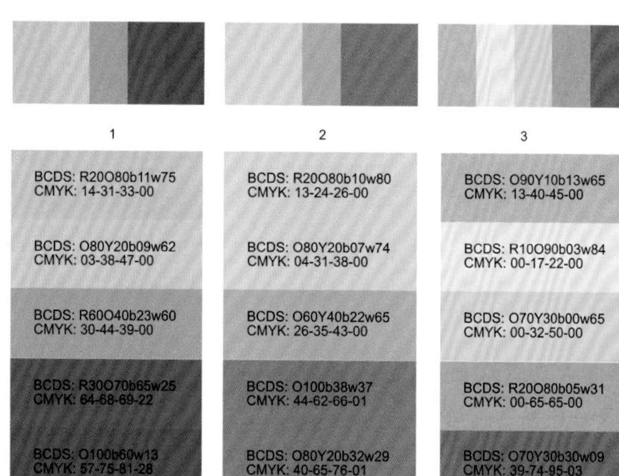

咖啡色系搭配橘红色系列，有温馨和舒适感，洁白而松软的铺盖让人依赖。

浅棕色的地板和深咖啡色的床头，在白色立面墙的包围中，高雅脱俗。

棕红色的软包墙配以油红色的木地板，灰驼色的床，给人以高档时髦的感觉。

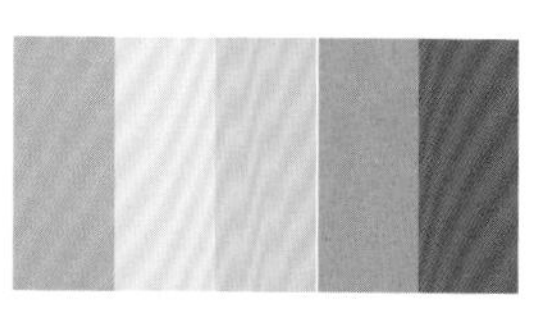

## 1 颜色主题：温馨〔橙色系组合配色〕

色彩范围

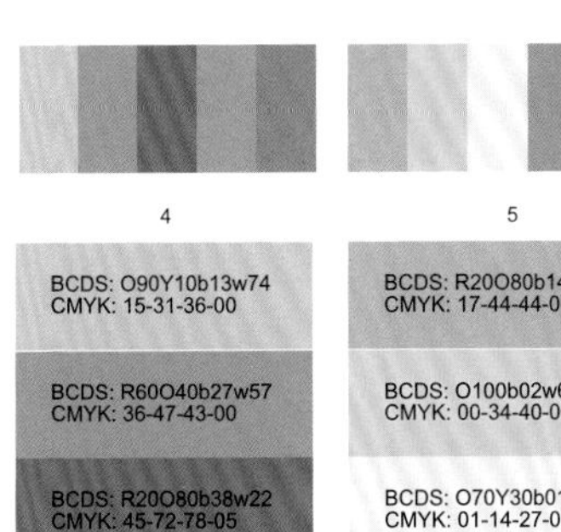

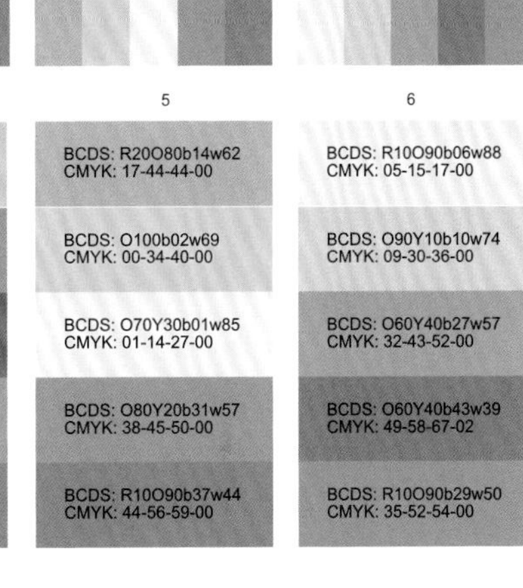

| 4 | 5 | 6 |
|---|---|---|
| BCDS: O90Y10b13w74<br>CMYK: 15-31-36-00 | BCDS: R20O80b14w62<br>CMYK: 17-44-44-00 | BCDS: R10O90b06w88<br>CMYK: 05-15-17-00 |
| BCDS: R60O40b27w57<br>CMYK: 36-47-43-00 | BCDS: O100b02w69<br>CMYK: 00-34-40-00 | BCDS: O90Y10b10w74<br>CMYK: 09-30-36-00 |
| BCDS: R20O80b38w22<br>CMYK: 45-72-78-05 | BCDS: O70Y30b01w85<br>CMYK: 01-14-27-00 | BCDS: O60Y40b27w57<br>CMYK: 32-43-52-00 |
| BCDS: O80Y20b20w38<br>CMYK: 20-56-67-00 | BCDS: O80Y20b31w57<br>CMYK: 38-45-50-00 | BCDS: O60Y40b43w39<br>CMYK: 49-58-67-02 |
| BCDS: O90Y10b36w41<br>CMYK: 41-57-62-00 | BCDS: R10O90b37w44<br>CMYK: 44-56-59-00 | BCDS: R10O90b29w50<br>CMYK: 35-52-54-00 |

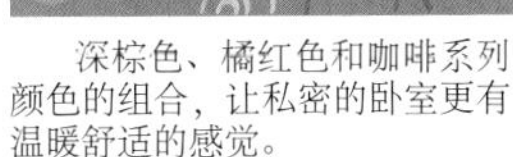

深棕色、橘红色和咖啡系列颜色的组合，让私密的卧室更有温暖舒适的感觉。

粉红色系列的墙纸设计，配以深咖啡色的床，洁净中带有明亮的感觉。

深棕色的木地板和床套，配以白色的立面墙和床单，明快中不失高雅。

## 1 颜色主题：温馨〔橙色系组合配色〕

色彩范围

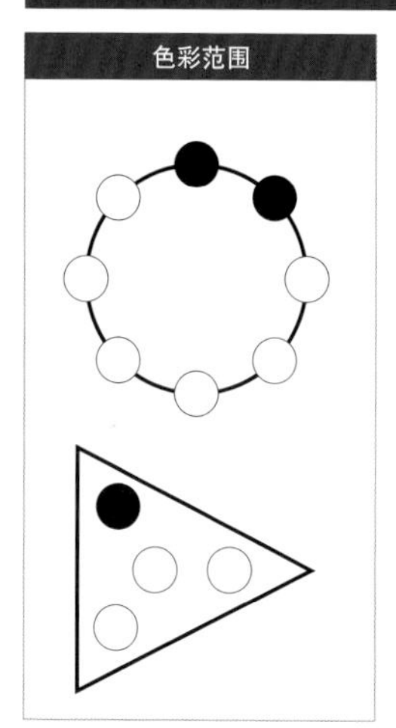

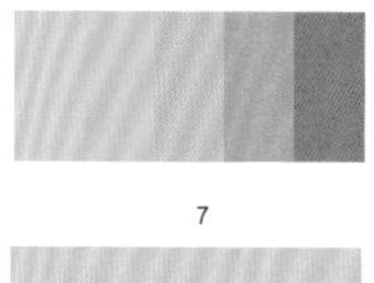

| 7 | 8 | 9 |
|---|---|---|
| BCDS: R30O70b06w73<br>CMYK: 02-34-31-00 | BCDS: R10O90b23w53<br>CMYK: 27-51-53-00 | BCDS: R20O80b66w21<br>CMYK: 64-70-74-26 |
| BCDS: O80Y20b04w67<br>CMYK: 00-35-45-00 | BCDS: R40O60b11w77<br>CMYK: 13-28-28-00 | BCDS: R50O50b56w20<br>CMYK: 58-73-71-21 |
| BCDS: O60Y40b14w77<br>CMYK: 17-23-37-00 | BCDS: O60Y40b40w06<br>CMYK: 47-73-97-11 | BCDS: O70Y30b53w36<br>CMYK: 56-60-65-06 |
| BCDS: O70Y30b08w34<br>CMYK: 00-55-71-00 | BCDS: O100b35w21<br>CMYK: 42-72-81-04 | BCDS: R10O90b25w36<br>CMYK: 31-63-61-00 |
| BCDS: O100b21w37<br>CMYK: 24-61-66-00 | BCDS: R40O60b61w03<br>CMYK: 58-82-82-39 | BCDS: R40O60b35w34<br>CMYK: 43-67-65-01 |

暖橙色的提花的床被和靠垫，给人以豪华和丰盈的感觉。

深咖啡色的装饰墙和地板，在白色的对比下，显得高贵、典雅而大气。

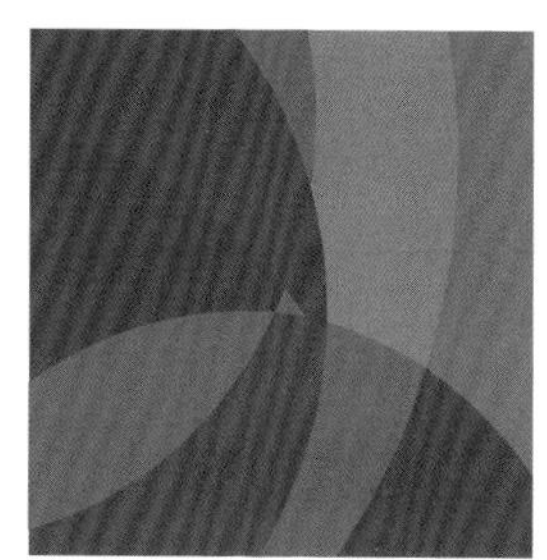

深棕色系列的颜色在室内卧房中使用，显得安全舒适，简约大气。

## 1 颜色主题：温馨〔橙色系组合配色〕

色彩范围

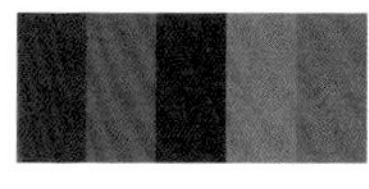

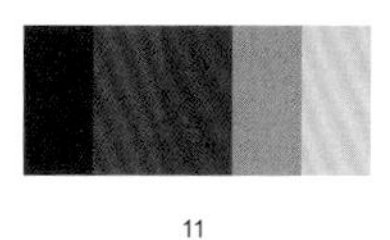

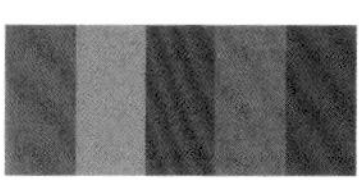

| 10 | 11 | 12 |
| --- | --- | --- |
| BCDS: R10O90b60w12<br>CMYK: 57-[illegible]-29 | | BCDS: R40O60b39w37<br>CMYK: 47-64-62-02 |
| BCDS: O80Y20b52w31<br>CMYK: 54-64-69-08 | BCDS: O80Y20b55w19<br>CMYK: 55-70-79-18 | BCDS: R10O90b17w40<br>CMYK: 16-58-61-00 |
| [illegible] | BCDS: R30O70b66w25<br>CMYK: 65-68-68-22 | BCDS: R30O70b39w21<br>CMYK: 47-75-77-09 |
| BCDS: R20O80b37w48<br>CMYK: 44-54-55-00 | BCDS: R20O80b19w47<br>CMYK: 20-56-54-00 | BCDS: O70Y30b40w38<br>CMYK: 46-58-67-01 |
| BCDS: O40Y60b46w37<br>CMYK: 52-57-68-03 | BCDS: O50Y50b01w53<br>CMYK: 01-34-62-00 | BCDS: R10O90b60w28<br>CMYK: 62-65-69-15 |

浅驼色立面墙和曙红色床罩，温暖舒适，具有洛可可时期的风范。

深棕色的卧室配色，给人以隐私和神秘的感觉。

浅粉色的立面，搭配深咖啡色的家具和装饰毯，颜色色调统一和谐。

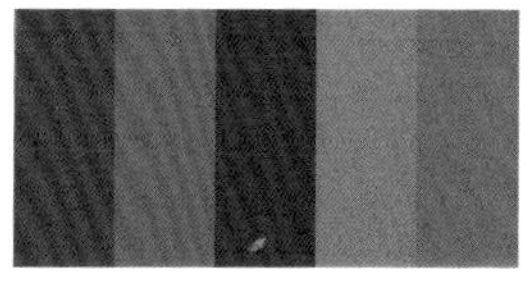

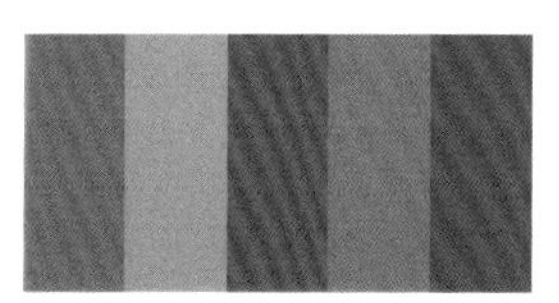

## 1 颜色主题：温馨〔橙色系组合配色〕

色彩范围

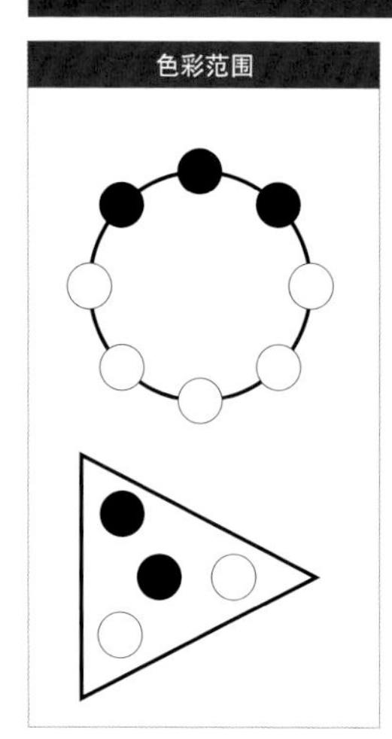

| 13 | 14 | 15 |
|---|---|---|
| BCDS:O60Y40b23w31<br>CMYK: 27-58-75-00 | BCDS:R20O80b41w36<br>CMYK: 48-64-67-04 | BCDS: O90Y10b62w42<br>CMYK: 60-73-78-29 |
| BCDS: O100b27w47<br>CMYK: 30-53-56-00 | BCDS: O100b21w43<br>CMYK: 24-57-62-00 | BCDS: R10O90b64w21<br>CMYK: 54-65-74-10 |
| BCDS: O90Y10b10w47<br>CMYK: 06-52-60-00 | BCDS: O50Y50b28w27<br>CMYK: 33-59-78-00 | BCDS: R30O70b35w31<br>CMYK: 09-47-43-00 |
| BCDS: O80Y20b04w60<br>CMYK: 00-40-51-00 | BCDS: O70Y30b15w35<br>CMYK: 15-56-71-00 | BCDS: O60Y40b16w38<br>CMYK: 00-58-68-00 |
| BCDS: R20O80b05w49<br>CMYK: 00-54-52-00 | BCDS: O100b07w54<br>CMYK: 00-47-51-00 | |

橙红色系列的配色组合方案，给人以安逸舒适之感。

咖啡色系列配色，加上一些白色，彰显了高贵典雅的气质。

大面积的白色立面和床上用品，配上深棕色的木地板和装饰墙，明快高档。

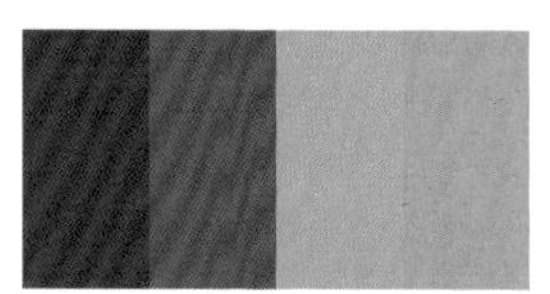

## 1 颜色主题：温馨〔橙色系组合配色〕

色彩范围

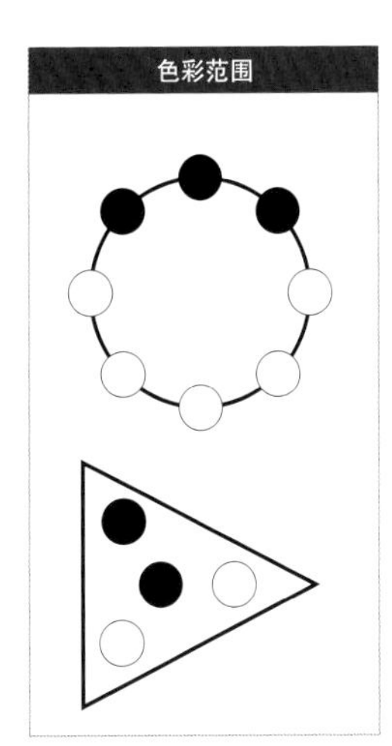

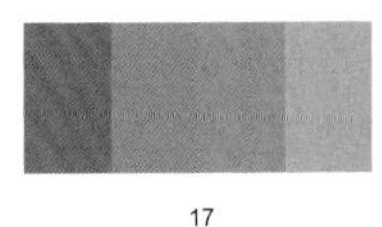

| 16 | 17 | 18 |
|---|---|---|
| BCDS: R20O80b06w25<br>CMYK: 19-59-68-00 | BCDS: O80Y20b40w41<br>CMYK: 36-55-58-00 | BCDS: O60Y40b29w60<br>CMYK: 35-40-47-00 |
| BCDS: R50O50b26w09<br>CMYK: 47-59-70-02 | BCDS: O50Y50b32w59<br>CMYK: 25-65-58-00 | BCDS: O80Y20b40w40<br>CMYK: 47-60-66-02 |
| BCDS: O80Y20b46w34<br>CMYK: 27-75-83-00 | BCDS: O100b18w38<br>CMYK: 45-80-91-11 | BCDS: R30O70b31w45<br>CMYK: 37-57-55-00 |
| BCDS: R30O70b34w53<br>CMYK: 00-6-72-00 | BCDS: O90Y10b06w38<br>CMYK: 55-83-87-33 | BCDS: R20O80b50w14<br>CMYK: 53-78-83-23 |

深红色的软包墙和咖啡色系列的床上用品，配上原木色的地板，显得凝重而热情。

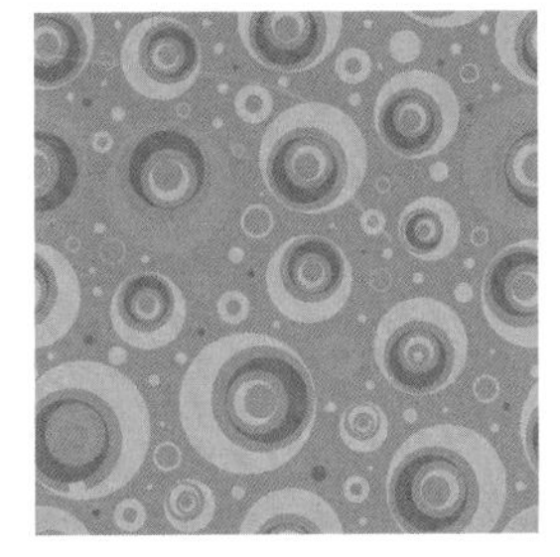

深咖啡色系列和橘红色的组合，温暖自由和舒适。

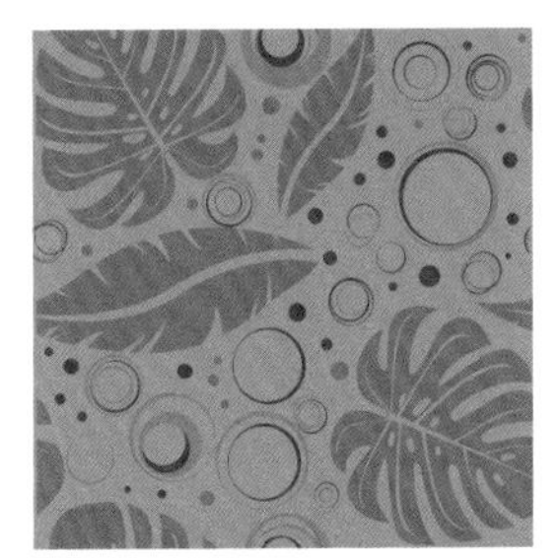

粉红色的墙纸和咖啡色系的床头，明度分明，明亮活泼。

## 1 颜色主题：温馨〔橙色系组合配色〕

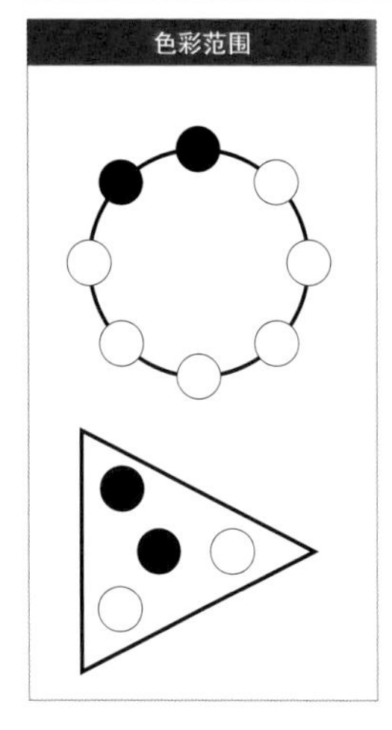


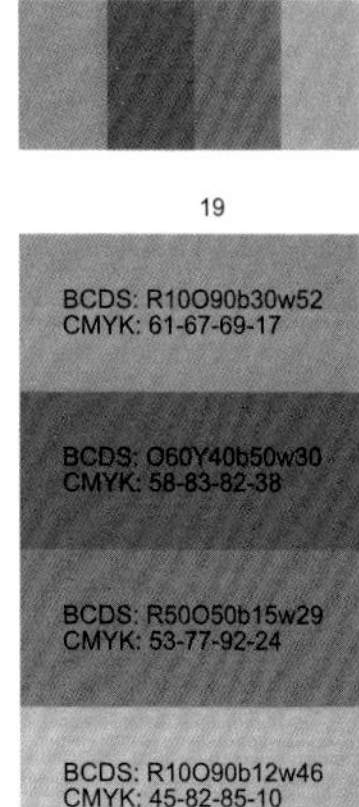


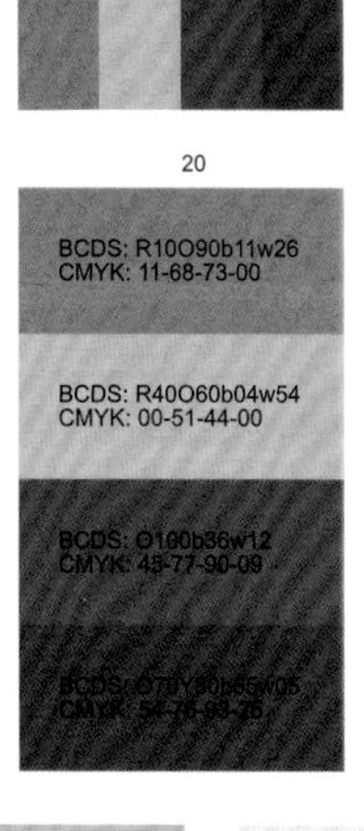


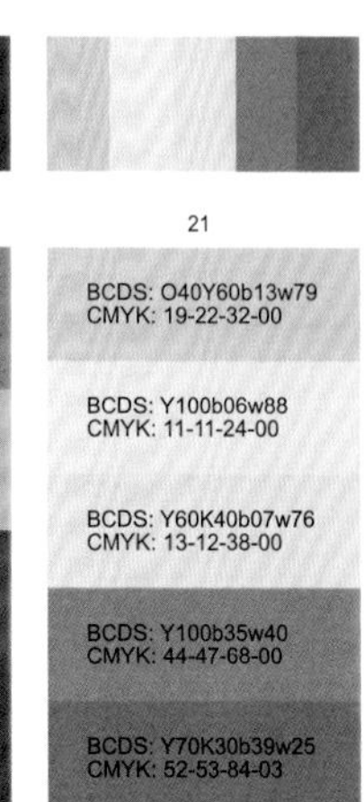


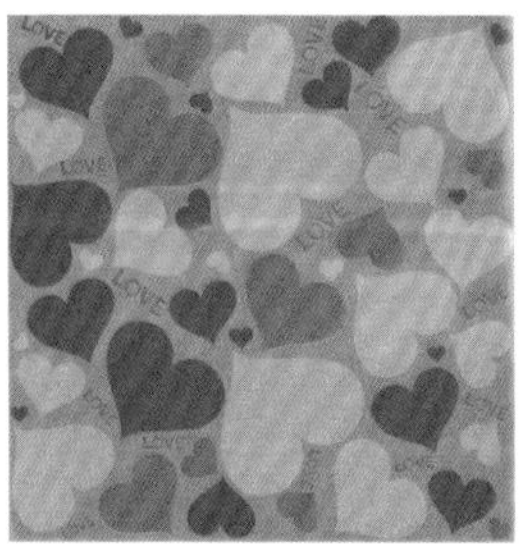

暖红色的地板和深咖啡色床饰的组合，使卧室具有明亮温暖的感觉。

浅粉色的提花床罩和深红色的毛毯，这种组合给人明快和舒适的感觉。

咖啡色的床上用品和深咖啡色的地板，都给人以安静和舒适的休息环境。

## 2 颜色主题：亮丽〔黄色系组合配色〕

色彩范围

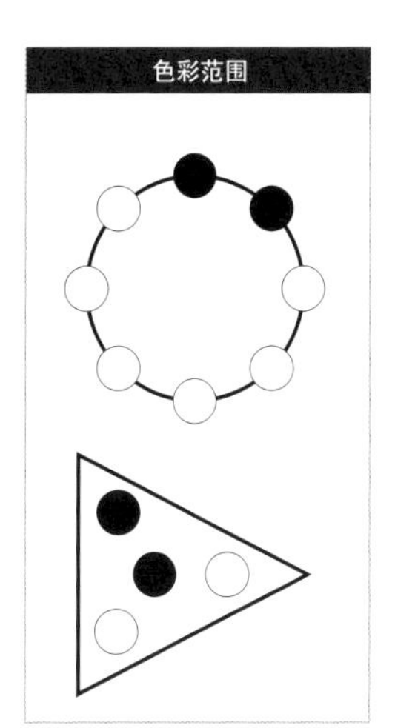

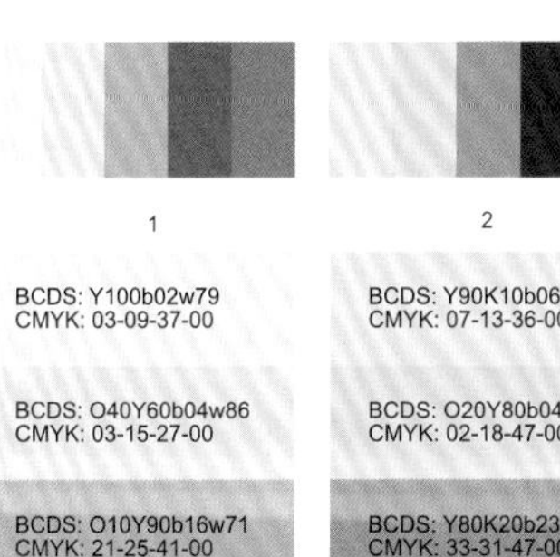

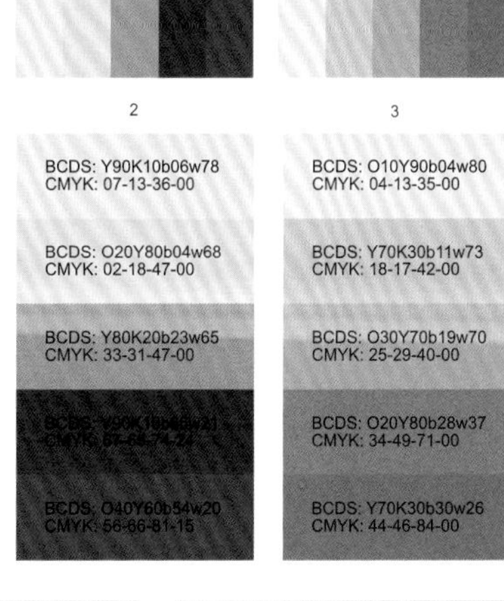

| 1 | 2 | 3 |
|---|---|---|
| BCDS: Y100b02w79<br>CMYK: 03-09-37-00 | BCDS: Y90K10b06w78<br>CMYK: 07-13-36-00 | BCDS: O10Y90b04w80<br>CMYK: 04-13-35-00 |
| BCDS: O40Y60b04w86<br>CMYK: 03-15-27-00 | BCDS: O20Y80b04w68<br>CMYK: 02-18-47-00 | BCDS: Y70K30b11w73<br>CMYK: 18-17-42-00 |
| BCDS: O10Y90b16w71<br>CMYK: 21-25-41-00 | BCDS: Y80K20b23w65<br>CMYK: 33-31-47-00 | BCDS: O30Y70b19w70<br>CMYK: 25-29-40-00 |
| BCDS: Y90K10b32w25<br>CMYK: 46-51-87-01 | BCDS: [illegible]<br>CMYK: [illegible] | BCDS: O20Y80b28w37<br>CMYK: 34-49-71-00 |
| BCDS: O30Y70b27w44<br>CMYK: 34-47-66-00 | BCDS: O40Y60b54w20<br>CMYK: 56-66-81-15 | BCDS: Y70K30b30w26<br>CMYK: 44-46-84-00 |

明亮的米黄色和浅驼色，搭配大面积的白色，给人以温馨、明亮、温暖的感觉。

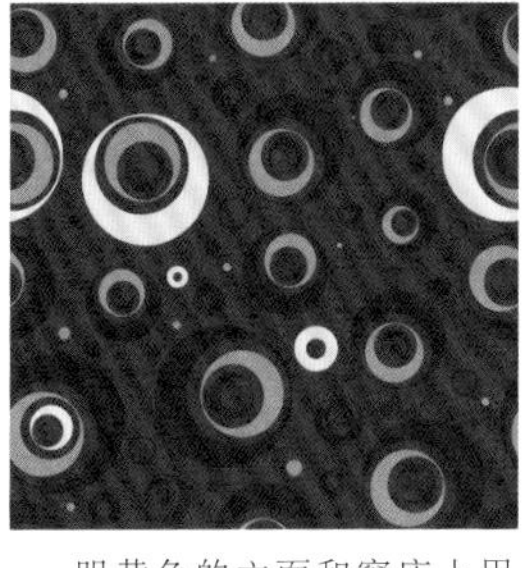

明黄色的立面和窗床上用品。搭配深咖啡色的重色，展现了明亮中带一点稳重和安静之感。

米黄色为主，搭配棕红色的床体，给人温暖和含蓄的感觉。

## 2 颜色主题：亮丽〔黄色系组合配色〕

色彩范围

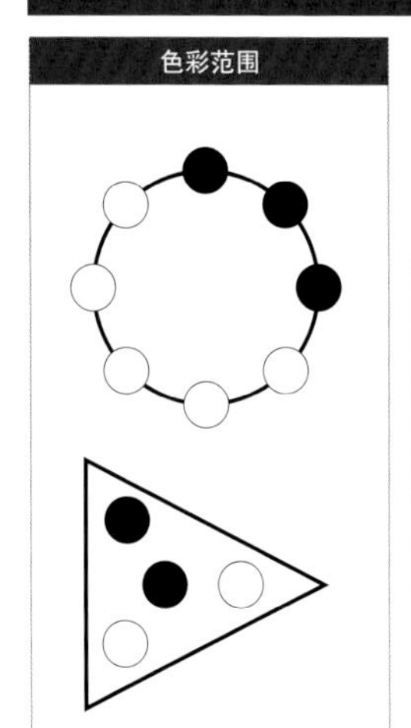

| 4 | 5 | 6 |
|---|---|---|
| BCDS: O30Y70b30w42<br>CMYK: 37-49-67-00 | BCDS: O20Y80b04w77<br>CMYK: 02-13-37-00 | BCDS: Y90K10b04w72<br>CMYK: 05-13-44-00 |
| BCDS: Y100b42w23<br>CMYK: 52-58-84-06 | BCDS: Y60K40b46w36<br>CMYK: 57-52-67-03 | BCDS: O20Y80b01w80<br>CMYK: 02-08-34-00 |
| BCDS: Y70K30b29w27<br>CMYK: 44-46-84-00 | BCDS: O40Y60b08w78<br>CMYK: 09-22-37-00 | BCDS: O50Y50b14w74<br>CMYK: 16-27-38-00 |
| BCDS: O20Y80b24w14<br>CMYK: 31-56-93-00 | BCDS: Y90K10b02w70<br>CMYK: 04-09-46-00 | BCDS: O10Y90b32w53<br>CMYK: 39-40-55-00 |
| BCDS: Y90K10b04w18<br>CMYK: 04-28-89-00 | BCDS: O20Y80b31w53<br>CMYK: 37-42-56-00 | BCDS: Y60K40b45w40<br>CMYK: 51-57-65-02 |

明亮的白色立面墙，搭配咖啡色系列的家具和地毯，给人以豁亮甜美的感觉。

明黄色的立面和米黄色的地毯，搭配深棕色的家具和装饰，给人以明亮洁净的感觉。

豆绿灰色的立面墙，搭配咖啡色系的家具和白色床上用品，具有高雅和休闲之风。

## 2 颜色主题：亮丽〔黄色系组合配色〕

**色彩范围**

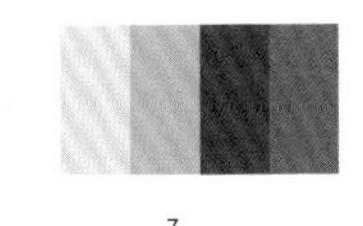

| 7 |
|---|
| BCDS: O20Y80b01w77<br>CMYK: 03-07-37-00 |
| BCDS: Y80K20b08w77<br>CMYK: 13-15-38-00 |
| BCDS: O40Y60b17w67<br>CMYK: 20-32-45-00 |
| BCDS: O40Y60b56w06<br>CMYK: 55-72-94-24 |
| BCDS: O10Y90b37w18<br>CMYK: 48-59-91-04 |

| 8 |
|---|
| BCDS: O10Y90b13w75<br>CMYK: 17-22-39-00 |
| BCDS: O40Y60b01w81<br>CMYK: 03-09-38-00 |
| BCDS: Y80K20b08w69<br>CMYK: 11-15-45-00 |
| BCDS: Y90K10b32w20<br>CMYK: 45-53-89-01 |
| BCDS: Y90K10b57w03<br>CMYK: 61-69-99-30 |

| 9 |
|---|
| BCDS: O30Y70b59w28<br>CMYK: 60-63-73-14 |
| BCDS: Y90K10b61w17<br>CMYK: 64-65-84-25 |
| [illegible] |
| BCDS: Y60K40b07w40<br>CMYK: 20-20-76-00 |
| BCDS: O40Y60b12w52<br>CMYK: 08-38-59-00 |

大面积的白色立面为衬托，棕黄色木地板和咖啡色系的装饰，给人以宁静祥和的感觉。

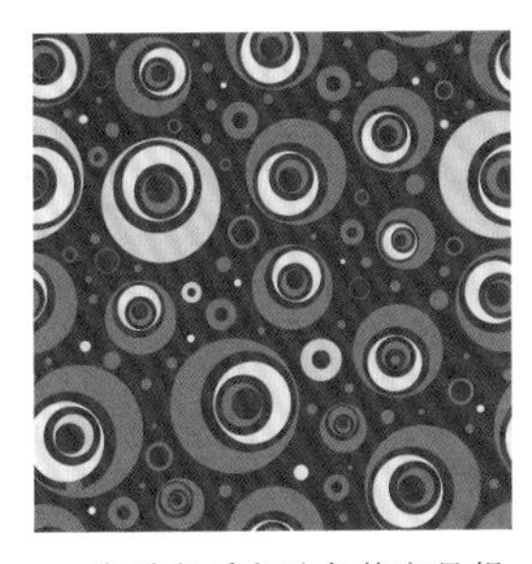

咖啡色系和驼色的家具组合，家具、地板的颜色和墙顶的白色对比，显得视野豁亮。

沉稳的深咖啡色和深棕色，搭配米黄色和中黄色，给人以恬静、沉稳、舒适的感觉。

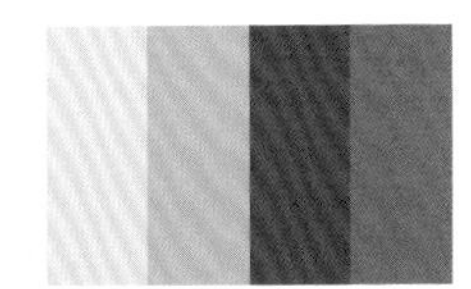

## 2 颜色主题：亮丽〔黄色系组合配色〕

色彩范围

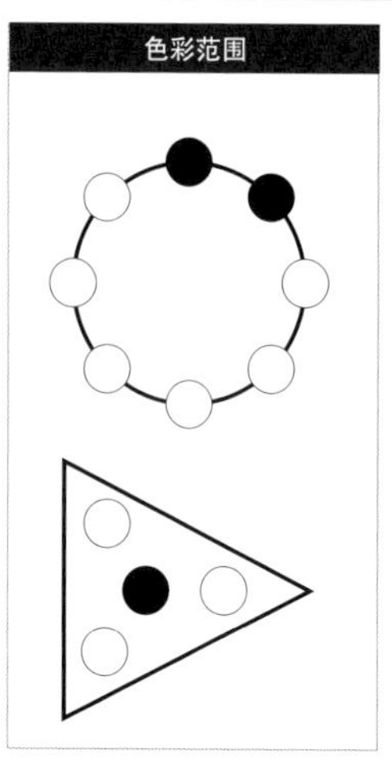

10

BCDS: O30Y70b32w38
CMYK: 39-51-69-00

BCDS: Y100b27w36
CMYK: 37-45-75-00

BCDS: Y70K30b37w29
CMYK: 50-50-79-01

BCDS: Y80K20b39w44
CMYK: 50-48-64-00

BCDS: O50Y50b54w34
CMYK: 58-60-69-08

11

BCDS: Y60K40b40w20
CMYK: 56-53-90-06

BCDS: O40Y60b37w33
CMYK: 45-58-75-01

BCDS: O20Y80b47w37
CMYK: 53-55-67-03

BCDS: Y70K30b28w51
CMYK: 39-36-59-00

12

BCDS: Y80K20b39w23
CMYK: 51-54-85-04

BCDS: O20Y80b24w30
CMYK: 28-49-78-00

BCDS: O50Y50b36w31
CMYK: 42-59-75-01

BCDS: O20Y80b26w58
CMYK: 33-38-52-00

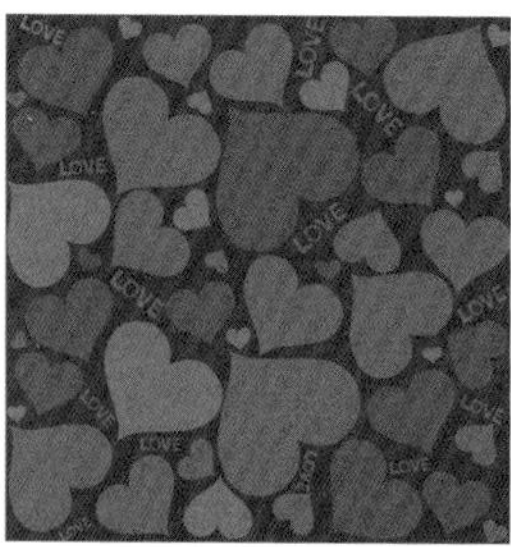

棕色系列和黄绿色系列的组合配色，明度对比差小，彩度对比低，色彩丰富而含蓄。

中明度的豆灰色系配色组合，给人以神秘、自然的感觉，有情趣。

中黄色系的颜色对比，明度对比弱，彩度对比统一，体现了休闲自然的设计风格。

## 2 颜色主题：亮丽〔黄色系组合配色〕

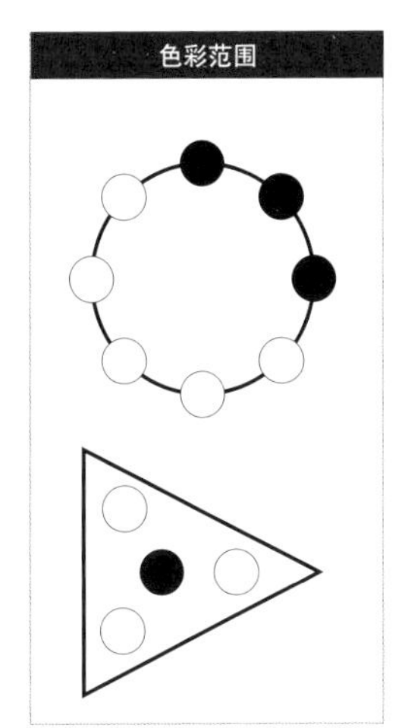

13

BCDS: Y90K10b14w43
CMYK: 20-31-70-00

BCDS: O30Y70b30w37
CMYK: 36-51-71-00

BCDS: Y60K40b41w31
CMYK: 55-51-76-03

BCDS: O20Y80b42w21
CMYK: 48-61-86-05

14

BCDS: O40Y60b44w26
CMYK: 49-62-79-05

BCDS: Y90K10b38w33
CMYK: 49-52-76-01

BCDS: Y50K50b23w37
CMYK: 40-35-76-00

BCDS: O40Y60b51w08
CMYK: 53-70-95-19

15

BCDS: O20Y80b40w45
CMYK: 47-50-63-00

BCDS: Y50K50b27w60
CMYK: 40-33-49-00

BCDS: Y90K10b03w54
CMYK: 04-15-61-00

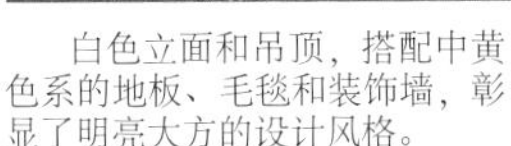

白色立面和吊顶，搭配中黄色系的地板、毛毯和装饰墙，彰显了明亮大方的设计风格。

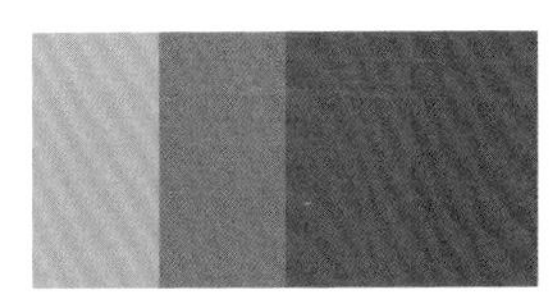

米黄色的床上用品和深棕色的毛毯、地板、枕头，在白色立面的衬托下，给人以清洁豁亮的感觉。

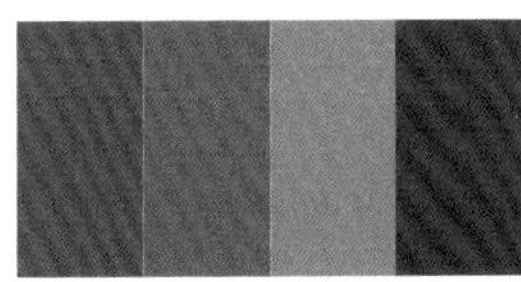

嫩黄色的床罩和枕头，深咖啡色的裙边搭配米黄色的立面，给人以舒服平和的感觉。

## 2 颜色主题：亮丽〔黄色系组合配色〕

色彩范围

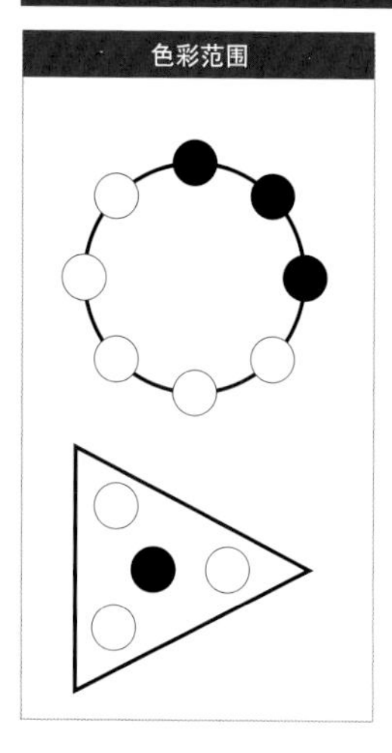

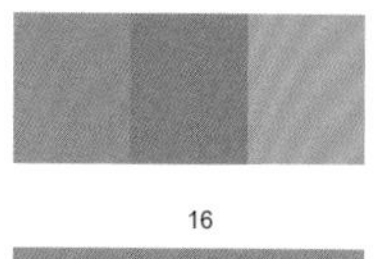

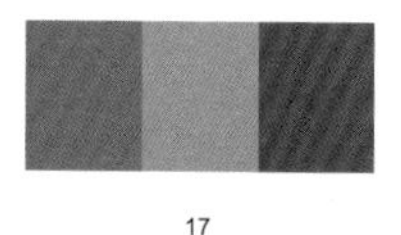

16

BCDS: Y90K10b61w17
CMYK: 64-65-84-25

BCDS: Y60K40b77w06
CMYK: 73-71-85-47

BCDS: Y60K40b07w40
CMYK: 20-20-76-00

17

BCDS: O20Y80b39w38
CMYK: 47-54-71-01

BCDS: O60Y40b25w58
CMYK: 30-41-52-00

BCDS: Y80K20b47w10
CMYK: 58-62-96-16

18

BCDS: O30Y70b01w60
CMYK: 03-22-56-00

BCDS: Y70K30b37w05
CMYK: 56-58-100-10

BCDS: O10Y90b54w05
CMYK: 58-70-98-20

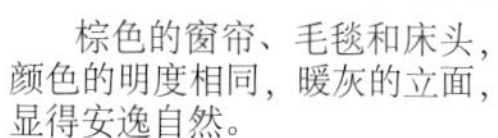

棕色的窗帘、毛毯和床头，颜色的明度相同，暖灰的立面，显得安逸自然。

米黄色的灰立面墙，加上橘红色的床，再配一点豆绿色，显得动感而活泼。

米黄色的立面墙搭配雪白的床上用品，明亮整洁中也带一点安静。

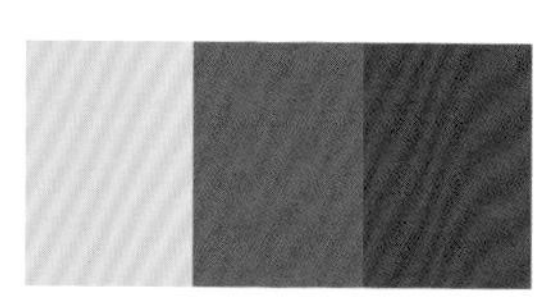

## 3 颜色主题：优雅〔黄绿色系组合配色〕

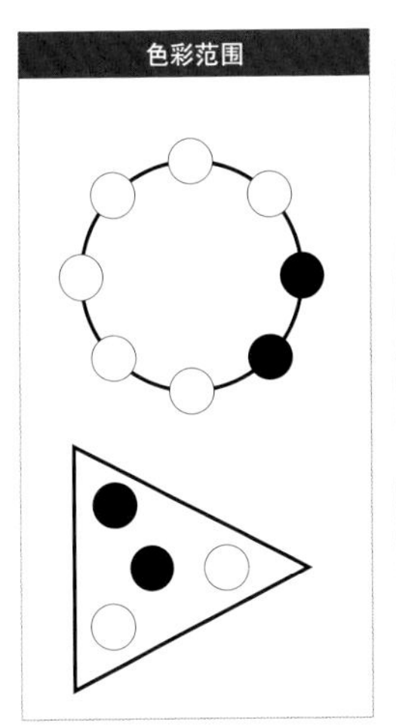


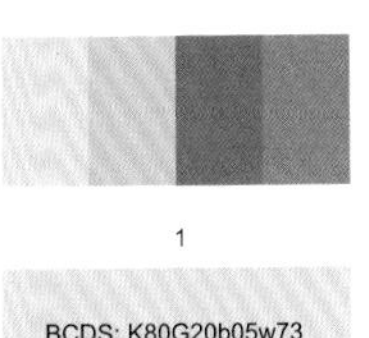

| 1 | 2 | 3 |
|---|---|---|
| BCDS: K80G20b05w73<br>CMYK: 47-50-63-00 | BCDS: Y40K60b12w73<br>CMYK: 22-16-40-00 | BCDS: K100b03w86<br>CMYK: 11-05-20-00 |
| BCDS: K60G40b10w78<br>CMYK: 40-33-49-00 | BCDS: Y10K90b03w75<br>CMYK: 14-04-39-00 | BCDS: K70G30b07w75<br>CMYK: 24-09-36-00 |
| BCDS: Y20K80b34w29<br>CMYK: 11-40-75-00 | BCDS: Y40K60b37w27<br>CMYK: 54-49-81-02 | BCDS: K70G30b12w04<br>CMYK: 64-32-100-00 |
| BCDS: K90G10b26w41<br>CMYK: 04-15-61-00 | BCDS: K40G60b28w34<br>CMYK: 65-35-71-00 | BCDS: K90G10b05w22<br>CMYK: 44-18-95-00 |

豆绿色系运用在墙立面、床、床头柜，给人以稚嫩清净的感觉，室内的一点红色显得生机盎然。

运用咖啡色系的颜色组合，加上白色的立面，给人以安静敞亮的感觉。

米黄色的床上毛毯温暖舒适，黄绿色地板漆和豆绿色的软包交相呼应，显得活泼而生动。

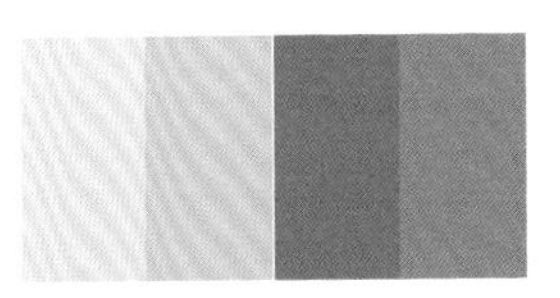
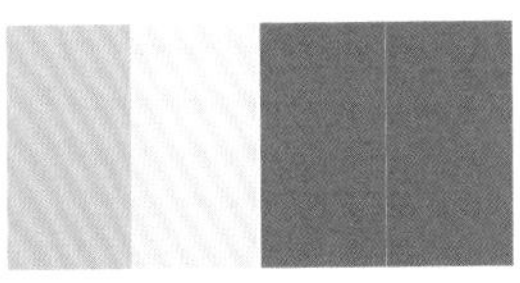

## 3 颜色主题：优雅〔黄绿色系组合配色〕

色彩范围

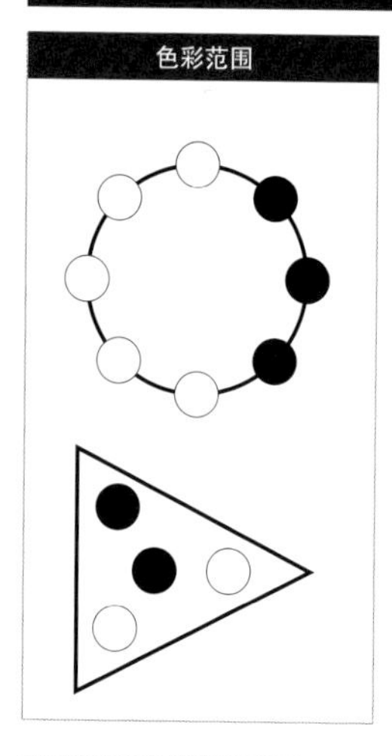

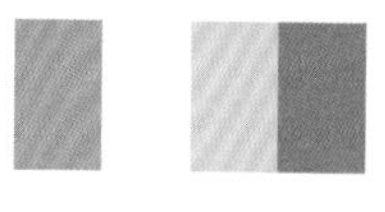

4

BCDS: K80G20b14w65
CMYK: 33-19-45-00

BCDS: Y40K60b02w81
CMYK: 04-00-32-00

BCDS: Y90K10b08w71
CMYK: 10-16-43-00

BCDS: Y30K70b29w61
CMYK: 41-33-45-00

5

BCDS: Y30K70b09w73
CMYK: 20-13-41-00

BCDS: K90G10b01w73
CMYK: 13-00-40-00

BCDS: Y20K80b08w57
CMYK: 25-15-59-00

BCDS: K80G20b10w37
CMYK: 45-19-75-00

6

BCDS: Y30K70b04w72
CMYK: 15-05-44-00

BCDS: K70G30b02w87
CMYK: 10-00-20-00

BCDS: K80G20[illegible]
CMYK: 70-[illegible]

BCDS: Y30K70b39w18
CMYK: 58-52-89-05

浅豆绿色的床体和沙发，在灰咖啡色的包裹中，显得靓丽而安定。

浅灰色的壁纸配以豆绿色的床，给人以干净舒适的感觉。

白色和果绿色的色彩组合，再搭配木质地板的原色，体现了简单明亮的设计风格。

## 3 颜色主题：优雅〔黄绿色系组合配色〕

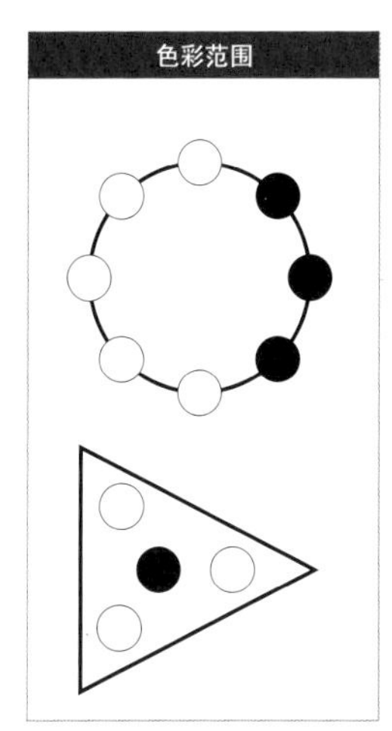

| 7 | 8 | 9 |
|---|---|---|
| BCDS: Y20K80b25w31<br>CMYK: 46-37-79-00 | BCDS: Y20K80b39w38<br>CMYK: 55-45-69-00 | BCDS: K90G10b15w41<br>CMYK: 43-23-71-00 |
| BCDS: K90G10b25w43<br>CMYK: 48-32-65-00 | BCDS: K90G10b20w38<br>CMYK: 48-31-75-00 | BCDS: Y30K70b32w25<br>CMYK: 53-46-85-01 |
| BCDS: K60G40b44w32<br>CMYK: 67-49-72-05 | BCDS: K60G40b39w21<br>CMYK: 69-47-84-05 | BCDS: Y40K60b34w10<br>CMYK: 55-53-100-05 |
| BCDS: Y30K70b56w33<br>CMYK: 65-57-68-08 | BCDS: Y20K80b31w57<br>CMYK: 44-35-48-00 | BCDS: K100b50w08<br>CMYK: 68-58-93-20 |

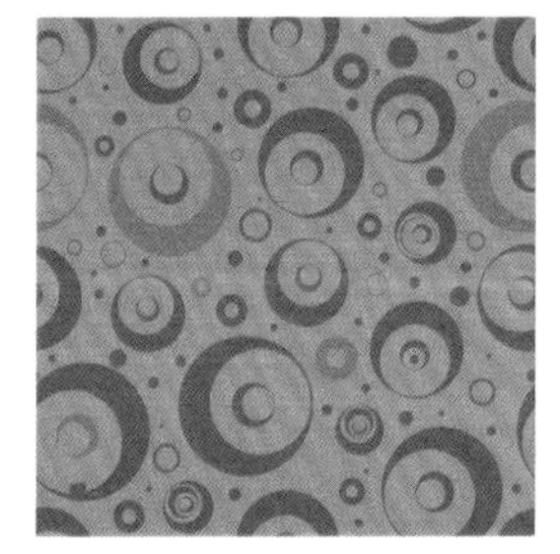

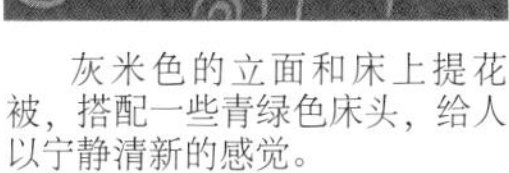

灰米色的立面和床上提花被，搭配一些青绿色床头，给人以宁静清新的感觉。

暖灰色的立面墙，米黄色的毛毯和地毯，搭配以青绿色的装饰，显得温馨又不失安静。

黄绿色卧室配色风格，在白色的衬托下有安静舒适的感觉。

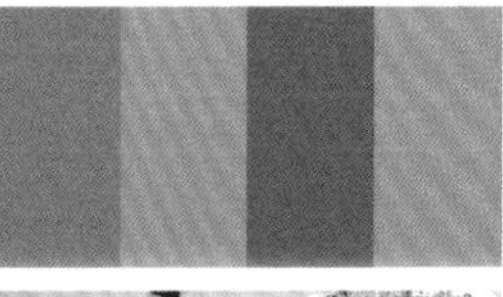

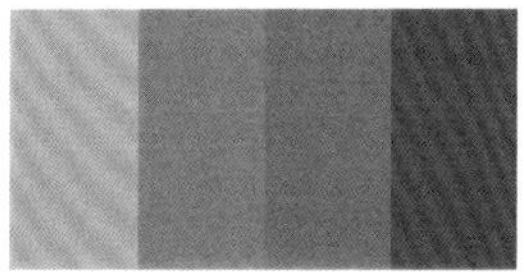

## 3 颜色主题：优雅〔黄绿色系组合配色〕

色彩范围

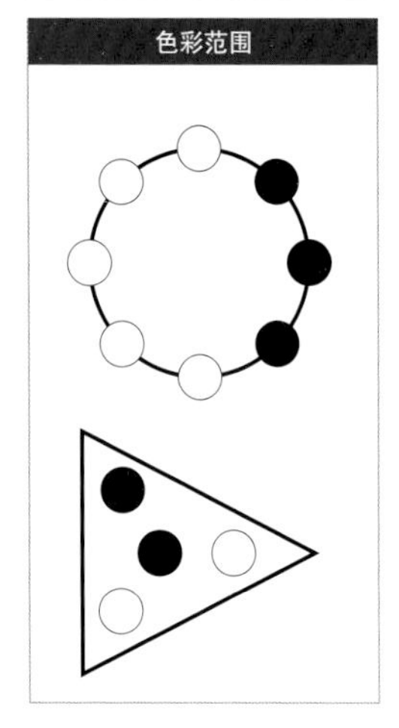

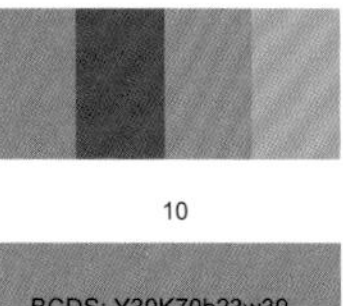

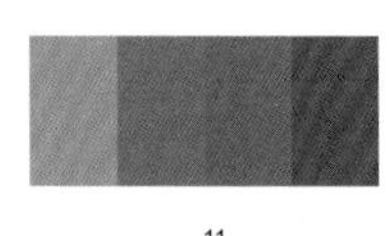

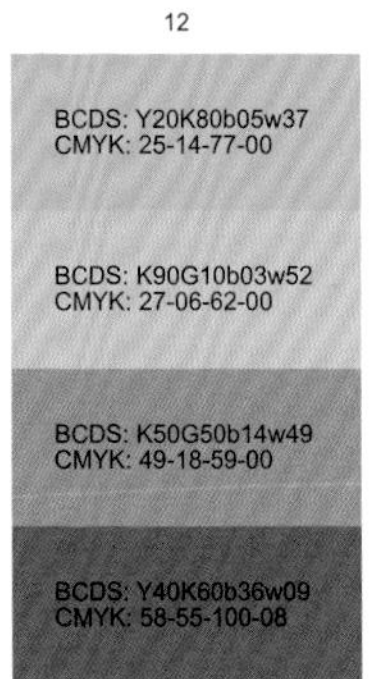

| 10 | 11 | 12 |
|---|---|---|
| BCDS: Y30K70b23w39<br>CMYK: 42-35-73-00 | BCDS: Y40K60b20w40<br>CMYK: 37-31-73-00 | BCDS: Y20K80b05w37<br>CMYK: 25-14-77-00 |
| BCDS: K60G40b38w17<br>CMYK: 71-49-88-08 | BCDS: K100b34w35<br>CMYK: 55-43-73-00 | BCDS: K90G10b03w52<br>CMYK: 27-06-62-00 |
| BCDS: K60G40b09w28<br>CMYK: 53-14-82-00 | BCDS: K60G40b31w29<br>CMYK: 64-39-78-00 | BCDS: K50G50b14w49<br>CMYK: 49-18-59-00 |
| BCDS: K90G10b11w51<br>CMYK: 36-19-62-00 | BCDS: Y40K60b36w01<br>CMYK: 58-57-100-11 | BCDS: Y40K60b36w09<br>CMYK: 58-55-100-08 |

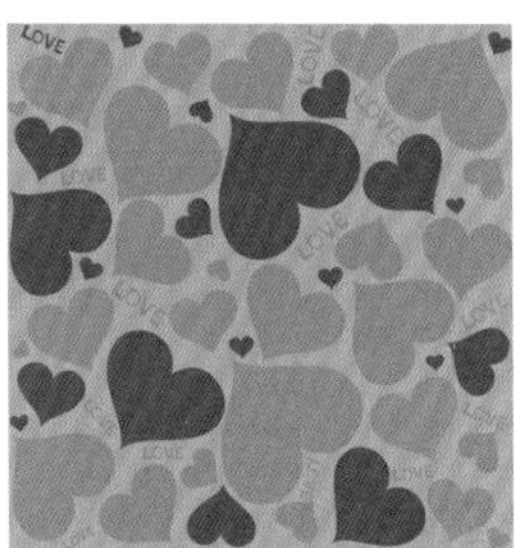

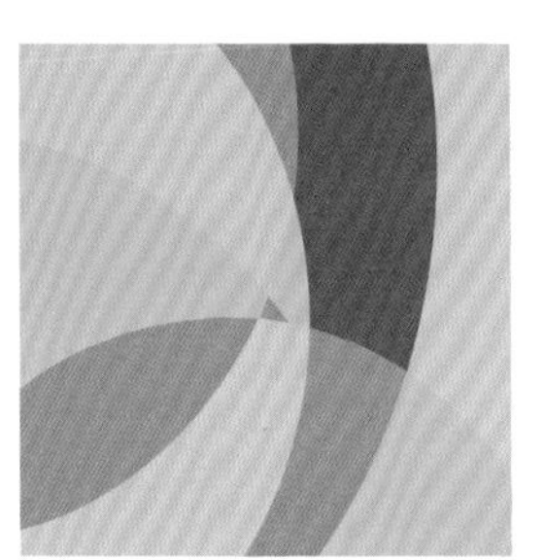

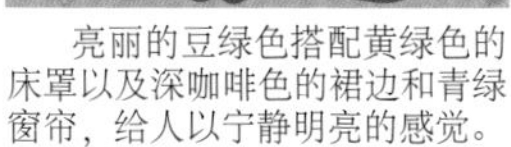

亮丽的豆绿色搭配黄绿色的床罩以及深咖啡色的裙边和青绿窗帘，给人以宁静明亮的感觉。

深棕色的床头和米黄色的地毯，与绿色的毛毯和窗帘，都给人沉稳和舒适感。

黄绿色的床和地毯与橙黄色的家具，冷暖对比，活泼可爱。

## 3 颜色主题：优雅〔黄绿色系组合配色〕

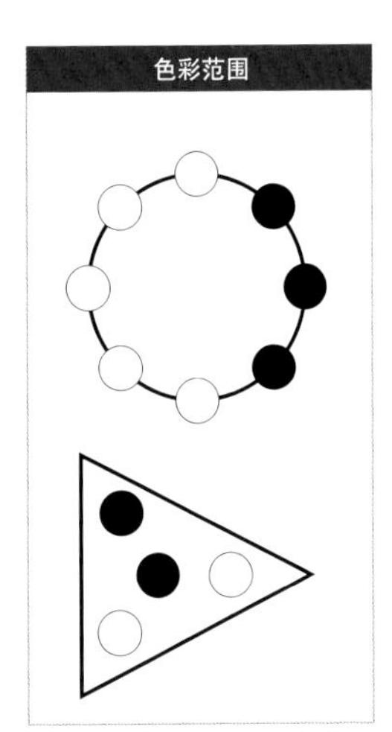


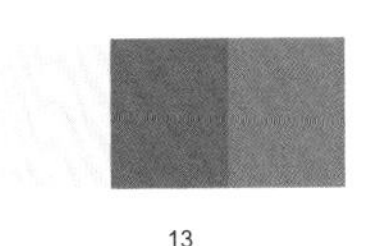

13

BCDS: Y10K90b03w83
CMYK: 61-60-70-11

BCDS: Y20K80b34w29
CMYK: 11-40-75-00

BCDS: K90G10b26w41
CMYK: 04-15-61-00

14

BCDS: Y40K60b01w84
CMYK: 04-00-31-00

BCDS: K60G40b38w36
CMYK: 64-44-70-01

BCDS: Y10K90b27w35
CMYK: 49-37-75-00

15

BCDS: K80G20b14w65
CMYK: 33-19-45-00

BCDS: Y40K60b02w81
CMYK: 04-00-32-00

BCDS: Y90K10b08w71
CMYK: 10-16-43-00

浅豆绿色的立面和白色床上用品，搭配一抹草绿色，给人以整洁宁静的感觉。

灰豆绿色的立面和中黄色家具，这组配色体现了中性、自然的设计风格。

亮黄色的地板，搭配深咖啡色的床，在白色立面和床品衬托下，显得宽广明亮。

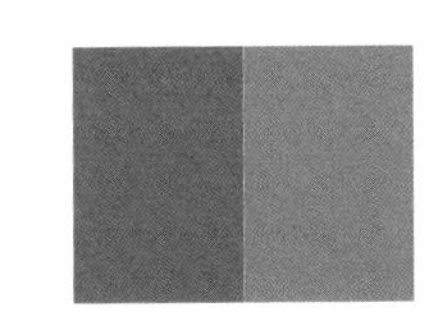

## 3 颜色主题：优雅〔黄绿色系组合配色〕

色彩范围

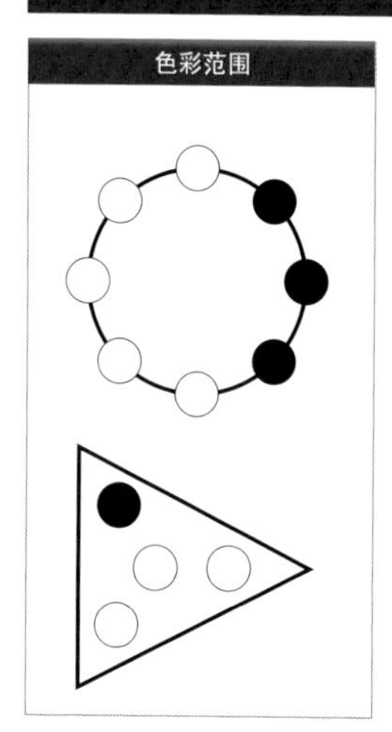

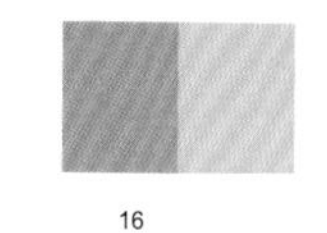

16

17

18

BCDS: Y50K50b03w82
CMYK: 04-04-32-00

BCDS: K70G30b11w36
CMYK: 48-17-75-00

BCDS: Y10K90b07w55
CMYK: 25-11-61-00

BCDS: K100b03w54
CMYK: 24-08-62-00

BCDS: Y40K60b17w42
CMYK: 35-30-73-00

BCDS: Y30K70b38w08
CMYK: 60-55-100-10

BCDS: G90T10b04w91
CMYK: 13-03-13-00

BCDS: K20G80b04w80
CMYK: 22-00-24-00

BCDS: G70T30b15w73
CMYK: 35-14-26-00

豆绿色的软包和床毯，搭配实木的地板和落地的窗户，显得高雅肃静。

情绪紧张，心情不爽时在黄绿色卧室里休息，具有安神镇定的功效。

灰青白色的墙纸配上松石绿的床头，具有亮亮的、静静的感觉。

## 4 颜色主题：健康〔绿色系组合配色〕

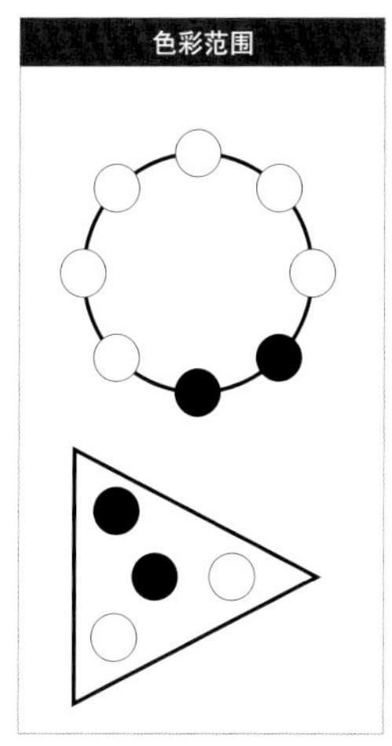


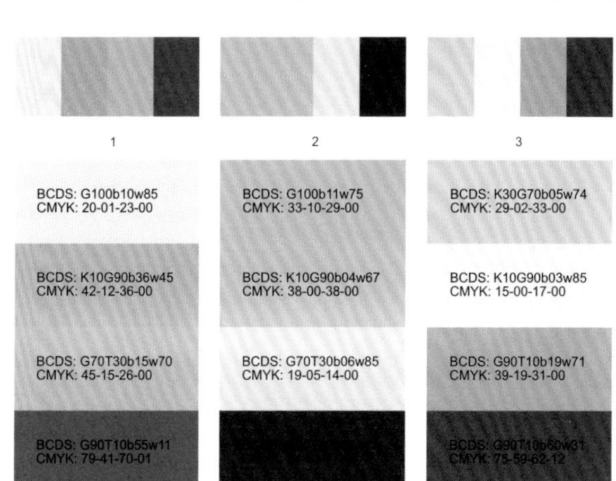

以高明度配色为主，浅豆灰色和青灰色，有一点深的墨绿色做点缀，大方寂静。

虽然颜色色相设计数量不多，但颜色明度对比差比较大，颜色统一而不失活泼。

颜色配色明度对比差大，色相对比也大，给人以轻松、愉快的感觉。

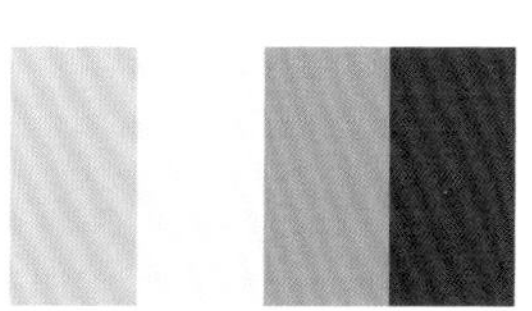

## 4 颜色主题：健康〔绿色系组合配色〕

色彩范围

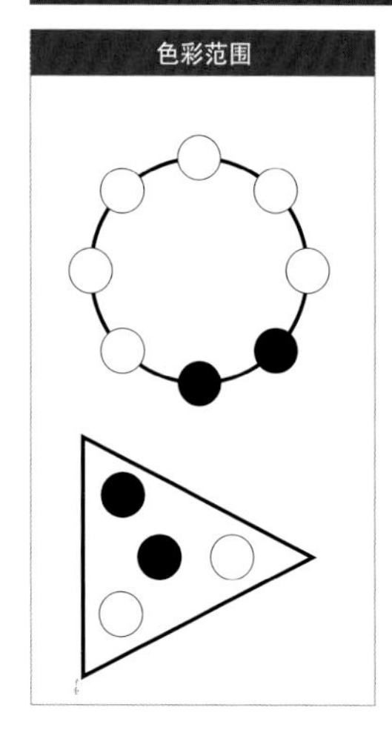

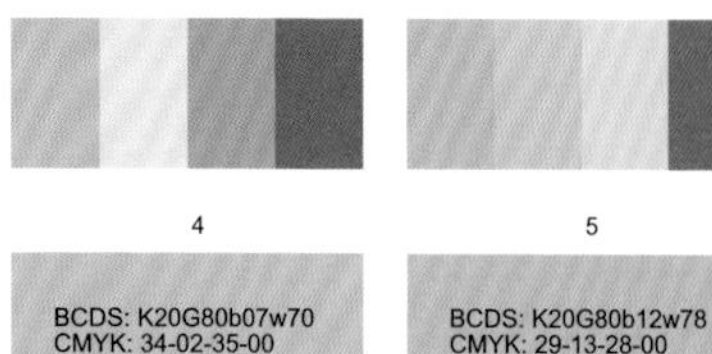

| 4 | 5 | 6 |
|---|---|---|
| BCDS: K20G80b07w70<br>CMYK: 34-02-35-00 | BCDS: K20G80b12w78<br>CMYK: 29-13-28-00 | BCDS: G70T30b17w77<br>CMYK: 33-18-25-00 |
| BCDS: K10G90b05w90<br>CMYK: 14-05-15-00 | BCDS: G100b04w69<br>CMYK: 35-00-33-00 | BCDS: G80T20b07w80<br>CMYK: 25-04-20-00 |
| BCDS: G80T20b11w57<br>CMYK: 50-05-39-00 | BCDS: G70T30b05w80<br>CMYK: 26-00-20-00 | BCDS: G100b04w74<br>CMYK: 27-00-25-00 |
| BCDS: G100b37w41<br>CMYK: 67-41-58-00 | BCDS: G80T20b31w39<br>CMYK: 69-34-56-00 | BCDS: K20G80b36w53<br>CMYK: 55-38-49-00 |

以浅灰白色调为主，搭配一点墨绿色，明度对比加强，视野通透性好。

满目豆绿色加一点深绿色，稳定大方，明亮中也带有活泼。

深紫色和蓝灰色的组合搭配，给人以沉稳而神秘的感觉。

## 4 颜色主题：健康〔绿色系组合配色〕

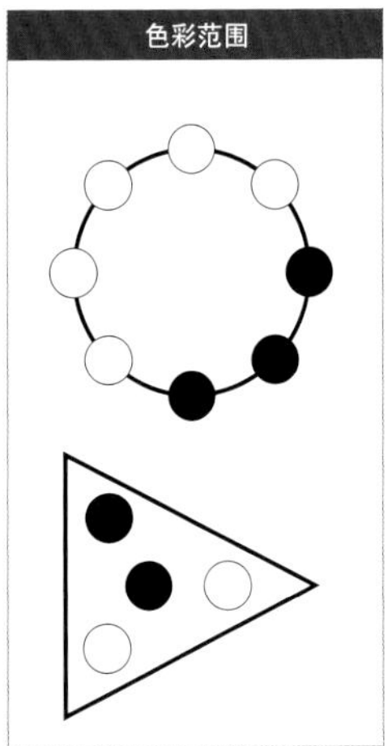


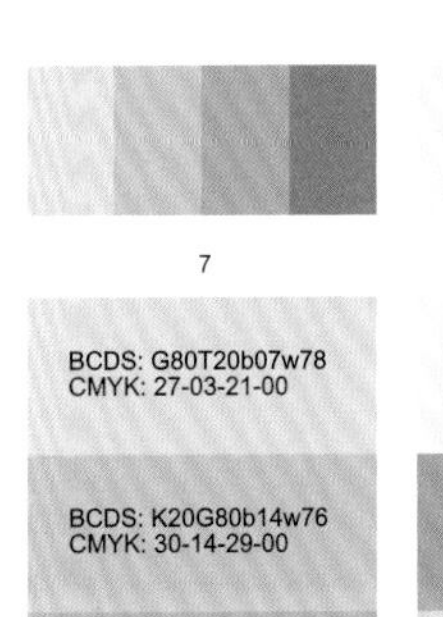

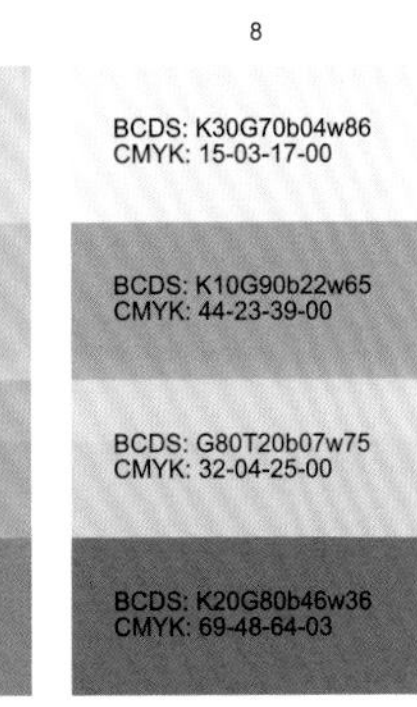

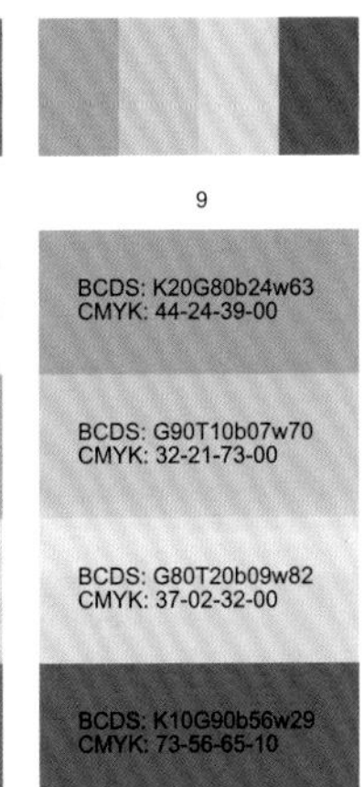

| 7 | 8 | 9 |
|---|---|---|
| BCDS: G80T20b07w78<br>CMYK: 27-03-21-00 | BCDS: K30G70b04w86<br>CMYK: 15-03-17-00 | BCDS: K20G80b24w63<br>CMYK: 44-24-39-00 |
| BCDS: K20G80b14w76<br>CMYK: 30-14-29-00 | BCDS: K10G90b22w65<br>CMYK: 44-23-39-00 | BCDS: G90T10b07w70<br>CMYK: 32-21-73-00 |
| BCDS: G100b16w63<br>CMYK: 45-16-39-00 | BCDS: G80T20b07w75<br>CMYK: 32-04-25-00 | BCDS: G80T20b09w82<br>CMYK: 37-02-32-00 |
| BCDS: K30G70b31w46<br>CMYK: 58-35-57-00 | BCDS: K20G80b46w36<br>CMYK: 69-48-64-03 | BCDS: K10G90b56w29<br>CMYK: 73-56-65-10 |

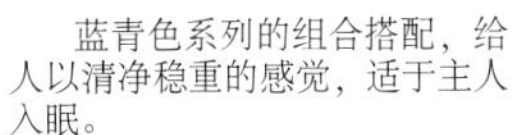

蓝青色系列的组合搭配，给人以清净稳重的感觉，适于主人入眠。

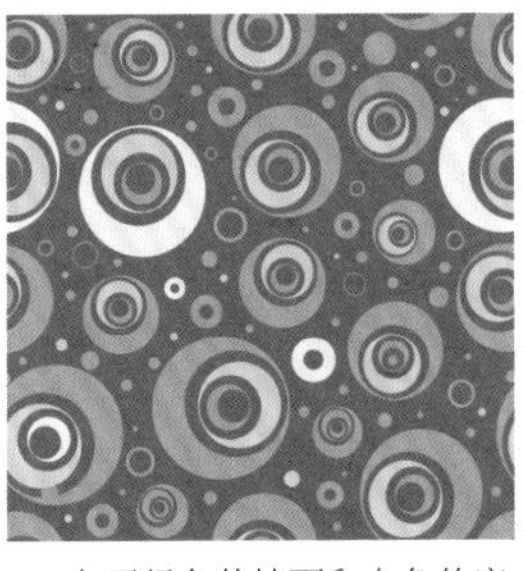

灰豆绿色的墙面和白色的床饰搭配，明度对比弱，大面积的白色会给人以洁净松弛的感觉。

中明度的颜色搭配，色相对比统一，明度对比小，给人以舒适放松，风格突出的感觉。

## 4 颜色主题：健康〔绿色系组合配色〕

色彩范围

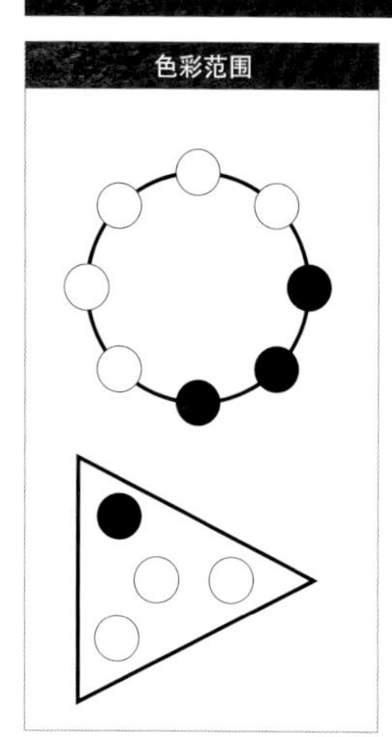

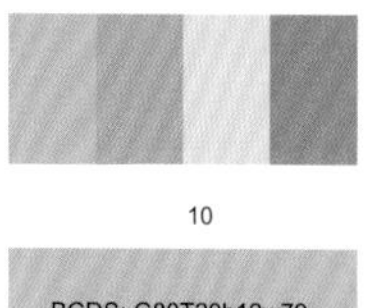

10

BCDS: G80T20b12w79
CMYK: 29-12-23-00

BCDS: G100b11w68
CMYK: 40-10-35-00

BCDS: K20G80b02w77
CMYK: 25-00-27-00

BCDS: K10G90b14w49
CMYK: 55-11-53-00

11

BCDS: K10G90b06w75
CMYK: 30-02-30-00

BCDS: K20G80b08w80
CMYK: 25-08-25-00

BCDS: G80T20b13w31
CMYK: 73-09-60-00

BCDS: K30G70b09w52
CMYK: 48-08-54-00

12

BCDS: K20G80b04w68
CMYK: 36-00-38-00

BCDS: G90T10b05w82
CMYK: 22-02-20-00

BCDS: G70T30b17w67
CMYK: 42-16-32-00

BCDS: G80T20b17w40
CMYK: 67-15-54-00

中高明度的配色设计，白色和深咖啡色相互调整，室内感觉自然放松。

中明度的颜色搭配，白色可以提高明度，与黄绿色搭配比较统一，给人以安定的感觉。

中低明度色彩设计搭配中，沉稳舒适是色彩设计的核心，这组配色设计正是考虑了此原则。

## 4 颜色主题：健康〔绿色系组合配色〕

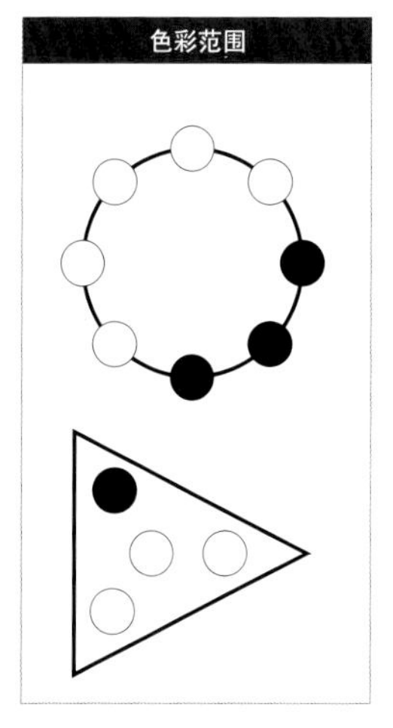

13

BCDS: G100b09w80
CMYK: 27-10-23-00

BCDS: K20G80b07w72
CMYK: 33-04-34-00

BCDS: G80T20b22w65
CMYK: 46-22-36-00

BCDS: K30G70b07w35
CMYK: 58-04-71-00

14

BCDS: G100b16w68
CMYK: 40-17-35-00

BCDS: K10G90b06w67
CMYK: 38-02-37-00

BCDS: K20G80b06w85
CMYK: 16-04-18-00

BCDS: K20G80b43w24
CMYK: 75-49-75-07

15

BCDS: G70T30b09w85
CMYK: 23-10-18-00

BCDS: G90T10b09w73
CMYK: 33-06-29-00

BCDS: K20G80b02w77
CMYK: 24-00-27-00

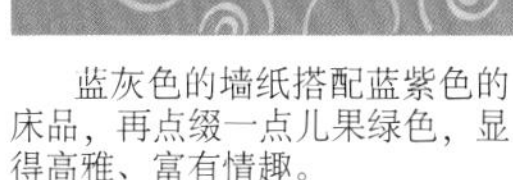

蓝灰色的墙纸搭配蓝紫色的床品，再点缀一点儿果绿色，显得高雅、富有情趣。

高明度的色彩设计，配一点低明度的点缀色，明度对比拉开，有明亮的感觉。

高明度的豆绿色搭配深咖啡色，明度对比强，色相对比也强，整体设计风格活泼休闲。

## 4 颜色主题：健康〔绿色系组合配色〕

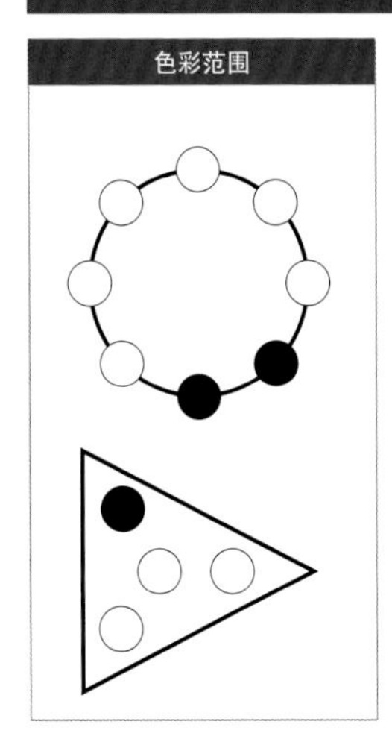


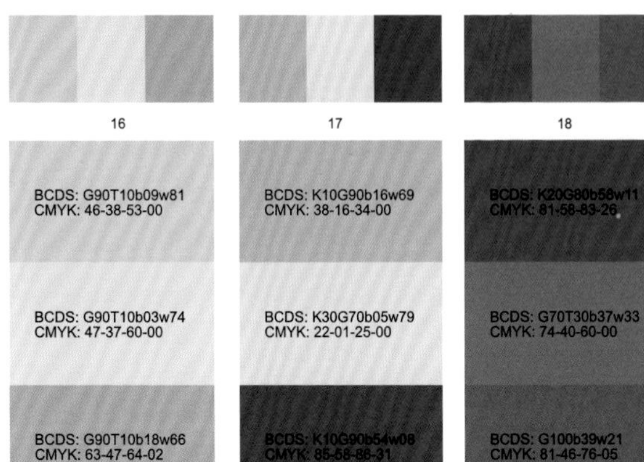

青绿色和深咖啡色的组合，色相对比力度大，明度对比强，突显了明快自然的感觉。

明亮的黄色调和浅紫色立面对比，具有亲近和放松感觉。

青绿色和深咖啡色的组合，青绿色的安静和宁静是主要的特点和风格。

## 4 颜色主题：健康〔绿色系组合配色〕

色彩范围

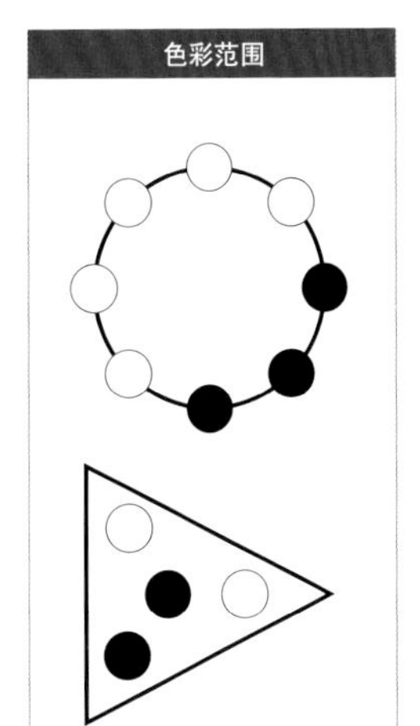

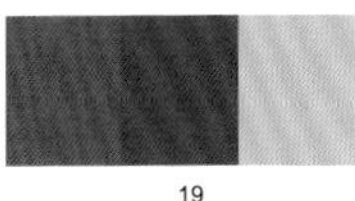

19

BCDS: G90T10b55w22
CMYK: 79-56-71-16

BCDS: K20G80b56w08
CMYK: 83-59-85-30

BCDS: K20G80b03w58
CMYK: 42-00-47-00

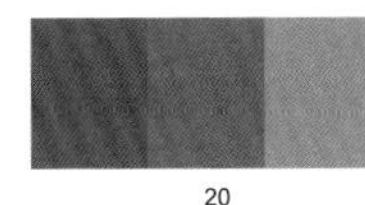

20

BCDS: G90T10b55w23
CMYK: 78-66-59-13

BCDS: G80T20b51w34
CMYK: 71-51-60-04

BCDS: K20G80b28w52
CMYK: 55-30-52-00

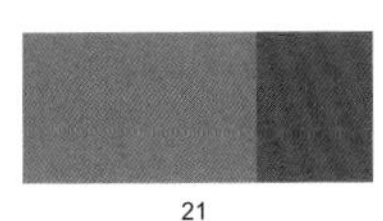

21

BCDS: K20G80b37w37
CMYK: 66-42-63-00

BCDS: G100b28w35
CMYK: 69-33-62-00

BCDS: G70T30b43w19
CMYK: 83-50-70-08

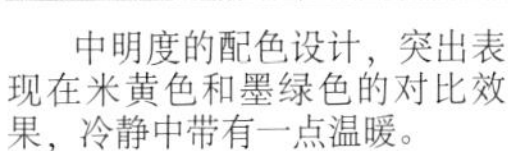

中明度的配色设计，突出表现在米黄色和墨绿色的对比效果，冷静中带有一点温暖。

青绿色系列的组合搭配，明度对比小，色相统一，显得含蓄而有生机。

绿色和白色的搭配设计，给人以凉爽清净的感觉。

## 4 颜色主题：健康〔绿色系组合配色〕

色彩范围

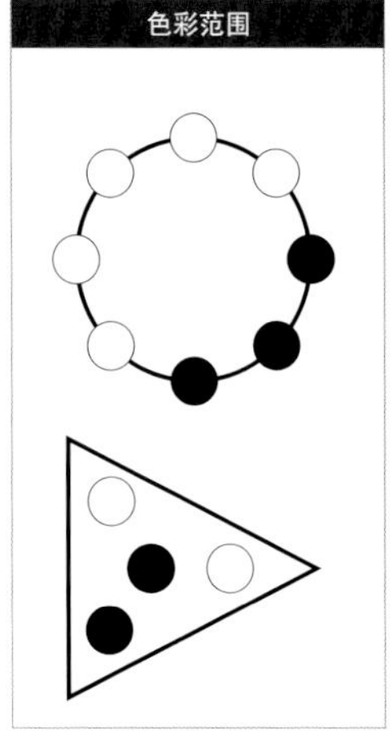

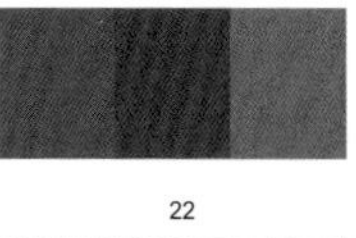

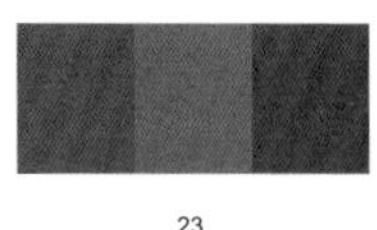

22

BCDS: G80T20b30w31
CMYK: 75-34-64-00

BCDS: K10G90b40w26
CMYK: 76-47-73-05

BCDS: K30G70b32w40
CMYK: 63-36-62-00

23

BCDS: G90T10b37w35
CMYK: 71-40-61-00

BCDS: K10G90b26w35
CMYK: 67-29-64-00

BCDS: K40G60b38w24
CMYK: 74-46-81-05

24

BCDS: K10G90b31w37
CMYK: 67-35-62-00

BCDS: K20G80b34w56
CMYK: 53-36-74-00

BCDS: G90T10b48w40
CMYK: 69-50-57-02

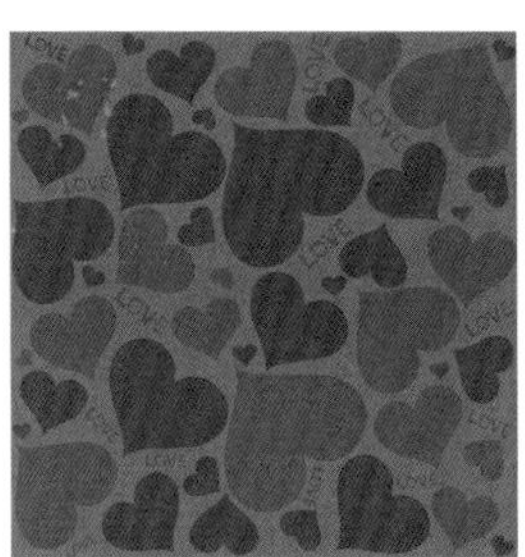

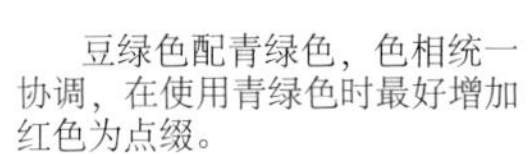

豆绿色配青绿色，色相统一协调，在使用青绿色时最好增加红色为点缀。

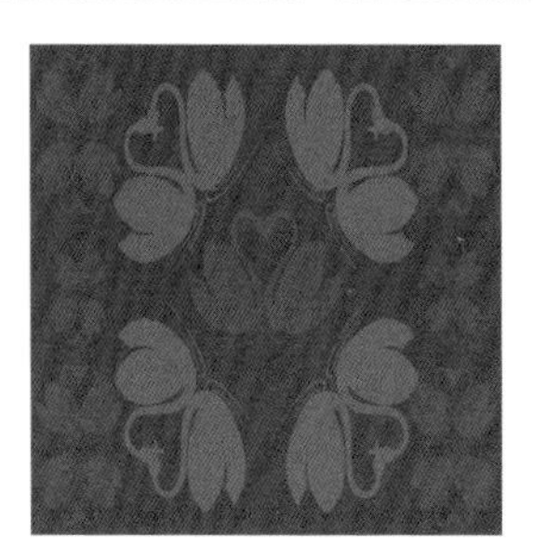

绿色系列的设计使用时，一要注意明度关系，二要采用无色相的颜色进行调整。

青绿色系列的搭配组合，加一点灰色，使安静中有一点稳重的效果。

## 4 颜色主题：健康〔绿色系组合配色〕

色彩范围

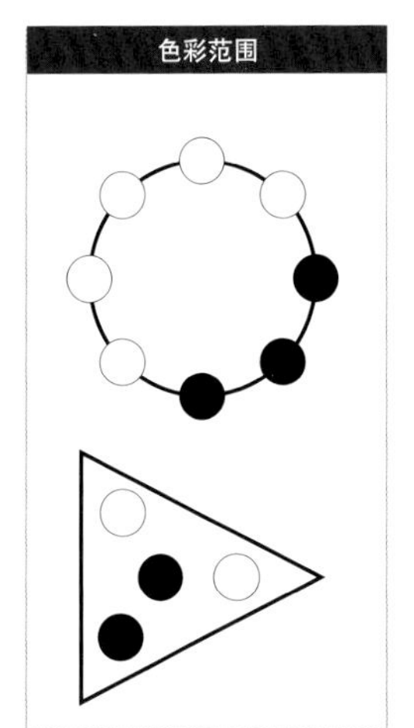

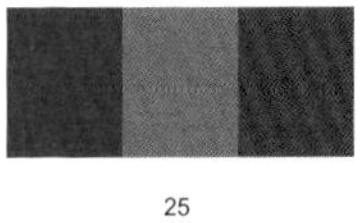

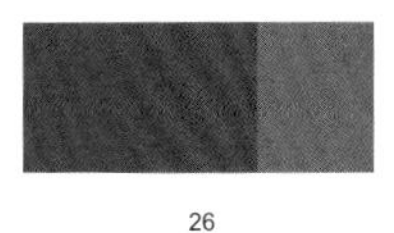

| 25 | 26 | 27 |
| --- | --- | --- |
| BCDS: G100b23w11<br>CMYK: 84-33-85-00 | BCDS: K20G80b23w14<br>CMYK: 80-36-90-00 | BCDS: G90T10b46w45<br>CMYK: 64-48-53-00 |
| BCDS: K30G70b33w45<br>CMYK: 58-36-56-00 | BCDS: K20G80b49w33<br>CMYK: 72-51-66-06 | BCDS: K20G80b36w43<br>CMYK: 62-38-58-00 |
| BCDS: G80T20b49w29<br>CMYK: 76-51-65-07 | BCDS: G60T40b37w47<br>CMYK: 63-38-48-00 | BCDS: K30G70b52w30<br>CMYK: 72-54-69-10 |

果绿色会给我们生命的活力，豆绿灰色给人以稚嫩和温柔的感觉。

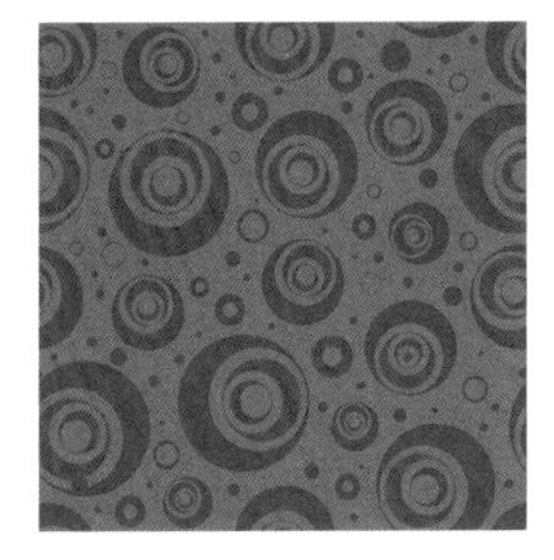

明度相同的色相对比，颜色的特性不突出，中绿色和灰蓝色，显得稳重大方。

灰色和灰青绿色的组合搭配，安全稳重有余，需要用明度和色相调节。

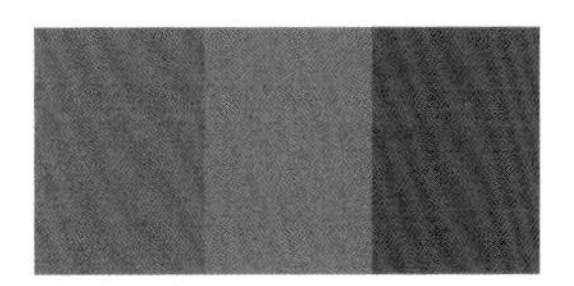

## 4 颜色主题：健康〔绿色系组合配色〕

色彩范围

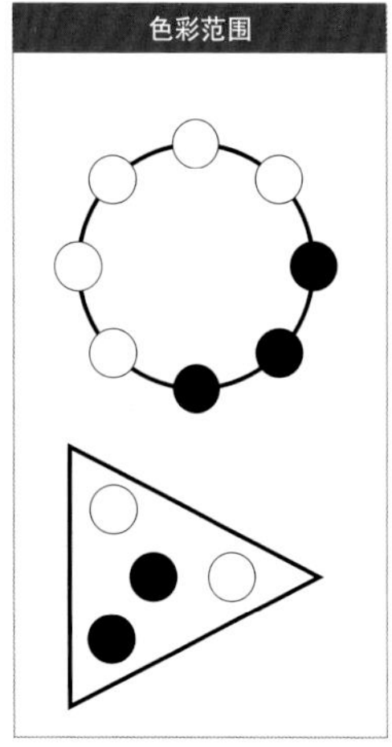

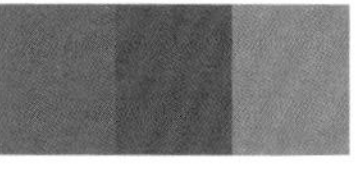

28

BCDS: G80T20b43w38
CMYK: 69-45-56-00

BCDS: G100b55w35
CMYK: 71-55-60-06

BCDS: K30G70b29w55
CMYK: 51-31-46-00

29

BCDS: T100b08w82
CMYK: 26-07-16-00

BCDS: T100b07w70
CMYK: 41-03-22-00

BCDS: T100b30w60
CMYK: 51-31-36-00

BCDS: T90B10b58w29
CMYK: 75-57-58-07

30

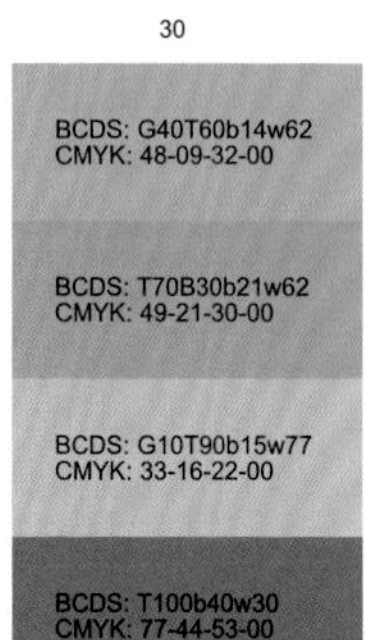


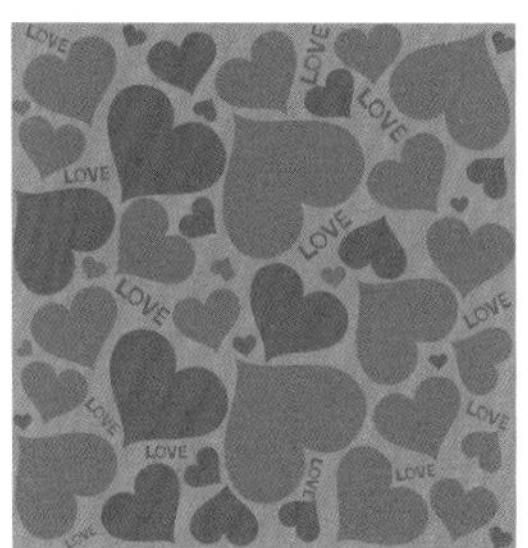

明亮的立面颜色和青绿色的灰，组合在一起搭配，显得透彻又明亮。

青绿色搭配青色，明度在空间中起着重要的作用，与热燥的环境形成强烈的对比。

灰青绿色系的配色组合，要注意明度的对比，在空间中加上一点儿橘红色可用来调节室内的气氛。

## 4 颜色主题：健康〔绿色系组合配色〕

色彩范围

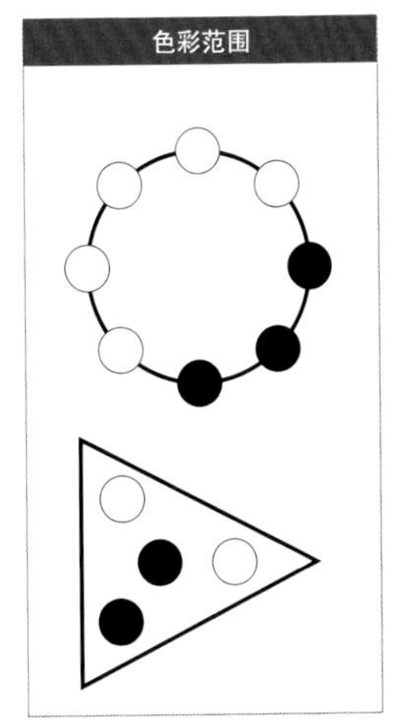

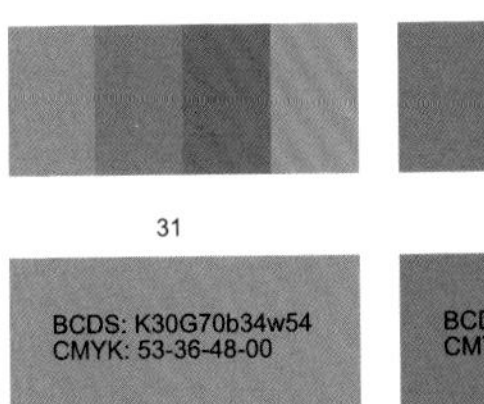

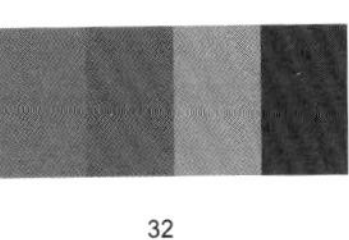

| 31 | 32 | 33 |
|---|---|---|
| BCDS: K30G70b34w54<br>CMYK: 53-36-48-00 | BCDS: G80T20b43w38<br>CMYK: 69-45-56-00 | BCDS: K10G90b32w54<br>CMYK: 55-34-47-00 |
| BCDS: K10G90b40w40<br>CMYK: 66-43-59-00 | BCDS: G100b55w35<br>CMYK: 71-55-60-06 | BCDS: K30G70b39w38<br>CMYK: 65-44-62-00 |
| BCDS: G70T30b50w33<br>CMYK: 74-52-61-05 | BCDS: K30G70b29w55<br>CMYK: 51-31-46-00 | BCDS: K30G70b10w33<br>CMYK: 60-09-72-00 |
| BCDS: K30G70b11w32<br>CMYK: 63-13-73-00 | BCDS: G50T50b52w06<br>CMYK: 91-59-75-26 | BCDS: G100b19w39<br>CMYK: 65-18-58-00 |

明亮的青绿色在室内色彩设计中起着安神静心的功效，彩度越高，效果越好。

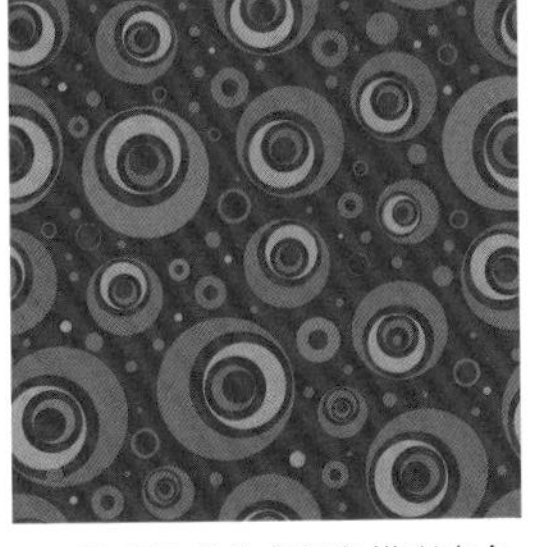

纯度较高的青绿色搭配白色和浅灰色，明度对比大，强调颜色的表面特征，清新靓丽。

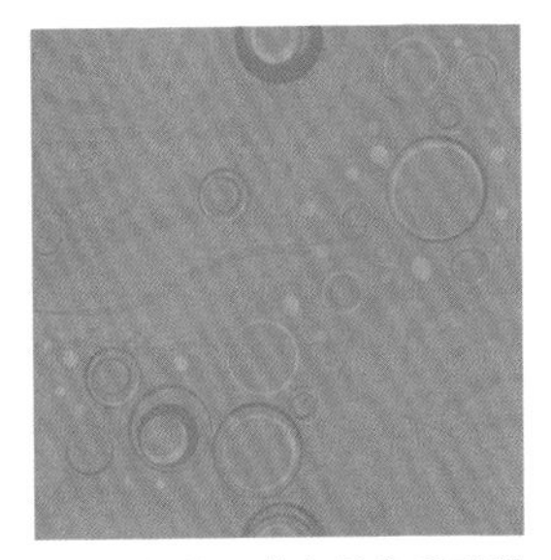

色相统一的灰绿色系列配色，色相对比小，只有明度上的对比，绿色的安逸和生命感得到充分的体现。

## 5 颜色主题：神意〔青色系组合配色〕

色彩范围

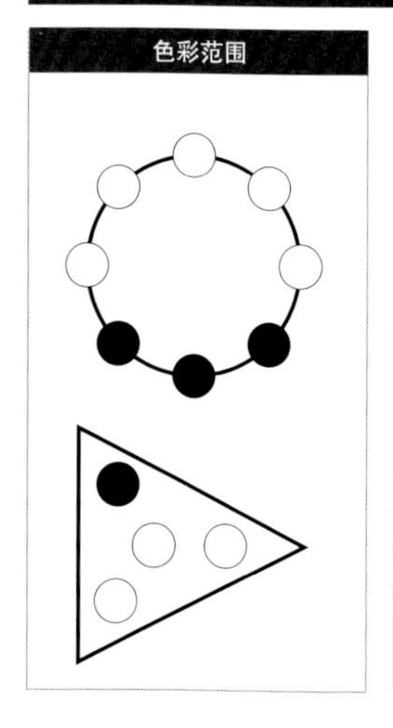

1

BCDS: G50T50b05w77
CMYK: 29-00-20-00

BCDS: G20T80b10w69
CMYK: 44-07-27-00

BCDS: T80B20b16w77
CMYK: 34-17-22-00

BCDS: T100b15w50
CMYK: 60-12-35-00

2

BCDS: G30T70b11w78
CMYK: 31-11-21-00

BCDS: T90B10b06w71
CMYK: 42-02-22-00

BCDS: G10T90b20w63
CMYK: 49-21-32-00

BCDS: T70B30b51w41
CMYK: 65-51-49-00

3

BCDS: G20T80b07w79
CMYK: 31-06-19-00

BCDS: G40T60b19w66
CMYK: 44-18-30-00

BCDS: T80B20b05w59
CMYK: 53-00-25-00

BCDS: G10T90b23w38
CMYK: 70-24-45-00

灰色和白色的对比，具有色彩冷静的倾向，白色表现得纯洁会让我们心静。

同色系的颜色设计，追求颜色的秩序感，安逸自然永远是它的主题。

青绿色搭配灰色系列，主要是表现稳定安静，白色的对比是为了展现明亮和视野开阔的设计风格。

## 5 颜色主题：神意〔青色系组合配色〕

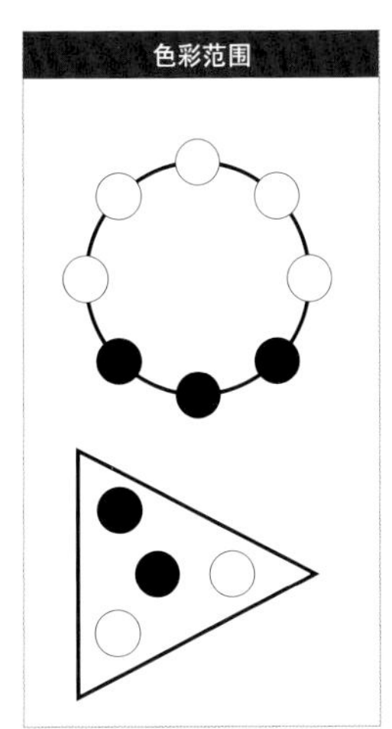


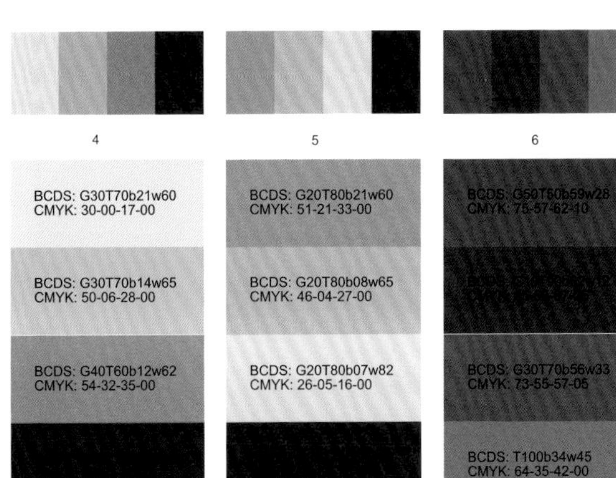

以青绿色系列为主的搭配方式，有简约的风格，青绿色的软包和暖绿色的床体，使人产生精神放松、安逸的感觉。

在色相高度统一的前提下，明度的对比用来强调感受的强度，爱静是永恒的主题。

高明度的青绿色的墙纸，搭配青绿色的床头，在构图和画面上表现了清净纯洁的感受。

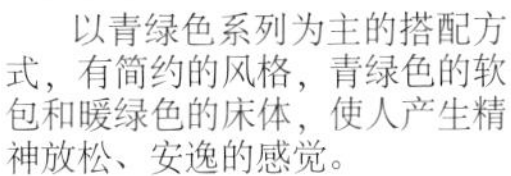

## 5 颜色主题：神意〔青色系组合配色〕

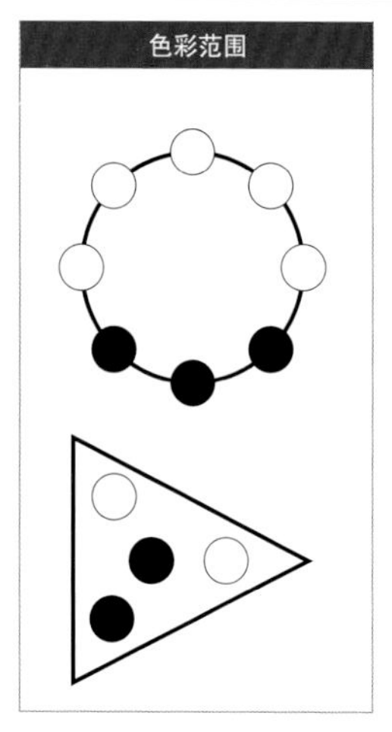

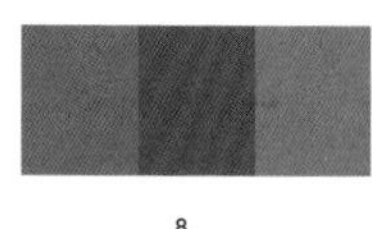

7

BCDS: G10T90b35w23
CMYK: 82-42-57-00

BCDS: T90B10b38w34
CMYK: 73-42-50-00

BCDS: T80B20b55w36
CMYK: 69-55-54-03

BCDS: G10T90b42w40
CMYK: 67-44-49-00

8

BCDS: G40T60b39w39
CMYK: 69-40-51-00

BCDS: G30T70b53w32
CMYK: 75-54-59-06

BCDS: T80B20b36w50
CMYK: 61-38-42-00

9

BCDS: T80B20b31w41
CMYK: 68-34-42-00

BCDS: T90B10b58w31
CMYK: 73-53-53-07

BCDS: G30T70b37w48
CMYK: 62-38-45-00

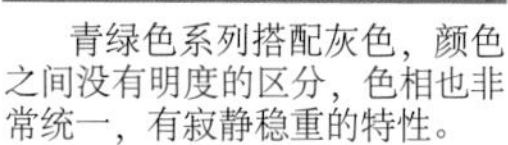

青绿色系列搭配灰色，颜色之间没有明度的区分，色相也非常统一，有寂静稳重的特性。

色相如果没有对比，明度也没有太大的变化，就需要增加一点儿白色和橙黄色加以点缀，安静中带有一点儿活泼。

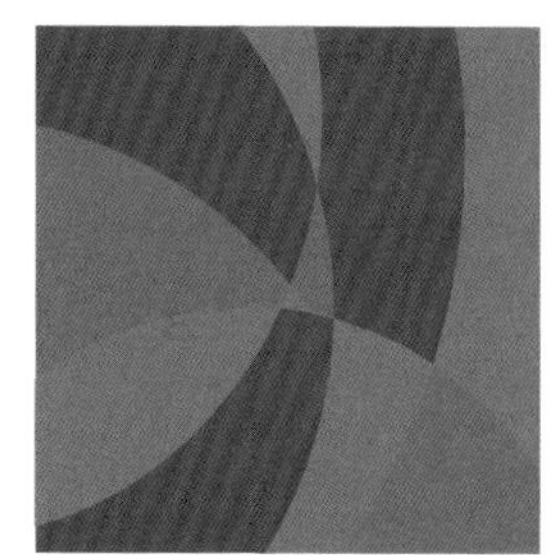

在青色和中灰色的组合搭配中，要有白色作为调节色，这样会感到活泼和舒适感。

## 5 颜色主题：神意〔青色系组合配色〕

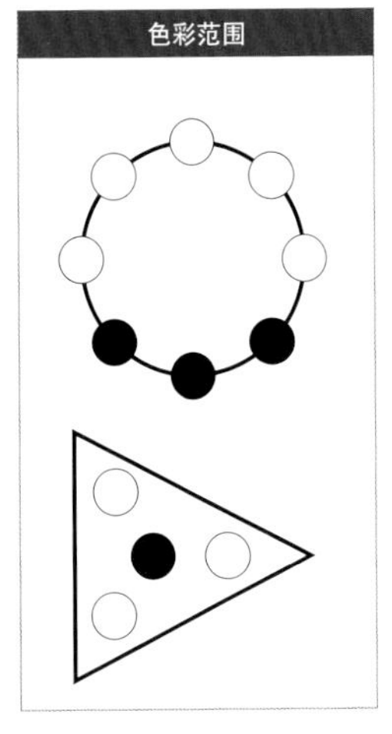


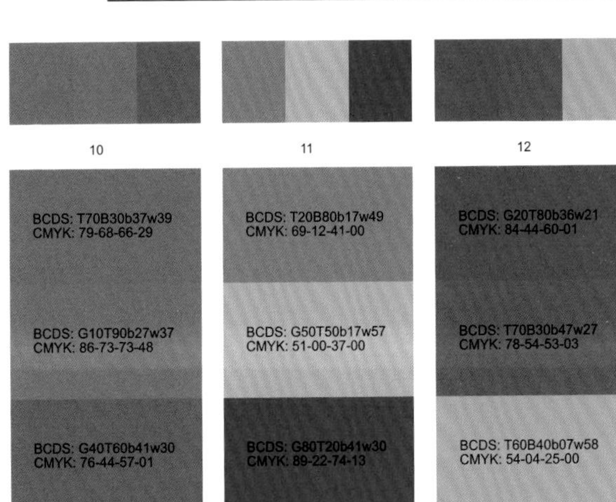

浅湖蓝色的立面和中绿色的床套，色相对比不大，只有明度对比，显得敞亮明快。

青绿色系中色相对比中性，但明度非常大，清净和整洁是它的风格。

强明度对比的颜色，色相对比是同类色，蓝青色的窗帘和翠绿的纺织品，显得凉爽别样。

## 5 颜色主题：神意〔青色系组合配色〕

色彩范围

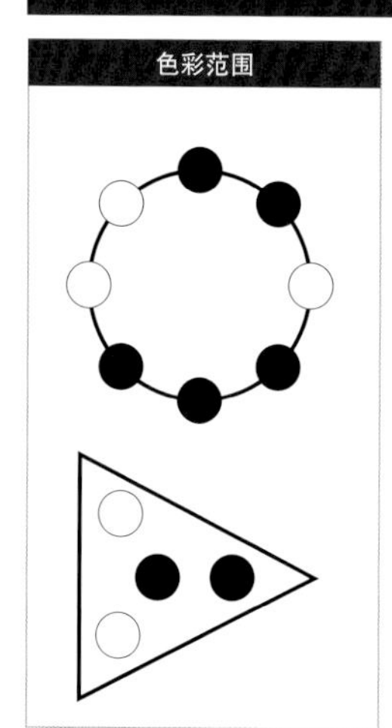

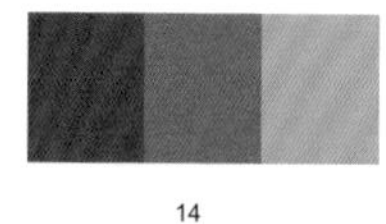

| 13 | 14 | 15 |
|---|---|---|
| BCDS: T90B10b11w04<br>CMYK: 78-22-46-00 | BCDS: T80B20b52w30<br>CMYK: 75-53-55-04 | BCDS: G40T60b32w51<br>CMYK: 59-34-43-00 |
| BCDS: T90B10b30w52<br>CMYK: 58-32-38-00 | BCDS: G50T50b21w36<br>CMYK: 71-19-50-00 | BCDS: T80B20b59w33<br>CMYK: 73-58-57-07 |
| BCDS: G10T90b58w25<br>CMYK: 77-58-61-11 | BCDS: T90B10b04w59<br>CMYK: 51-00-25-00 | [illegible] |

颜色的明度对比和色相对比差小，感觉比较安静和稳定。

青绿色系列的颜色组合，色相对比弱，明度对比有层次感，使卧房显得清静自然。

灰色搭配蓝青色，都属冷色系范围，加以白色点缀，更显清爽自然。

## 5 颜色主题：神意〔青色系组合配色〕

色彩范围

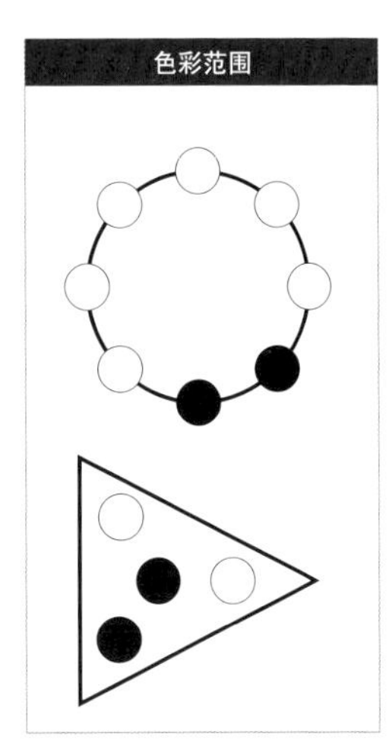

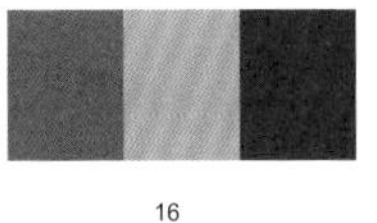

16

BCDS: G40T60b22w38
CMYK: 71-23-50-00

BCDS: G40T60b07w63
CMYK: 47-00-31-00

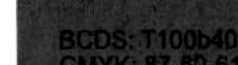

BCDS: T100b40w15
CMYK: 87-50-61-06

17

BCDS: G20T80b17w36
CMYK: 73-16-46-00

BCDS: T80B20b05w58
CMYK: 56-00-27-00

18

BCDS: T10B90b06w76
CMYK: 34-05-12-00

BCDS: B80P20b08w87
CMYK: 18-10-00

BCDS: B50P50b17w73
CMYK: 35-22-16-00

BCDS: B60P40b57w30
CMYK: 81-62-56-12

在白色立面的衬托下，青绿色系的家具和地毯，显得明亮、洁白。

青绿色加深墨绿的组合，色相对比柔和，明度对比敞亮。

青蓝灰色到深蓝青的颜色对比，色相属同类对比，只有明度对比强，有较强的冷色味道。

## 6 颜色主题：宁静〔蓝色系组合配色〕

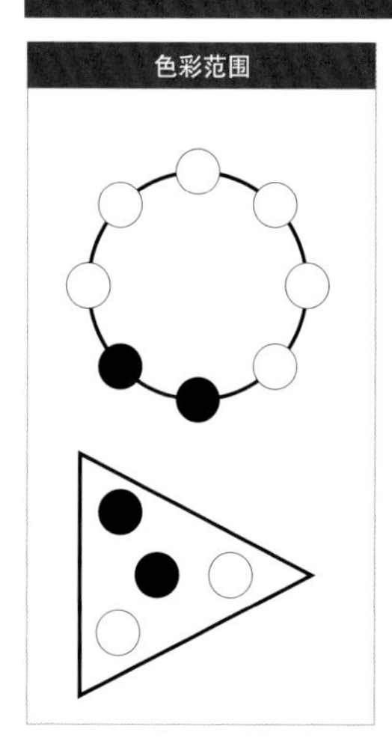

| 1 | 2 | 3 |
|---|---|---|
| BCDS: T10B90b06w76<br>CMYK: 34-05-12-00 | BCDS: B70P30b07w84<br>CMYK: 22-08-09-00 | BCDS: T20B80b03w84<br>CMYK: 44-24-39-00 |
| BCDS: B90P10b17w75<br>CMYK: 35-20-19-00 | BCDS: B70P30b22w62<br>CMYK: 46-28-22-00 | BCDS: B40P60b13w73<br>CMYK: 32-21-73-00 |
| BCDS: B60P40b03w87<br>CMYK: 18-06-05-00 | BCDS: B90P10b08w68<br>CMYK: 41-11-11-00 | BCDS: B70P30b21w67<br>CMYK: 42-25-22-00 |
| BCDS: T30B70b32w36<br>CMYK: 71-38-37-00 | BCDS: T40B60b53w35<br>CMYK: 71-55-51-02 | BCDS: T40B60b38w30<br>CMYK: 77-45-45-00 |
| BCDS: B80P20b37w21<br>CMYK: 82-57-32-00 | BCDS: B80P20b29w49<br>CMYK: 60-37-28-00 | BCDS: B50P50b35w24<br>CMYK: 77-60-25-00 |

浅青绿色的墙纸搭配青色的床上用品，色相明度加强，给人以明亮安静的感觉。

青灰色系列配色，加以白色的分割色，显得明朗清爽。

蓝灰色系列中加一点儿青绿色，色相对比不大，明度对比加强，使空间感增强。

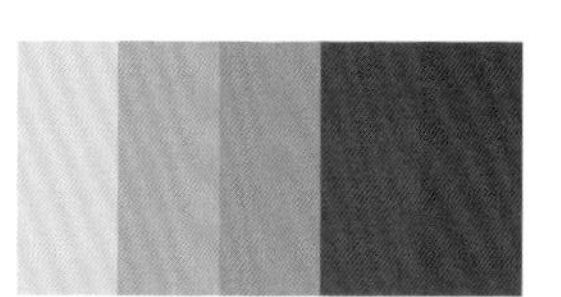

## 6 颜色主题：宁静〔蓝色系组合配色〕

色彩范围

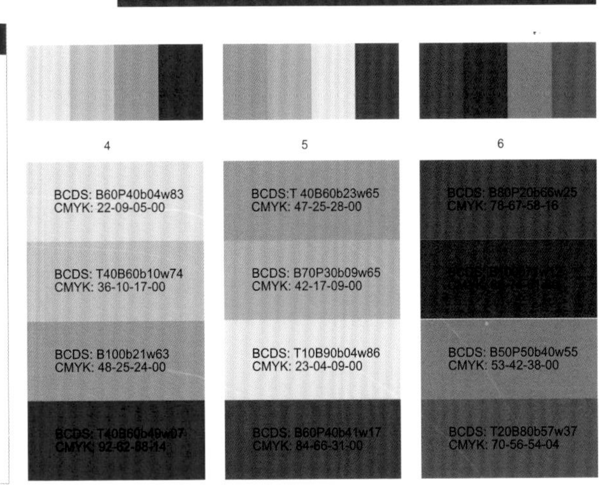

以青绿色装饰墙和床上的毛毯，是配色设计中的主色调，再配以青绿的地毯，与白色的对比明度提高，空间增强。

以蓝色为主的系列色彩，明度对比加强，色相对比统一。

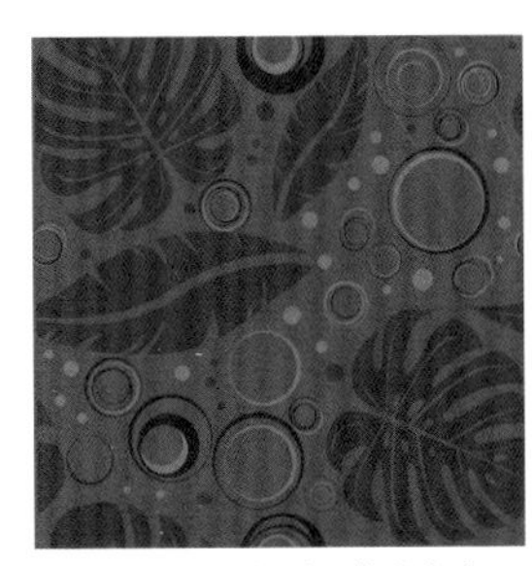

近似于灰色系列的蓝灰色，色相高度统一，明度有一点儿对比，突显了安静的风格。

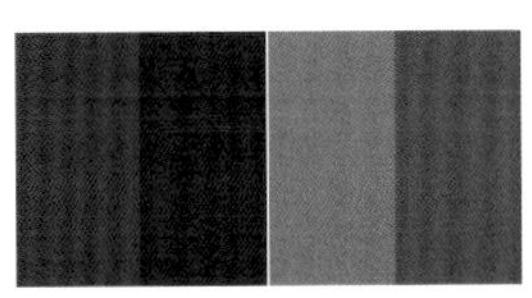

## 6 颜色主题：宁静〔蓝色系组合配色〕

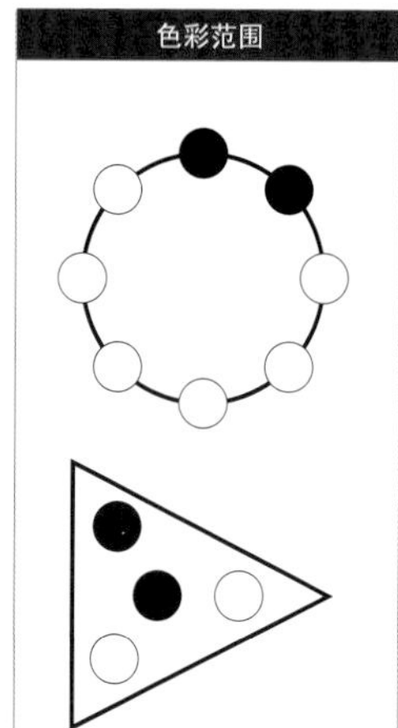


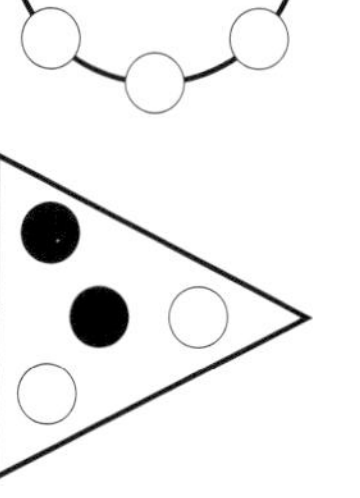

7

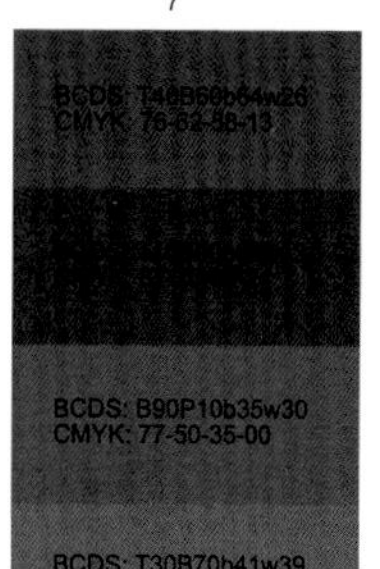


8

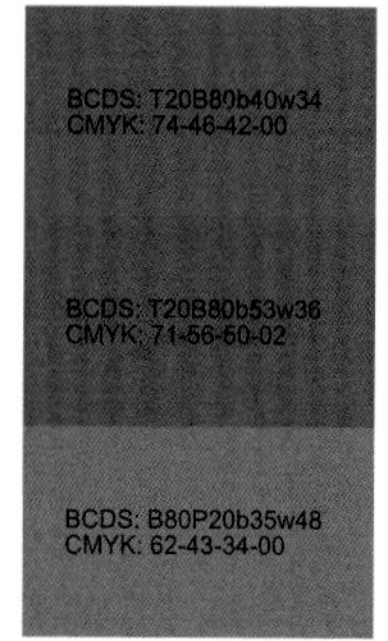


9

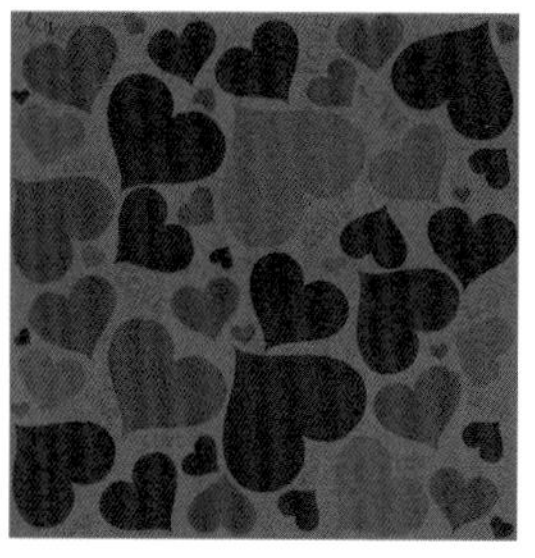

满目的青绿色和蓝灰色，明度和色相高度一致，突出地表现一个“酷”字。

蓝灰色系的搭配设计，色相的组合透着一点朦胧和神秘。

亮蓝青色系的颜色搭配组合，安静中带一点儿惬意。

## 6 颜色主题：宁静〔蓝色系组合配色〕

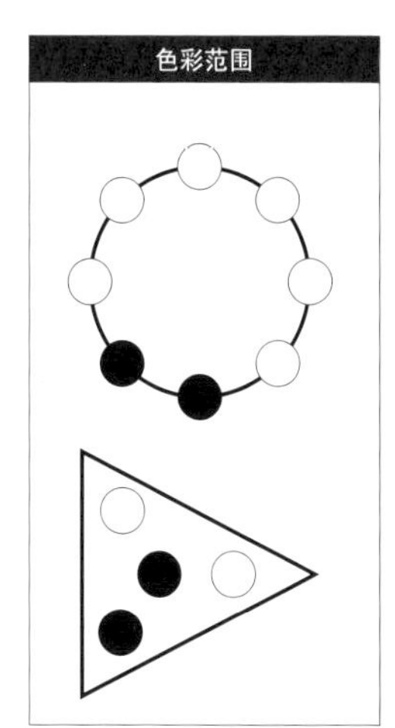


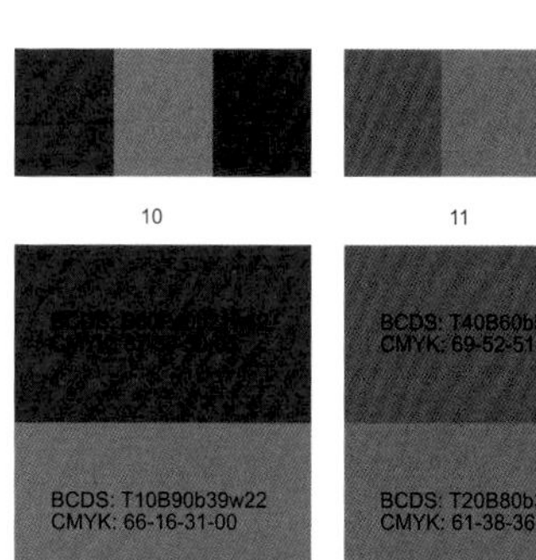


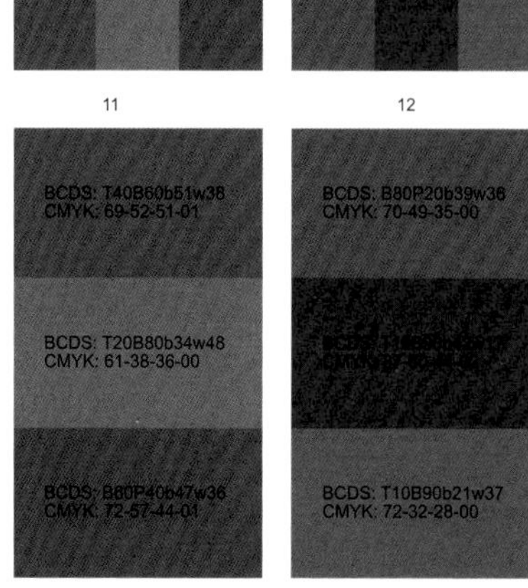

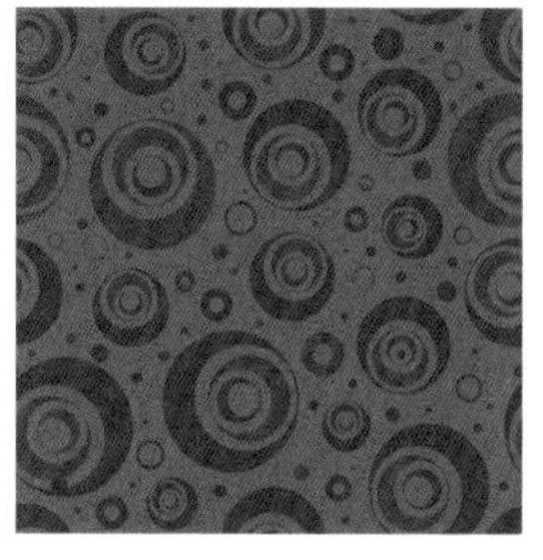

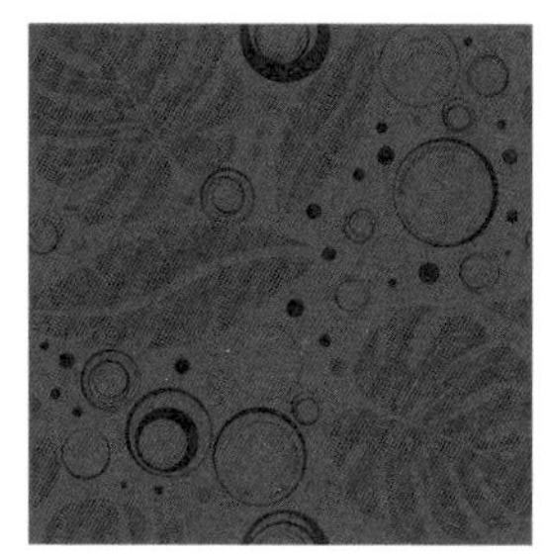

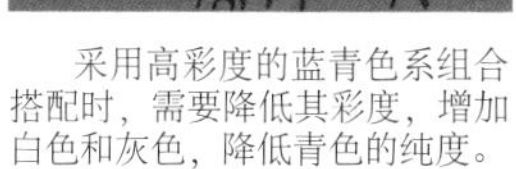

采用高彩度的蓝青色系组合搭配时，需要降低其彩度，增加白色和灰色，降低青色的纯度。

中彩度的青蓝色系在使用中，彩度低明度高，冷灰色中加一点儿橙色，更显得生动活泼。

亮蓝青色和蓝灰色，色相对比统一，凉爽中带一点儿暇意。

## Chapter 3 客厅配色方案

客厅是我们经常活动和接待客人的场所，也是我们家庭的门面。一般的配色设计大都采用以家具、大型陈列、家纺产品、装饰品、植物等来确定客厅的颜色风格，立面的颜色裸露面积少，颜色种类比较丰富，颜色基本上都采用比较亮的颜色而不是非常鲜艳的颜色，突出表现客厅的其他陈设，但要求整体颜色统一和明快。

## 1 颜色主题：高雅〔高明度低彩度配色〕

色彩范围

1

| BCDS | CMYK |
|---|---|
| B80P20b02w85 | 22-04-05-00 |
| B50P50b04w66 | 38-16-01-00 |
| B20P80b02w77 | 22-15-00-00 |
| P90R10b05w71 | 16-24-02-00 |
| P60R40b08w65 | 16-37-11-00 |

2

| BCDS | CMYK |
|---|---|
| P100b02w86 | 06-09-00-00 |
| P70R30b03w67 | 13-30-01-00 |
| P50R50b05w77 | 09-25-09-00 |
| P10R90b07w72 | 10-34-18-00 |
| R80O20b06w82 | 07-22-18-00 |

3

| BCDS | CMYK |
|---|---|
| R90O10b03w84 | 00-21-13-00 |
| R20O80b01w74 | 00-27-32-00 |
| O80Y20b01w65 | 00-35-48-00 |
| R20O80b03w79 | 00-24-26-00 |
| Y80K20b08w71 | 12-15-43-00 |

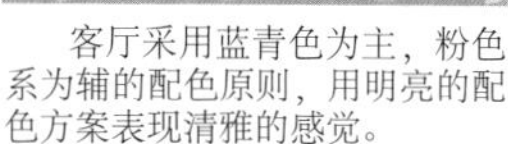

客厅采用蓝青色为主，粉色系为辅的配色原则，用明亮的配色方案表现清雅的感觉。

客厅的颜色采用粉色系，明度对比弱，粉红色和浅紫色给人以甜美温馨的感觉。

环境色彩以明亮的黄色系为主，强调了黄色的特性，再加以大量的浅豆绿色，在相同明亮感觉下有了一点儿颜色的对比。

## 1 颜色主题：高雅〔高明度低彩度配色〕

色彩范围

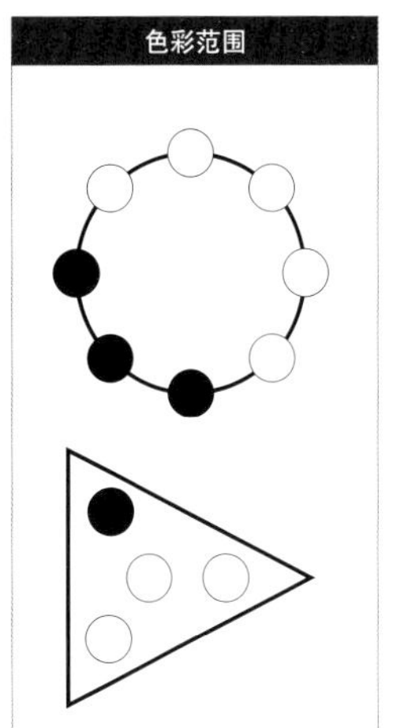

4

| BCDS | CMYK |
|---|---|
| T50B50b03w65 | 46-00-18-00 |
| B90P10b02w86 | 21-03-05-00 |
| B60P40b05w72 | 34-11-04-00 |
| P100b05w78 | 15-18-02-00 |
| P40R60b12w75 | 20-29-17-00 |

5

| BCDS | CMYK |
|---|---|
| P100b02w86 | 08-11-02-00 |
| P60R40b04w73 | 10-27-04-00 |
| P30R70b06w83 | 10-20-12-00 |
| R80O20b05w77 | 04-28-20-00 |
| O70Y30b11w77 | 13-27-35-00 |

6

| BCDS | CMYK |
|---|---|
| R70O30b05w85 | 03-20-16-00 |
| O100b03w67 | 00-36-42-00 |
| O50Y50b02w80 | 01-15-35-00 |
| O10Y90b05w73 | 02-16-42-00 |
| Y80K20b00w86 | 03-02-32-00 |

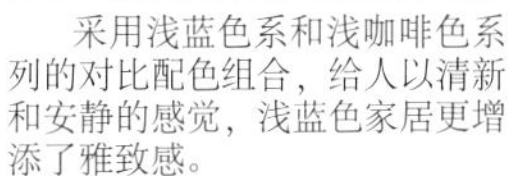

采用浅蓝色系和浅咖啡色系列的对比配色组合，给人以清新和安静的感觉，浅蓝色家居更增添了雅致感。

高明度的红粉色、浅灰色和浅咖啡色的组合，给人以视觉上的放大感，比较适合小面积的房间使用。

明黄色系和浅紫色的组合，给人以放松和舒适的感觉，紫色和黄色的对比，使人产生丰富的联想。

## 1 颜色主题：高雅〔高明度低彩度配色〕

色彩范围

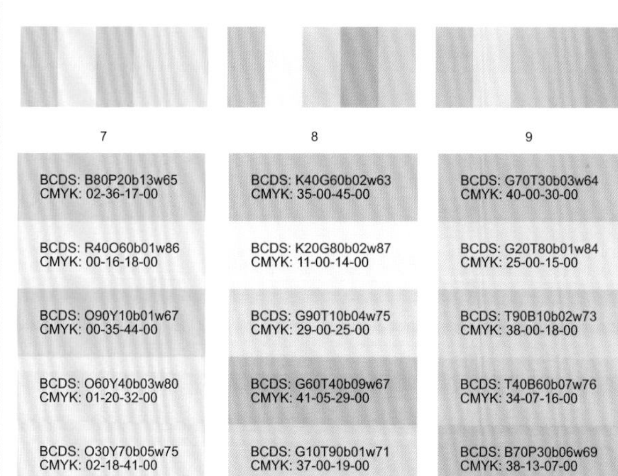

| 7 | 8 | 9 |
|---|---|---|
| BCDS: B80P20b13w65<br>CMYK: 02-36-17-00 | BCDS: K40G60b02w63<br>CMYK: 35-00-45-00 | BCDS: G70T30b03w64<br>CMYK: 40-00-30-00 |
| BCDS: R40O60b01w86<br>CMYK: 00-16-18-00 | BCDS: K20G80b02w87<br>CMYK: 11-00-14-00 | BCDS: G20T80b01w84<br>CMYK: 25-00-15-00 |
| BCDS: O90Y10b01w67<br>CMYK: 00-35-44-00 | BCDS: G90T10b04w75<br>CMYK: 29-00-25-00 | BCDS: T90B10b02w73<br>CMYK: 38-00-18-00 |
| BCDS: O60Y40b03w80<br>CMYK: 01-20-32-00 | BCDS: G60T40b09w67<br>CMYK: 41-05-29-00 | BCDS: T40B60b07w76<br>CMYK: 34-07-16-00 |
| BCDS: O30Y70b05w75<br>CMYK: 02-18-41-00 | BCDS: G10T90b01w71<br>CMYK: 37-00-19-00 | BCDS: B70P30b06w69<br>CMYK: 38-13-07-00 |

黄橙色系和浅玫红色的组合给人以甜美感，在小户型的客厅中，有制造浪漫感的效果。

浅淡的青绿色系列墙面，配以黄绿的家具和陈列，会有安神之功效，会给居住空间的人带来放松感。

浅蓝青色系的组合使用，给人以清新高雅的感觉，更主要的是它能缓解和放松我们的心情。

## 1 颜色主题：高雅〔高明度低彩度配色〕

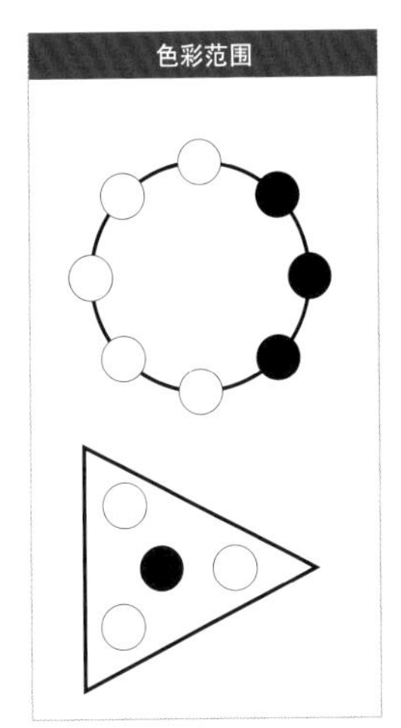

| 10 | 11 | 12 |
| --- | --- | --- |
| BCDS: Y40K60b32w54<br>CMYK: 44-37-53-00 | BCDS: O80Y20b27w54<br>CMYK: 34-47-54-00 | BCDS: T80B20b03w63<br>CMYK: 51-00-25-00 |
| BCDS: K80G20b18w54<br>CMYK: 41-25-55-00 | BCDS: O30Y70b35w56<br>CMYK: 43-43-51-00 | BCDS: T20B80b02w89<br>CMYK: 19-00-08-00 |
| BCDS: K20G80b24w53<br>CMYK: 53-26-49-00 | BCDS: Y60K40b20w57<br>CMYK: 31-28-55-00 | BCDS: B70P30b02w75<br>CMYK: 33-07-05-00 |
| BCDS: G70T30b16w58<br>CMYK: 49-13-37-00 | BCDS: Y30K70b30w58<br>CMYK: 42-35-49-00 | BCDS: B30P70b03w82<br>CMYK: 17-10-00-00 |
| BCDS: G20T80b26w55<br>CMYK: 55-27-37-00 | BCDS: Y90K10b12w57<br>CMYK: 19-25-58-00 | |

灰蓝色系和浅咖啡色的组合配色，会给人一种委婉缠绵的安逸感，青绿色和浅咖啡色的对比有一点儿高雅品位感。

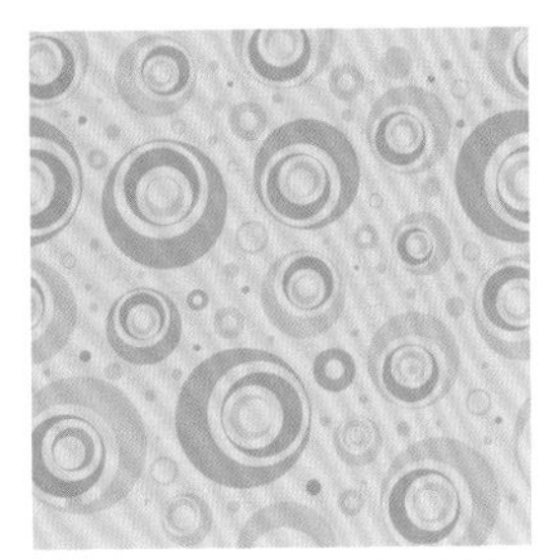

黄绿色系和咖啡色系的组合，给人以原始自然和古朴的感觉，舒心且有幸福感。

浅青蓝色系和浅灰色系配色，家具和陈列的颜色都有清晰和透彻的感觉，安神清闲是主要的配色风格。

## 1 颜色主题：高雅〔高明度低彩度配色〕

色彩范围

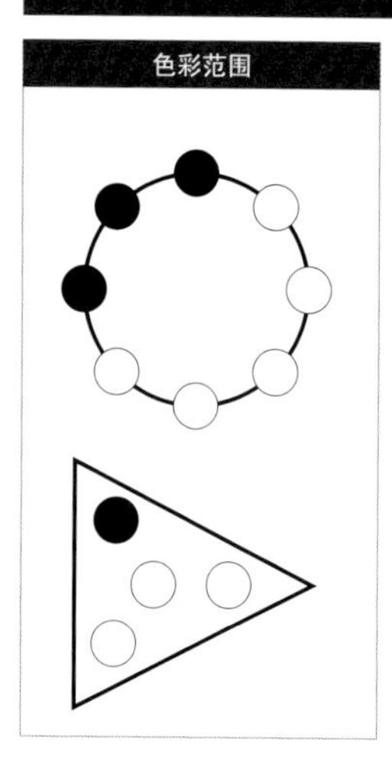

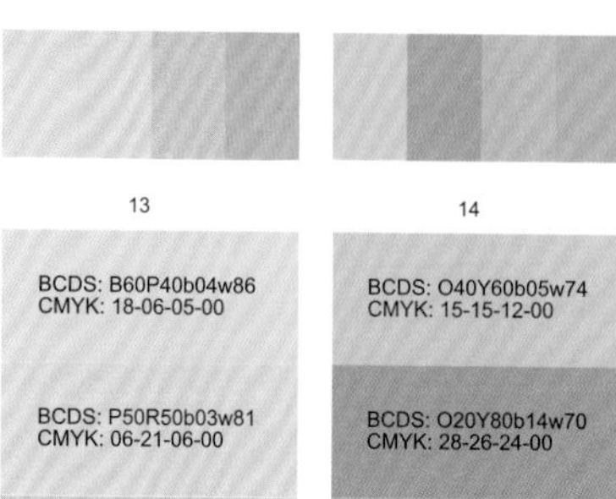


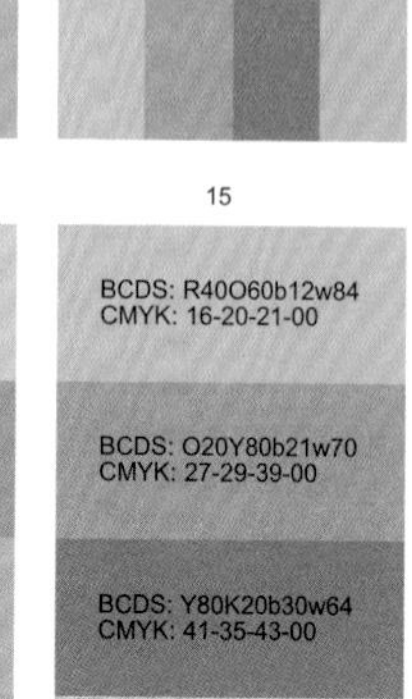

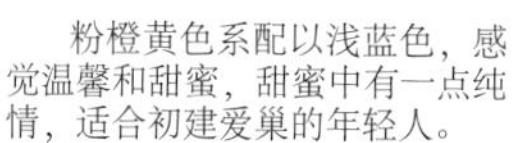

粉橙黄色系配以浅蓝色，感觉温馨和甜蜜，甜蜜中有一点纯情，适合初建爱巢的年轻人。

浅灰色系和浅土黄色系的组合，有朴实和温馨的感觉，再加以白色或象牙白的点缀，给人以洁净和温暖感。

浅灰色、浅咖啡色和浅黄绿色的组合，在明度上控制住亮度的一致性，颜色就会有明亮和异域的风格。

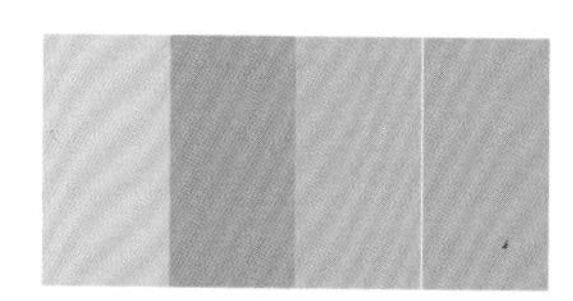

## 1 颜色主题：高雅〔高明度低彩度配色〕

色彩范围

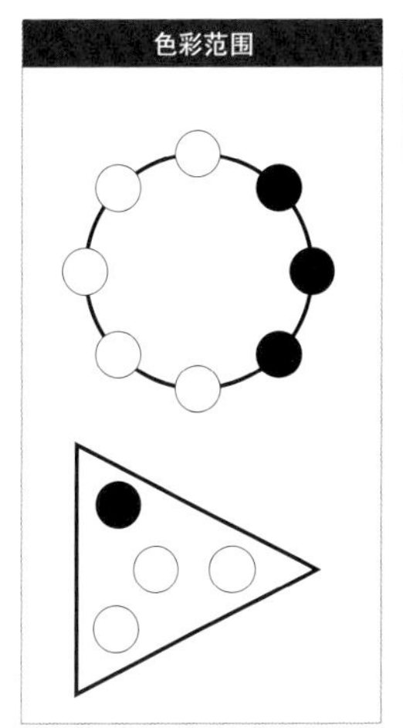

| 16 | 17 | 18 |
|---|---|---|
| BCDS: Y60K40b10w86<br>CMYK: 16-13-19-00 | BCDS: G90T10b10w86<br>CMYK: 20-11-17-00 | BCDS: B60P40b14w82<br>CMYK: 24-16-16-00 |
| BCDS: K90G10b13w82<br>CMYK: 23-16-25-00 | BCDS: G40T60b26w70<br>CMYK: 40-28-31-00 | BCDS: B20P80b19w76<br>CMYK: 30-24-20-00 |
| BCDS: K50G50b19w76<br>CMYK: 33-22-30-00 | BCDS: G10T90b15w79<br>CMYK: 29-16-21-00 | BCDS: P20R80b21w71<br>CMYK: 29-31-26-00 |
| BCDS: K10G90b13w78<br>CMYK: 30-15-26-00 | BCDS: B40P60b29w64<br>CMYK: 44-34-27-00 | BCDS: R70O30b13w78<br>CMYK: 17-25-22-00 |

浅青绿、灰色系的组合，有色相、明度高度统一的能力，会给客厅带来感情丰富和自由自在的感觉。

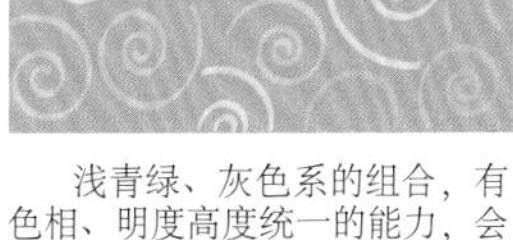

青灰色和浅蓝灰色的组合配色，有安静典雅的功效，微量的明度对比会带来有层次感。

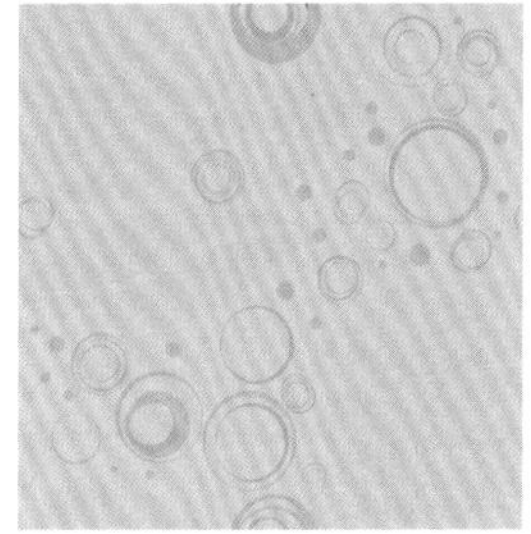

青灰色和浅紫色系的组合配色，是冷暖两种对比的色相，会有微妙的性格分割走向。

## 1 颜色主题：高雅〔高明度低彩度配色〕

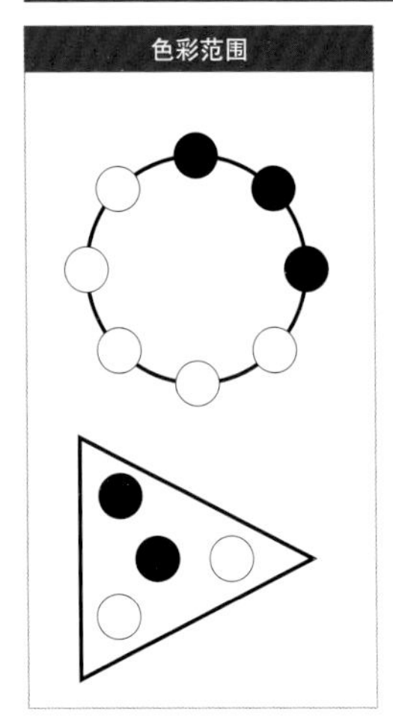

19

BCDS: O90Y10b22w74
CMYK: 30-30-32-00

BCDS: O60Y40b16w79
CMYK: 21-23-28-00

BCDS: O30Y70b22w70
CMYK: 29-30-40-00

BCDS: Y60K40b12w77
CMYK: 21-17-36-00

20

BCDS: P30R70b13w83
CMYK: 21-20-18-00

BCDS: R90O10b08w90
CMYK: 14-12-14-00

BCDS: R70O30b15w79
CMYK: 22-25-23-00

BCDS: R40O60b27w68
CMYK: 36-34-33-00

21

BCDS: R30O70b10w86
CMYK: 13-18-18-00

BCDS: O70Y30b22w74
CMYK: 30-29-30-00

BCDS: O40Y60b13w78
CMYK: 16-22-32-00

BCDS: Y100b22w69
CMYK: 31-30-41-00

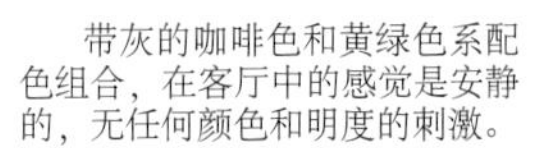

带灰的咖啡色和黄绿色系配色组合，在客厅中的感觉是安静的，无任何颜色和明度的刺激。

咖啡色系和灰白色的配色组合，在色彩设计上是保守、没有风险的设计方案，因此在灯光和采光的使用上要有控制。

紫灰色和浅咖啡色的色彩搭配，加上落地窗的组合采光，可以把房间的层次拉开，客厅的安静和舒适感得到提高。

## 1 颜色主题：高雅〔高明度低彩度配色〕

色彩范围

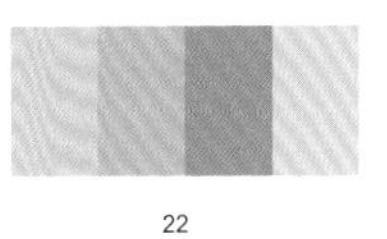

22

23

24

| 22 | 23 | 24 |
|---|---|---|
| BCDS: P10R90b13w82<br>CMYK: 20-20-18-00 | BCDS: R60O40b04w80<br>CMYK: 00-25-19-00 | BCDS: O20Y80b02w88<br>CMYK: 02-04-28-00 |
| BCDS: R40O60b18w75<br>CMYK: 23-29-29-00 | BCDS: B20P80b04w85<br>CMYK: 16-11-04-00 | BCDS: K70G30b02w76<br>CMYK: 16-00-34-00 |
| BCDS: O70Y30b30w63<br>CMYK: 37-39-43-00 | BCDS: B60P40b08w73<br>CMYK: 32-13-09-00 | BCDS: K30G70b07w82<br>CMYK: 21-07-22-00 |
| BCDS: O30Y70b11w80<br>CMYK: 15-19-31-00 | BCDS: B80P20b08w68<br>CMYK: 40-14-10-00 | BCDS: G90T10b07w71<br>CMYK: 33-00-29-00 |

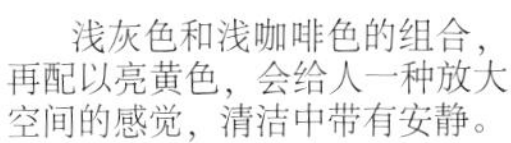

浅灰色和浅咖啡色的组合，再配以亮黄色，会给人一种放大空间的感觉，清洁中带有安静。

浅蓝色系搭配一点橙黄色，在清净中有一丝活泼感，安静，有抑制强迫自我的妙用。

浅黄绿色和青绿色搭配一点浅明中黄，有宁静、清洁、高雅的感觉，对无序的生活方式有一定的控制作用。

# 1 颜色主题：高雅〔高明度低彩度配色〕

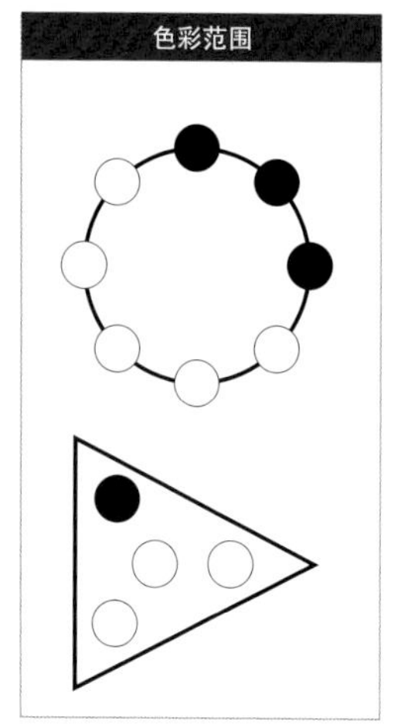


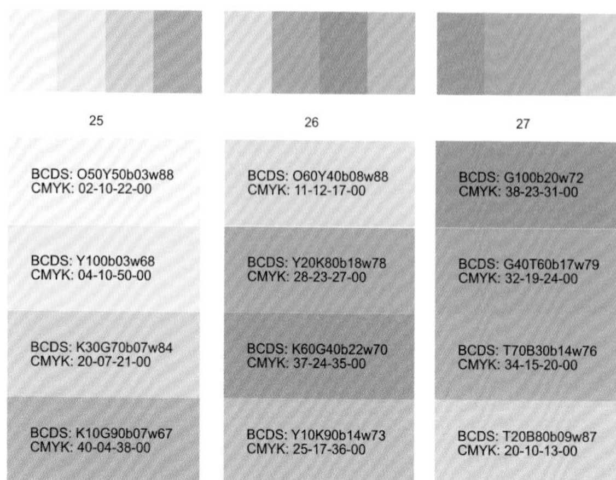

明黄色和浅黄色的组合，再配以灰绿和青绿色，有比较强的视觉对比，有大面积的白墙为底色，给人以清洁和安静的感觉。

灰色、绿色、青色、黄绿色和浅黄色的组合，它们之间没有太大的色相和文化的对比，给人一种平静的感觉。

蓝色系的灰色组合在室内的配色使用时需要控制面积，不能面积太大，要用一些暖色的灯光来调节室内平静的感觉。

## 1 颜色主题：高雅〔高明度低彩度配色〕

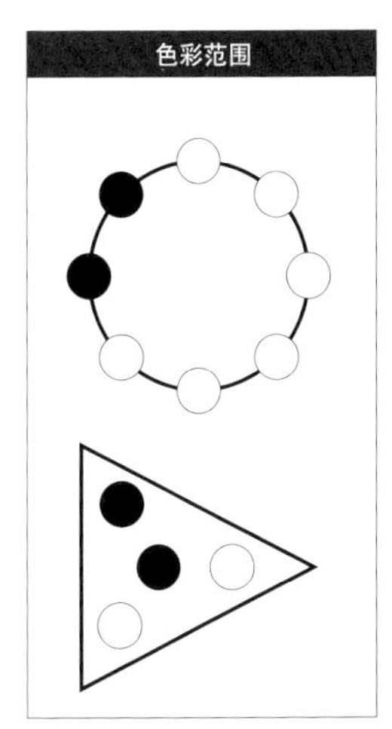

| 28 | 29 | 30 |
|---|---|---|
| BCDS: P40R60b23w72<br>CMYK: 50-31-29-00 | BCDS: O20Y80b36w54<br>CMYK: 44-43-51-00 | BCDS: G50T50b11w55<br>CMYK: 53-03-36-00 |
| BCDS: R90O10b12w82<br>CMYK: 25-10-15-00 | BCDS: Y80K20b26w55<br>CMYK: 35-34-55-00 | BCDS: T100b24w54<br>CMYK: 56-24-36-00 |
| BCDS: R40O60b17w74<br>CMYK: 86-47-41-00 | BCDS: K70G30b16w58<br>CMYK: 40-20-51-00 | BCDS: B90P10b29w59<br>CMYK: 51-33-29-00 |
| BCDS: O90Y10b25w66<br>CMYK: 81-45-07-00 | BCDS: K20G80b25w61<br>CMYK: 47-27-43-00 | BCDS: B60P40b16w57<br>CMYK: 51-28-15-00 |

灰白色加灰咖啡色系的组合，有安静舒适的感觉，点缀一些灰色会给环境带来一定安定沉稳的味道。

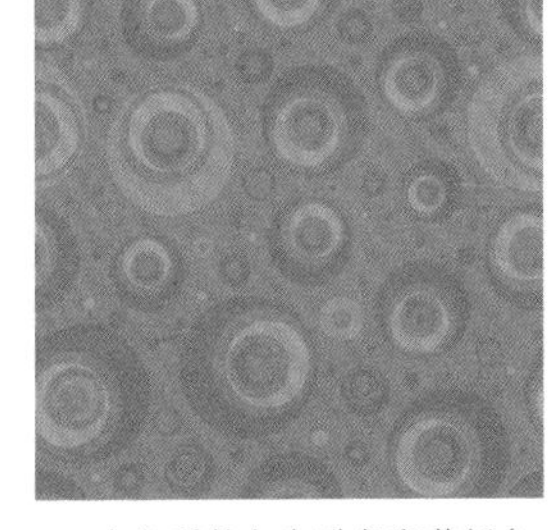

中色系的灰咖啡色和黄绿色系列，在室内配色组合中最需要注意的是颜色的面积一定要分出最大的面积和点缀的面积。

蓝青色系和绿青色系的配色组合，可以在客厅中大面积使用，给人以淡定和智慧的感觉。

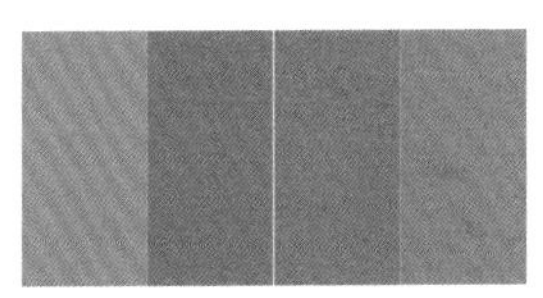

## 1 颜色主题：高雅〔高明度低彩度配色〕

色彩范围

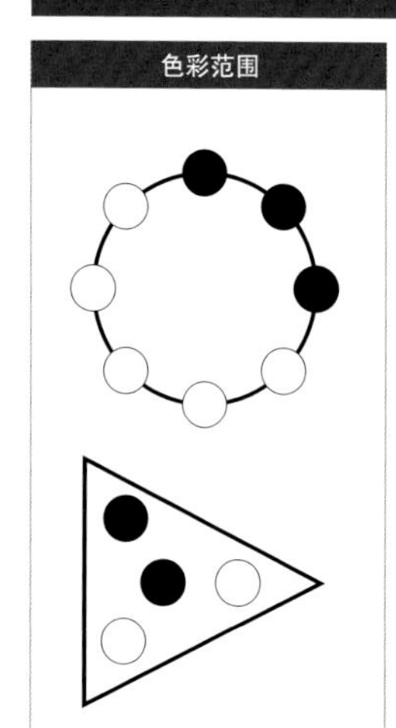

31

BCDS: O30Y70b09w88
CMYK: 14-15-20-00

BCDS: Y60K40b33w63
CMYK: 44-37-41-00

BCDS: K70G30b15w75
CMYK: 29-18-31-00

32

BCDS: P30R70b17w75
CMYK: 25-27-22-00

BCDS: R90O10b10w86
CMYK: 16-17-17-00

BCDS: R50O50b10w81
CMYK: 14-24-22-00

33

BCDS: O60Y40b08w88
CMYK: 11-12-17-00

BCDS: O20Y80b27w69
CMYK: 36-32-35-00

BCDS: Y10K90b14w73
CMYK: 25-17-36-00

灰米黄、浅中灰、浅豆绿的三色组合，会给人静静的清凉和安全感，有点清淡的风格。

藕灰色和紫色灰的配色，会给人传达一种神秘和安静的信息，最好配以冷色的光源。

灰色、浅中黄色和黄绿色的组合，大面积是浅黄色，灰色和黄绿色为辅色，使中性中带一点活泼。

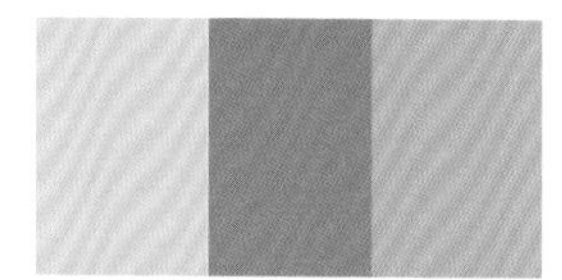

## 1 颜色主题：高雅〔高明度低彩度配色〕

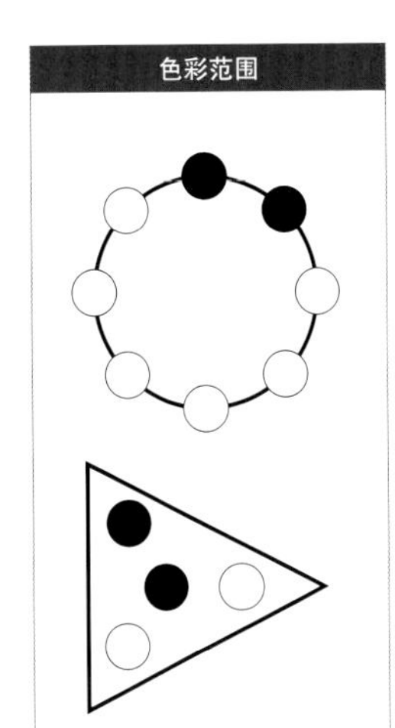

34

BCDS: K40G60b30w64
CMYK: 45-32-38-00

BCDS: T70B30b14w76
CMYK: 34-15-20-00

BCDS: T20B80b09w87
CMYK: 20-10-13-00

35

BCDS: O20Y80b03w89
CMYK: 02-09-22-00

BCDS: O60Y40b03w79
CMYK: 01-18-32-00

BCDS: O80Y20b12w76
CMYK: 15-29-36-00

BCDS: O50Y50b27w48
CMYK: 32-47-60-00

BCDS: O10Y90b31w21
CMYK: 41-55-87-00

36

BCDS: O40Y60b06w85
CMYK: 04-15-28-00

BCDS: O70Y30b14w78
CMYK: 17-24-29-00

BCDS: O20Y80b13w75
CMYK: 17-22-37-00

BCDS: O70Y30b44w19
CMYK: 49-70-84-10

BCDS: O90Y10b38w43
CMYK: 43-55-61-00

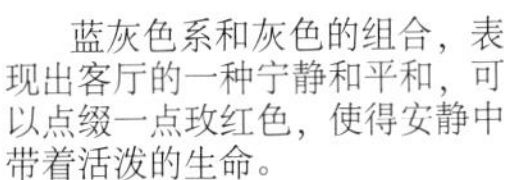

蓝灰色系和灰色的组合，表现出客厅的一种宁静和平和，可以点缀一点玫红色，使得安静中带着活泼的生命。

阶梯式的黄色和咖啡色系的明度排列，是要强调环境的秩序感，大面积的是浅黄色背景。

浅黄色背景和中咖啡色系的组合，给人以儒雅的感觉，自然中带点温馨，怀旧中有一些甜香和幸福感。

# 1 颜色主题：高雅〔高明度低彩度配色〕

色彩范围

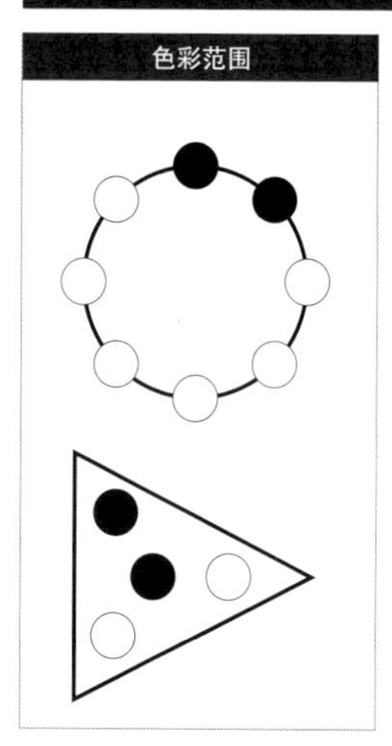

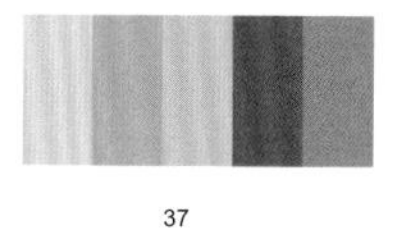

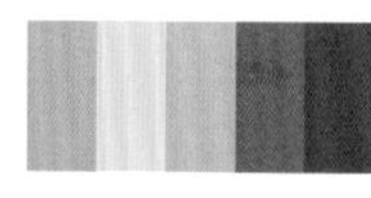

37

BCDS: O10Y90b07w72
CMYK: 08-20-44-00

BCDS: O60Y40b15w67
CMYK: 15-33-44-00

BCDS: O90Y10b10w82
CMYK: 13-24-29-00

BCDS: O20Y80b37w22
CMYK: 44-60-86-02

BCDS: O50Y50b20w44
CMYK: 22-48-66-00

38

BCDS: O90Y10b15w77
CMYK: 18-27-31-00

BCDS: O70Y30b06w74
CMYK: 01-28-38-00

BCDS: O30Y70b01w87
CMYK: 02-05-29-00

BCDS: O90Y10b35w37
CMYK: 41-61-68-00

BCDS: O40Y60b30w28
CMYK: 36-58-79-00

39

BCDS: O80Y20b16w75
CMYK: 20-29-34-00

BCDS: O50Y50b05w81
CMYK: 01-18-32-00

BCDS: O20Y80b11w67
CMYK: 14-27-48-00

BCDS: O50Y50b39w43
CMYK: 46-53-63-00

BCDS: O10Y90b55w32
CMYK: 59-59-69-09

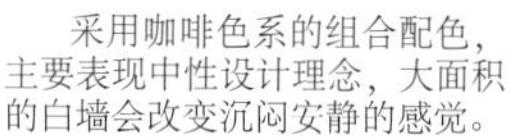

采用咖啡色系的组合配色，主要表现中性设计理念，大面积的白墙会改变沉闷安静的感觉。

灰色的橙黄色系，中咖啡色和高亮度的中黄色的对比，给人中规中矩的感觉，中性而不失温馨和甜蜜感。

以深灰的咖啡色为大面积主色，再配以中黄色系的组合，表现得比较沉稳内敛，安静中不失高雅。

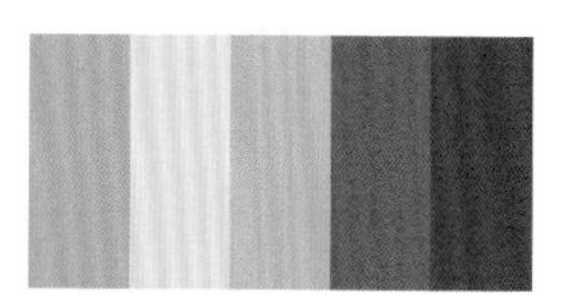

## 1 颜色主题：高雅〔高明度低彩度配色〕

色彩范围

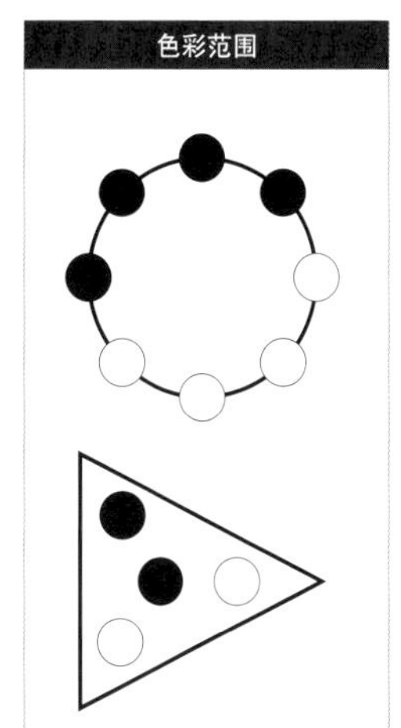

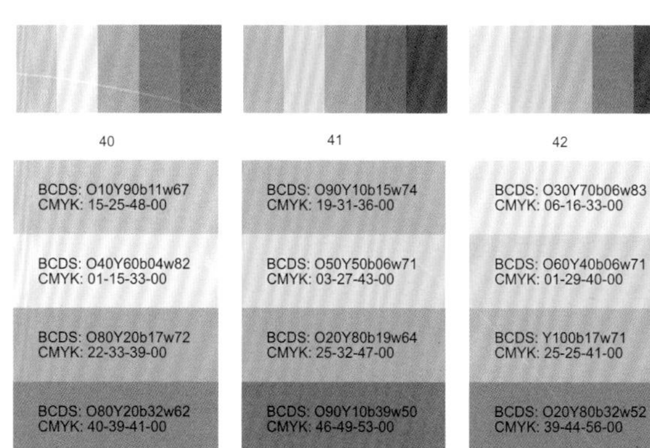

| 40 | 41 | 42 |
|---|---|---|
| BCDS: O10Y90b11w67<br>CMYK: 15-25-48-00 | BCDS: O90Y10b15w74<br>CMYK: 19-31-36-00 | BCDS: O30Y70b06w83<br>CMYK: 06-16-33-00 |
| BCDS: O40Y60b04w82<br>CMYK: 01-15-33-00 | BCDS: O50Y50b06w71<br>CMYK: 03-27-43-00 | BCDS: O60Y40b06w71<br>CMYK: 01-29-40-00 |
| BCDS: O80Y20b17w72<br>CMYK: 22-33-39-00 | BCDS: O20Y80b19w64<br>CMYK: 25-32-47-00 | BCDS: Y100b17w71<br>CMYK: 25-25-41-00 |
| BCDS: O80Y20b32w62<br>CMYK: 40-39-41-00 | BCDS: O90Y10b39w50<br>CMYK: 46-49-53-00 | BCDS: O20Y80b32w52<br>CMYK: 39-44-56-00 |
| BCDS: O30Y70b35w45<br>CMYK: 42-50-65-00 | BCDS: O50Y50b53w35<br>CMYK: 57-61-68-08 | BCDS: O60Y40b59w37<br>CMYK: 64-59-60-07 |

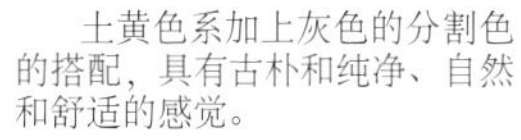

土黄色系加上灰色的分割色的搭配，具有古朴和纯净、自然和舒适的感觉。

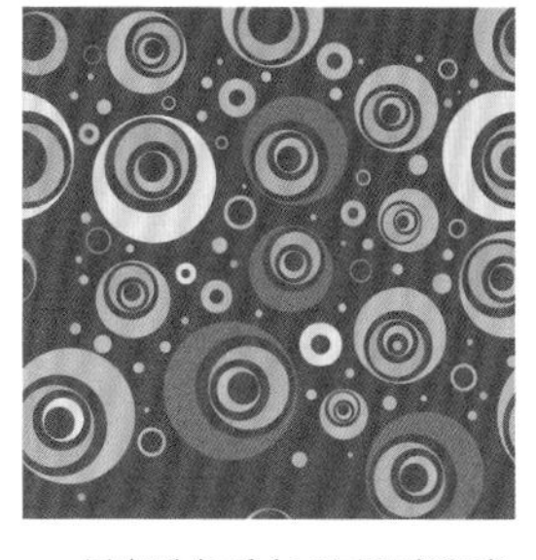

用咖啡色系中不同明度和彩度的颜色配色，需要中明黄色的对比使用，拉开明度对比，让客厅有空间感。

大面积使用亮黄色，配以灰咖啡色系，再加以豆绿的灰色来降低配色的彩度，使配色方案呈现中庸古朴的风格。

## 1 颜色主题：高雅〔高明度低彩度配色〕

色彩范围

| 46 | 47 | 48 |
|---|---|---|
| BCDS: O90Y10b15w74<br>CMYK: 19-31-36-00 | BCDS: O40Y60b16w65<br>CMYK: 19-32-46-00 | BCDS: O80Y20b06w83<br>CMYK: 03-20-27-00 |
| BCDS: O50Y50b06w71<br>CMYK: 03-27-43-00 | BCDS: O70Y30b08w75<br>CMYK: 07-28-36-00 | BCDS: O60Y40b17w74<br>CMYK: 19-27-35-00 |
| BCDS: O20Y80b19w64<br>CMYK: 25-32-47-00 | BCDS: O90Y10b04w87<br>CMYK: 00-15-20-00 | BCDS: O20Y80b08w70<br>CMYK: 07-21-44-00 |
| BCDS: O90Y10b39w50<br>CMYK: 46-49-53-00 | BCDS: O30Y70b14w31<br>CMYK: 10-45-77-00 | BCDS: O90Y10b10w56<br>CMYK: 04-45-53-00 |
| BCDS: O50Y50b53w35<br>CMYK: 57-61-68-08 | BCDS: O30Y70b10w59<br>CMYK: 10-32-56-00 | BCDS: O90Y10b21w30<br>CMYK: 24-63-72-00 |

中黄色为主色，再配以咖啡色的灰色系，给人以安静中带有富丽，高贵中有温馨的感觉。

以中橙黄色为主色，配以橙黄色系的组合配色，有甜甜和安逸的感觉。

主色是橙红色系，配一点黄色和浅灰色，明亮又带着一丝甜蜜和幸福。

## 1 颜色主题：高雅〔高明度低彩度配色〕

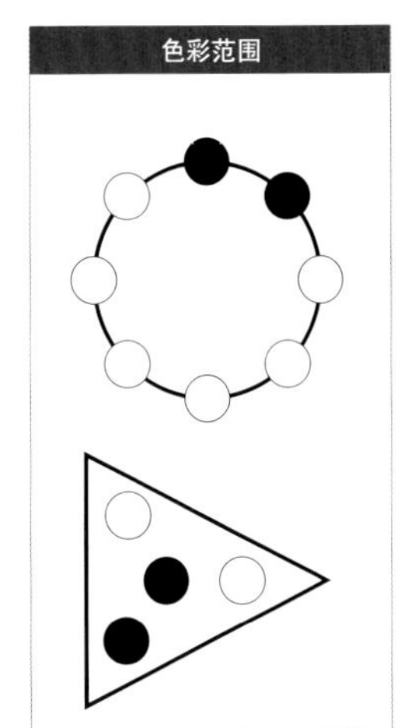


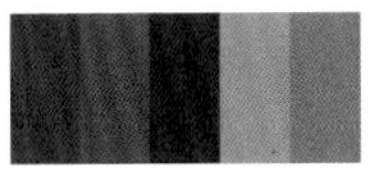

49

BCDS: O10Y90b66w05
CMYK: 64-71-92-36

BCDS: O80Y20b65w29
CMYK: 65-66-66-18

BCDS: O50Y50b84w04
CMYK: 71-75-83-52

BCDS: O40Y60b30w59
CMYK: 38-40-50-00

BCDS: O70Y30b41w41
CMYK: 46-55-64-01

50

BCDS: O80Y20b13w77
CMYK: 15-27-34-00

BCDS: O60Y40b04w83
CMYK: 00-16-27-00

BCDS: O20Y80b11w69
CMYK: 14-27-46-00

BCDS: O90Y10b14w53
CMYK: 13-47-55-00

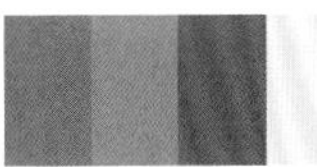

51

BCDS: O20Y80b32w24
CMYK: 40-57-84-00

BCDS: O60Y40b28w40
CMYK: 31-53-66-00

BCDS: O90Y10b44w27
CMYK: 48-67-75-06

BCDS: Y100b02w62
CMYK: 04-12-55-00

以咖啡色系为主的配色方案，给人以高雅、自信的感觉，甜蜜中带着高贵。

明亮的黄色系加上灰黄色和亮土黄色，可以使房屋空间有增大的感觉，咖啡色的沙发让我们感觉舒适温馨。

大量的明黄色和咖啡色系的组合，会有咖啡加奶油的甜蜜感和守护感。

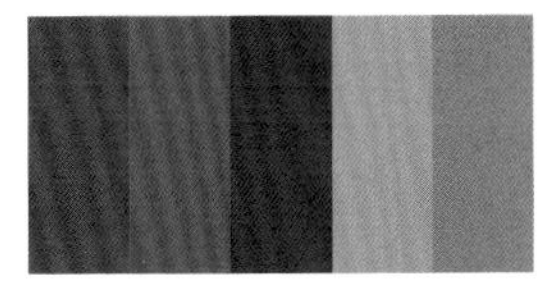

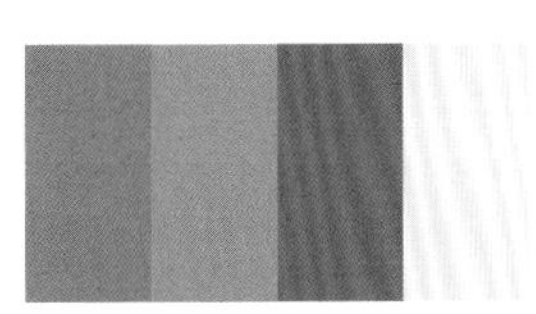

## 2 颜色主题：智慧〔中明度中彩度配色〕

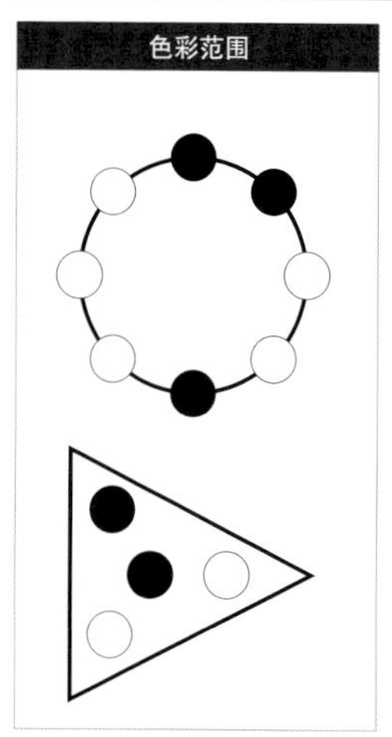

浅黄色系加以灰黄色为主色，再配一点青绿色为点缀色，显得活泼明快。

在灰青绿色系和黄灰色系的对比配色使用中，面积守恒，色彩设计环节有稳定和安全感。

黄灰色系为主色再配以青色为点缀色，色彩设计高雅，有色彩设计感，表现为知性次序。

## 2 颜色主题：智慧〔中明度中彩度配色〕

色彩范围

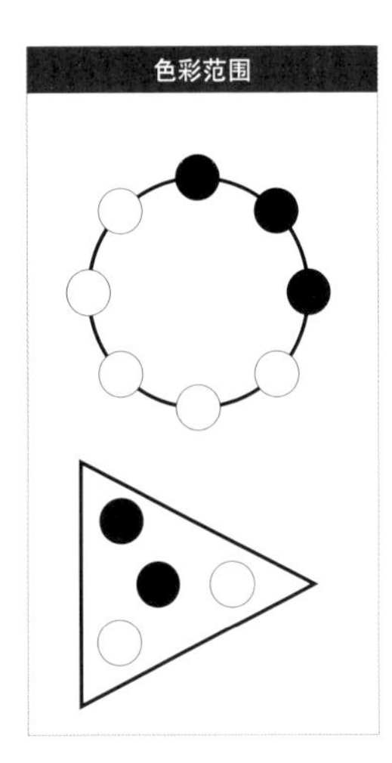

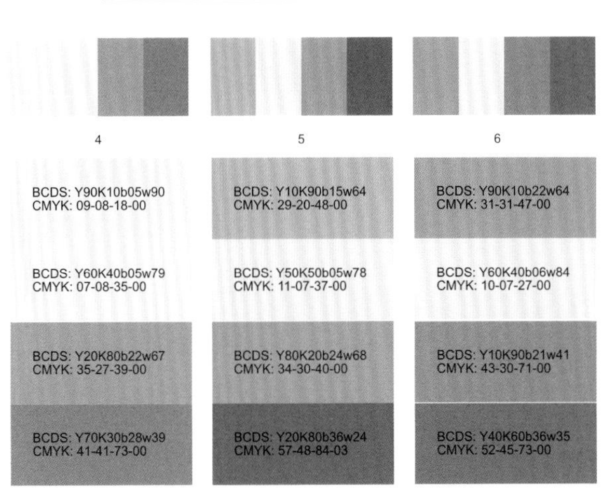

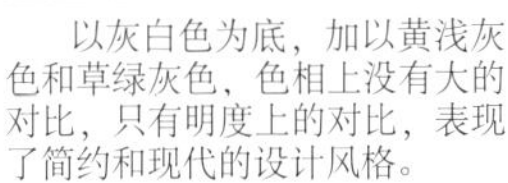

以灰白色为底，加以黄浅灰色和草绿灰色，色相上没有大的对比，只有明度上的对比，表现了简约和现代的设计风格。

浅黄绿色为背景墙的颜色，灰色和黄绿灰色为辅色，颜色表现了宁静和安逸的感觉。

以黄白色为主色，黄绿灰色为辅色，配以大面积的落地窗，使室内和室外的颜色和风景有机地融合。

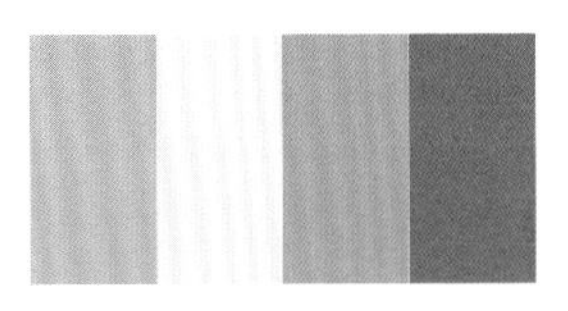

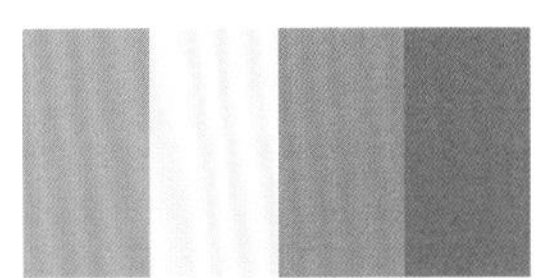

## 2 颜色主题：智慧〔中明度中彩度配色〕

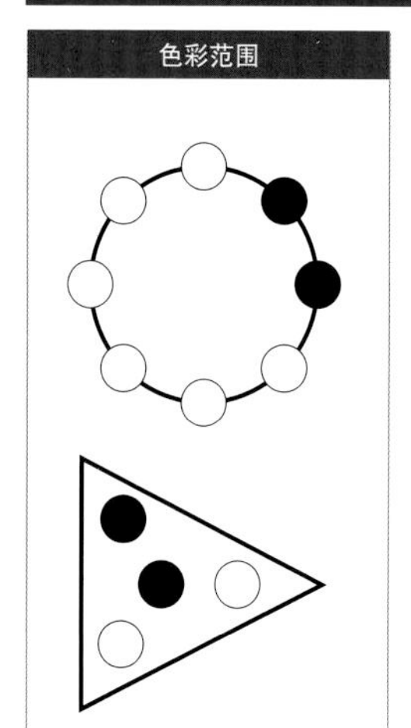


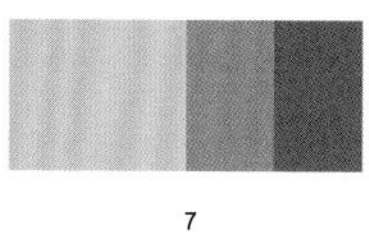

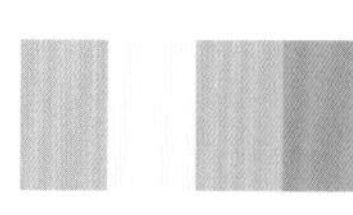

| 7 | 8 | 9 |
| --- | --- | --- |
| BCDS: Y10K90b13w78<br>CMYK: 22-16-30-00 | BCDS: Y60K40b06w83<br>CMYK: 10-08-30-00 | BCDS: Y20K80b11w72<br>CMYK: 22-15-41-00 |
| BCDS: Y80K20b13w75<br>CMYK: 18-20-37-00 | BCDS: Y20K80b05w75<br>CMYK: 15-08-40-00 | BCDS: Y60K40b02w80<br>CMYK: 03-05-34-00 |
| BCDS: Y80K20b30w54<br>CMYK: 41-39-55-00 | BCDS: Y90K10b15w77<br>CMYK: 21-22-33-00 | BCDS: Y90K10b14w82<br>CMYK: 22-19-27-00 |
| BCDS: Y80K20b51w36<br>CMYK: 59-56-65-05 | BCDS: Y60K40b39w51<br>CMYK: 50-43-54-00 | BCDS: K100b06w29<br>CMYK: 38-17-88-00 |

墙体为大面积的蓝灰色，再搭配沉稳的土黄色系，在色相上有一定的对比，主要是突出表现了明度的对比，给人以豁然开朗的感觉。

浅明黄色和浅黄绿色的墙体的使用，配以暖色味的电视墙，有关注区域的温暖感，团聚意识突出。

以黄绿色和明黄色为主的配色风格，给人以活泼明快的感觉，高明度的颜色的运用会提高空间感。

## 2 颜色主题：智慧〔中明度中彩度配色〕

色彩范围

10

BCDS: Y100b11w79
CMYK: 15-18-35-00

BCDS: Y70K30b02w88
CMYK: 03-02-23-00

BCDS: Y40K60b11w73
CMYK: 22-16-40-00

BCDS: Y90K10b11w32
CMYK: 17-31-80-00

11

BCDS: Y10K90b03w14
CMYK: 40-25-100-00

BCDS: Y90K10b02w69
CMYK: 04-06-49-00

BCDS: Y10K90b00w51
CMYK: 20-02-65-00

12

BCDS: O90Y10b40w39
CMYK: 46-59-64-01

BCDS: O60Y40b43w14
CMYK: 49-70-89-11

BCDS: O20Y80b25w44
CMYK: 31-44-66-00

黄白色系配以中明度的灰色，显得色彩比较中性和朴实，点缀一点橘黄色，更显得活泼和顽皮。

浅黄色和黄绿色的组合，给人以生命力的感觉，配以暖色光源为最好，有阳光向上的感觉。

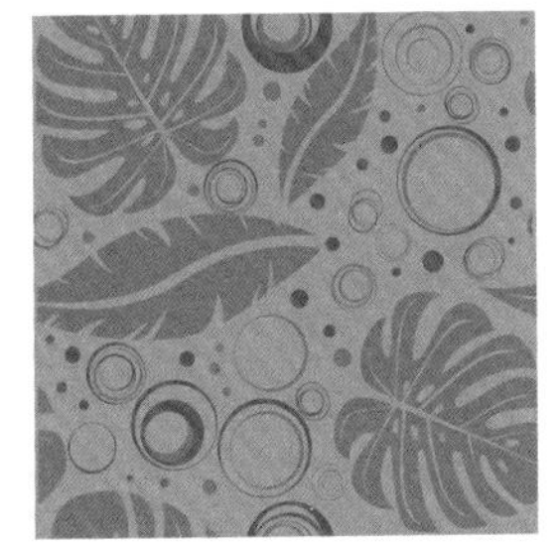

咖啡色和土黄色的组合配色，会有安逸、古朴、自然的感觉，但需要加入一点明亮的有蓝色味的做装饰。

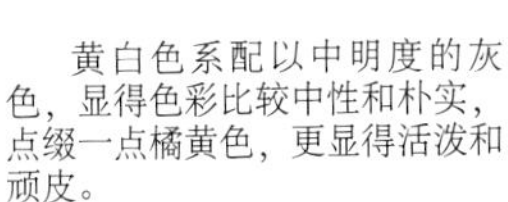

## 2 颜色主题：智慧〔中明度中彩度配色〕

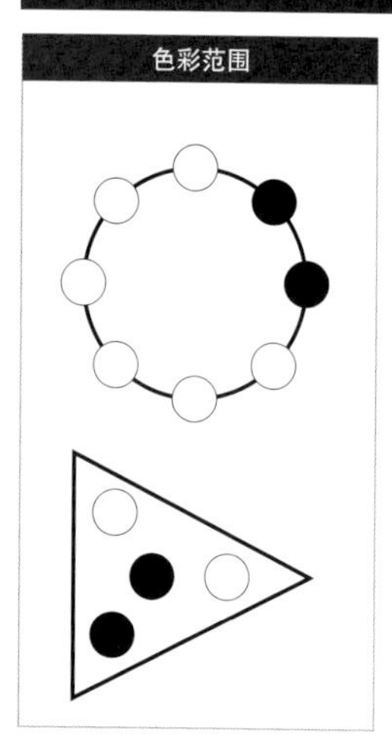


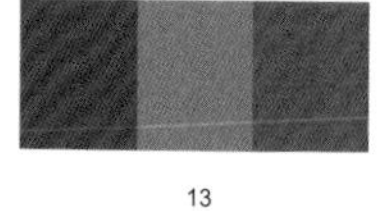

13

BCDS: Y80K20b59w31
CMYK: 65-60-65-11

BCDS: Y90K10b32w43
CMYK: 43-44-67-00

BCDS: Y30K70b40w20
CMYK: 58-52-86-05

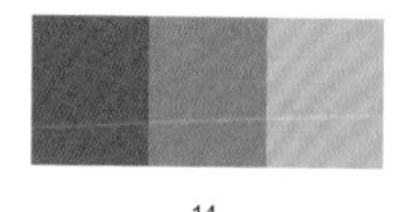

14

BCDS: Y20K80b39w29
CMYK: 57-48-78-02

BCDS: Y60K40b23w31
CMYK: 38-37-81-00

BCDS: Y90K10b12w51
CMYK: 18-26-64-00

15

BCDS: Y20K80b21w04
CMYK: 52-44-100-00

BCDS: Y20K80b05w60
CMYK: 18-08-56-00

BCDS: Y70K30b19w48
CMYK: 29-30-55-00

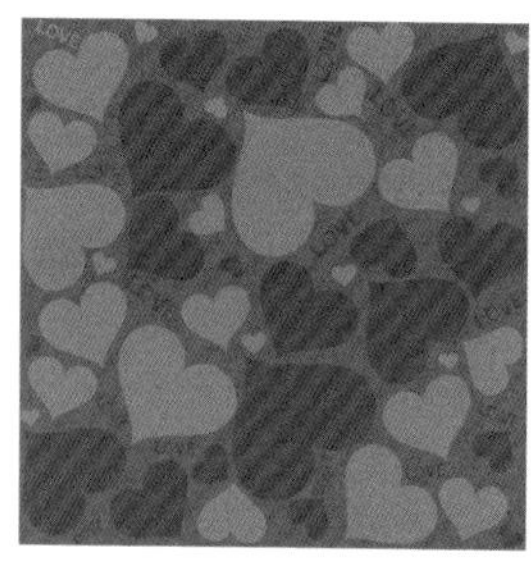

黄绿色和低彩度的咖啡色的配色组合，只适用于陈列和家具，墙体的颜色一定要明亮。

中黄色和黄绿色系的配色组合，中黄色比较明亮，有温暖感，深灰的绿色起到点缀和装饰的作用。

黄绿色和中黄色的组合，给人休闲和田园的感觉，大面积的咖啡色和中黄色的使用有自我和个性的表现。

## 2 颜色主题：智慧〔中明度中彩度配色〕

色彩范围

16

17

18

BCDS: Y70K30b17w71
CMYK: 25-23-40-00

BCDS: Y50K50b05w81
CMYK: 10-08-34-00

BCDS: Y10K90b05w73
CMYK: 18-07-42-00

BCDS: Y90K10b37w43
CMYK: 47-48-65-00

BCDS: Y50K50b40w34
CMYK: 55-49-73-02

BCDS: Y50K50b06w60
CMYK: 13-11-56-00

BCDS: Y40K60b04w87
CMYK: 06-04-23-00

BCDS: Y70K30b06w67
CMYK: 67-61-87-22

BCDS: Y90K10b15w69
CMYK: 09-13-49-00

浅黄绿色和灰色的配色组合，使得客厅空间放大，颜色的明度提供给人清净明亮的感觉。

中度的灰色和黄绿色组合，两个颜色的明度接近，沉稳特征明显，再和白色和浅黄色搭配，明暗分明，对比突出。

浅黄色和浅咖啡色组合搭配，有宫廷古典之美，也有高雅明净之风。

## 3 颜色主题：高贵〔高明度低彩度配色〕

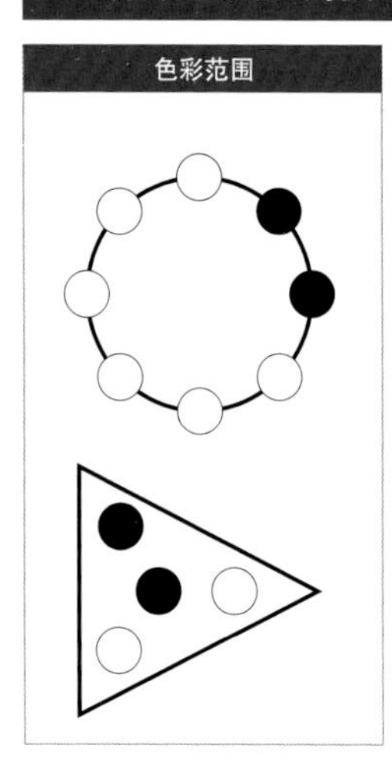


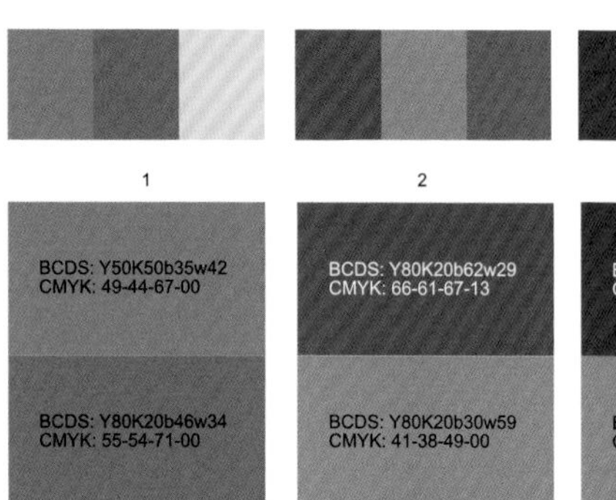


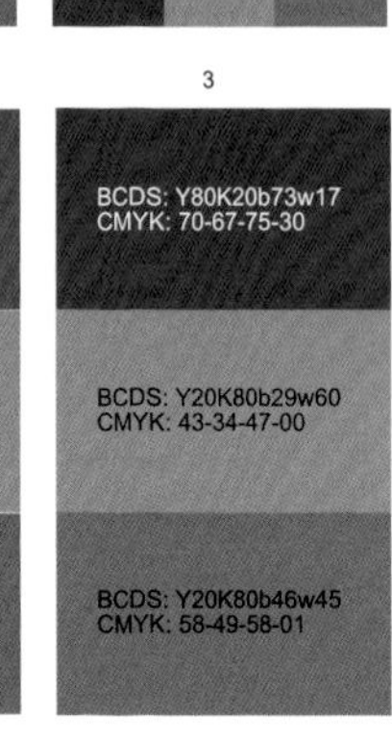

以白色为主，在家具和家纺配色中，使用同明度的咖啡色和中绿色，风格明快大方。

墙面颜色大胆使用深灰色，配有灰咖啡色和中黄土色的家具及陈设，有时尚的风范。

灰豆绿色和深咖啡色的配色组合，让室内色的颜色氛围增加了几分凝重和稳定，明快中透着时尚。

## 3 颜色主题：高贵〔高明度低彩度配色〕

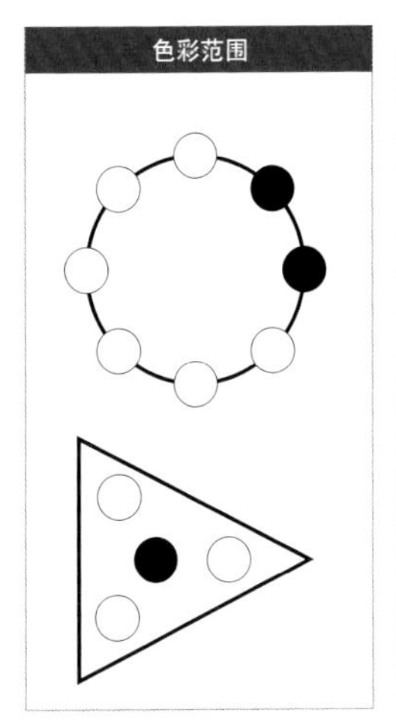


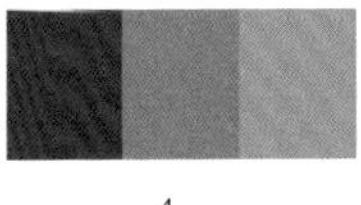

4

BCDS: Y70K30b69w08
CMYK: 69-67-85-37

BCDS: Y10K90b39w51
CMYK: 53-43-53-00

BCDS: Y60K40b29w60
CMYK: 40-34-47-00

5

BCDS: Y10K90b69w15
CMYK: 73-64-80-33

BCDS: Y100b28w64
CMYK: 37-35-45-00

BCDS: Y30K70b45w49
CMYK: 55-47-52-00

6

BCDS: Y90K10b03w87
CMYK: 04-08-27-00

BCDS: Y60K40b14w76
CMYK: 23-19-35-00

BCDS: Y30K70b09w66
CMYK: 20-13-47-00

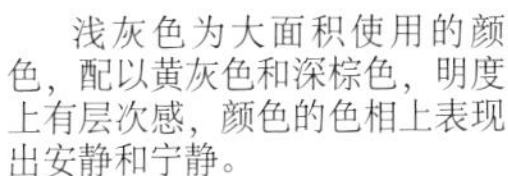

浅灰色为大面积使用的颜色，配以黄灰色和深棕色，明度上有层次感，颜色的色相上表现出安静和宁静。

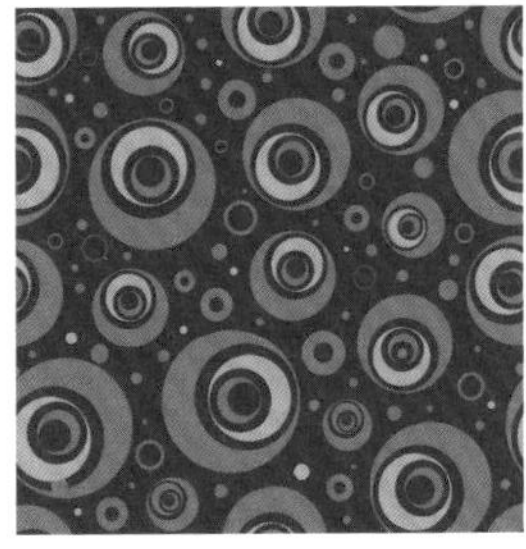

浅土黄色为大面积使用的颜色，用浅灰色和深松绿色做辅色，使空间颜色产生对比，给人以明快感。

奶黄色、浅灰色和黄绿色的组合，表现出明亮和大方的空间环境，明度的提高会给人没有压抑的感觉。

## 3 颜色主题：高贵〔高明度低彩度配色〕

色彩范围

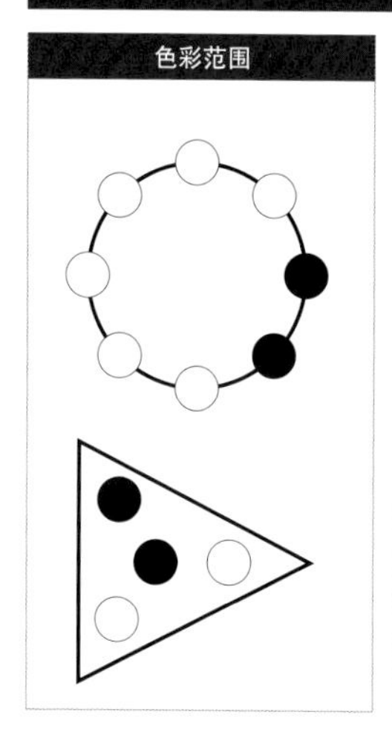

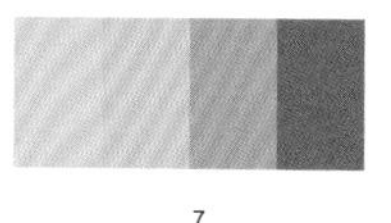

7

BCDS: K10G90b06w83
CMYK: 22-05-22-00

BCDS: K50G50b05w74
CMYK: 25-04-34-00

BCDS: K80G20b18w71
CMYK: 31-21-35-00

BCDS: K70G30b37w51
CMYK: 54-40-52-00

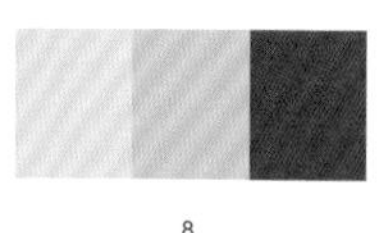

8

BCDS: Y40K60b07w83
CMYK: 12-08-27-00

BCDS: Y20K80b08w70
CMYK: 19-11-44-00

BCDS: B100b50w38
CMYK: 71-55-48-01

9

BCDS: Y70K30b08w79
CMYK: 14-13-35-00

BCDS: Y10K90b23w68
CMYK: 36-26-39-00

BCDS: T40B60b20w43
CMYK: 67-23-33-00

秩序的豆绿色系列配色组合，带给室内环境层次感，明亮又有朝气，简约又时尚。

黄色系配以蓝灰色的配色方案，对比强烈大胆，有视觉冲突感，给人以韵律和动感。

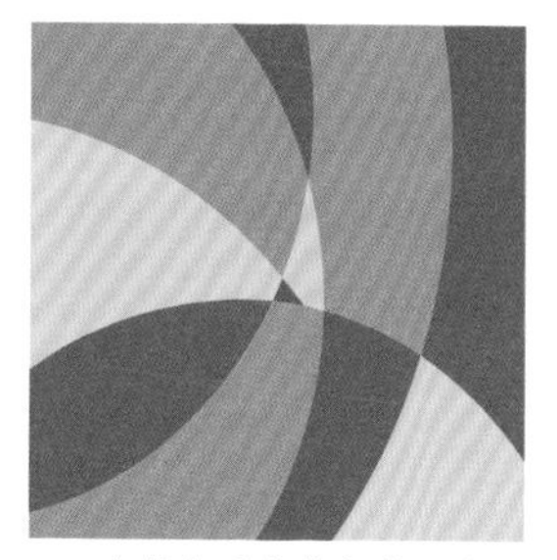

中黄色系和蓝色的配色组合，是补色范围的对比，视觉感明快，有时尚性。

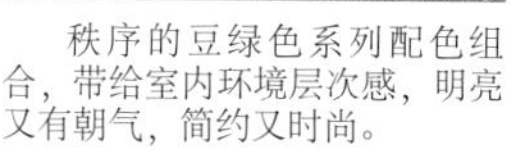

## 3 颜色主题：高贵〔高明度低彩度配色〕

色彩范围

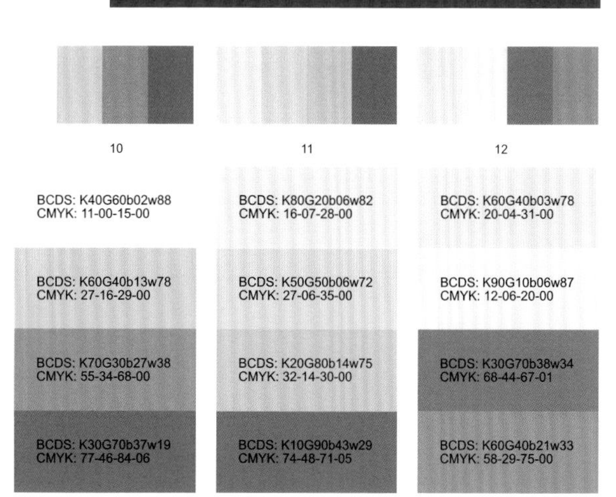

| 10 | 11 | 12 |
| --- | --- | --- |
| BCDS: K40G60b02w88<br>CMYK: 11-00-15-00 | BCDS: K80G20b06w82<br>CMYK: 16-07-28-00 | BCDS: K60G40b03w78<br>CMYK: 20-04-31-00 |
| BCDS: K60G40b13w78<br>CMYK: 27-16-29-00 | BCDS: K50G50b06w72<br>CMYK: 27-06-35-00 | BCDS: K90G10b06w87<br>CMYK: 12-06-20-00 |
| BCDS: K70G30b27w38<br>CMYK: 55-34-68-00 | BCDS: K20G80b14w75<br>CMYK: 32-14-30-00 | BCDS: K30G70b38w34<br>CMYK: 68-44-67-01 |
| BCDS: K30G70b37w19<br>CMYK: 77-46-84-06 | BCDS: K10G90b43w29<br>CMYK: 74-48-71-05 | BCDS: K60G40b21w33<br>CMYK: 58-29-75-00 |

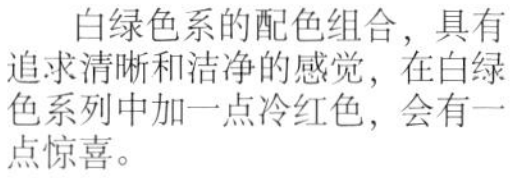

白绿色系的配色组合，具有追求清晰和洁净的感觉，在白绿色系列中加一点冷红色，会有一点惊喜。

大面积的黄绿色系的配色，有生命萌发和稚嫩感，需要增加一点橙黄色为点缀色。

浅黄色为大面积用色，加以浅黄绿色做辅色使用，再组合一种较深的松绿色，具有生命感的田园风格。

## 3 颜色主题：高贵〔高明度低彩度配色〕

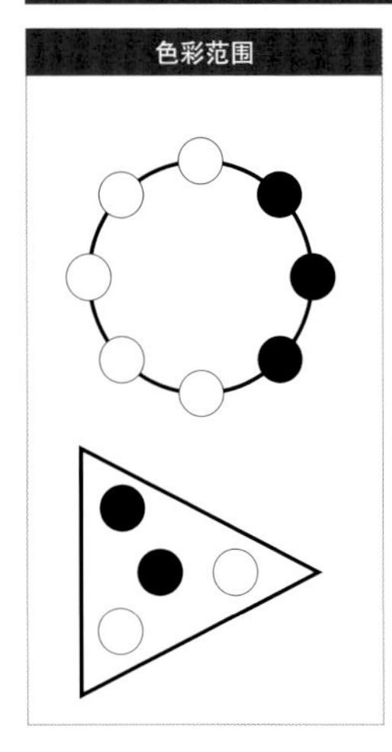


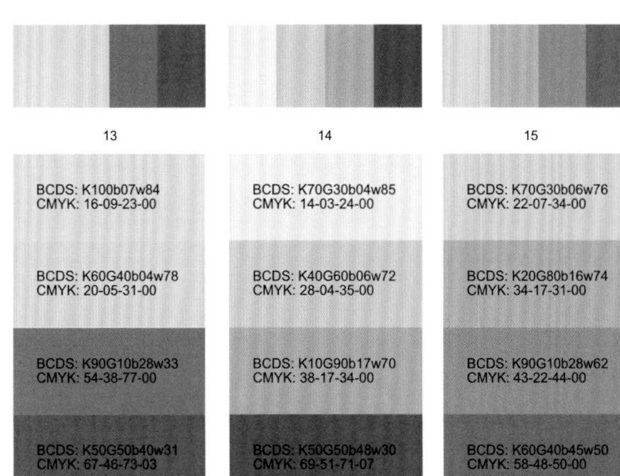

| 13 | 14 | 15 |
| --- | --- | --- |
| BCDS: K100b07w84<br>CMYK: 16-09-23-00 | BCDS: K70G30b04w85<br>CMYK: 14-03-24-00 | BCDS: K70G30b06w76<br>CMYK: 22-07-34-00 |
| BCDS: K60G40b04w78<br>CMYK: 20-05-31-00 | BCDS: K40G60b06w72<br>CMYK: 28-04-35-00 | BCDS: K20G80b16w74<br>CMYK: 34-17-31-00 |
| BCDS: K90G10b28w33<br>CMYK: 54-38-77-00 | BCDS: K10G90b17w70<br>CMYK: 38-17-34-00 | BCDS: K90G10b28w62<br>CMYK: 43-22-44-00 |
| BCDS: K50G50b40w31<br>CMYK: 67-46-73-03 | BCDS: K50G50b48w30<br>CMYK: 69-51-71-07 | BCDS: K60G40b45w50<br>CMYK: 58-48-50-00 |

家具和地毯都是较深的黄绿色和青灰色，室内的墙面是奶黄色和浅绿色，明度对比强，清晰风格突出。

以青绿色系列为配色组合，浅黄色和白色为背景，有层次和几分神秘感。

室内的主墙以青绿色为主，中黄色为家具的颜色，色彩设计有冷暖两大区域，色相对比强烈，明度对比调和。

## 3 颜色主题：高贵〔高明度低彩度配色〕

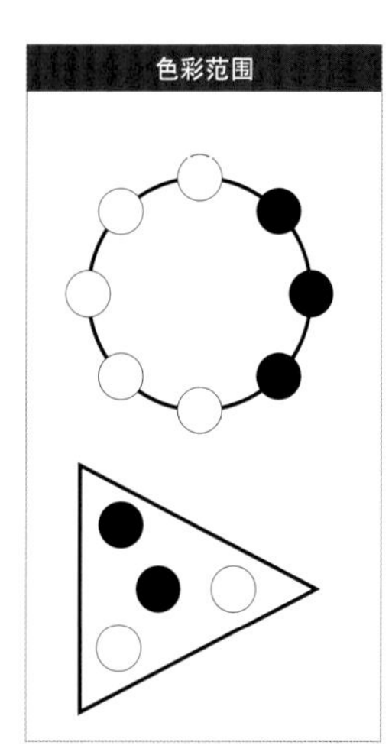


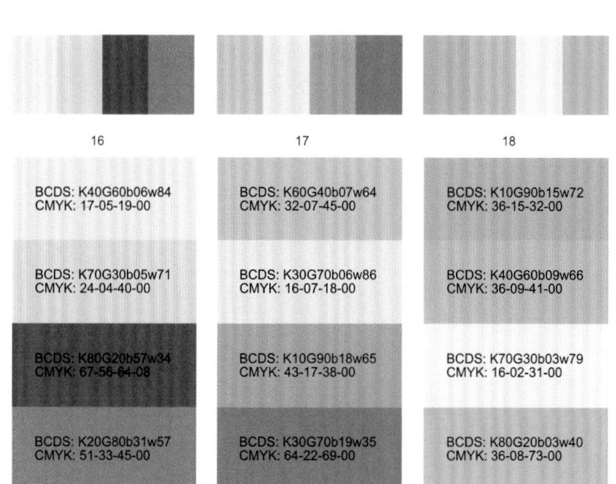

从色彩明度上区别，有比较大的明暗对比，色彩设计在风格上明快干净，简约时尚。

大面积使用黄绿色系，层次和秩序感得到加强，产生色彩设计的逻辑感。

在室内装饰色彩设计中，黄灰色和中明黄色的组合，会给空间在维度上有明显的提升。

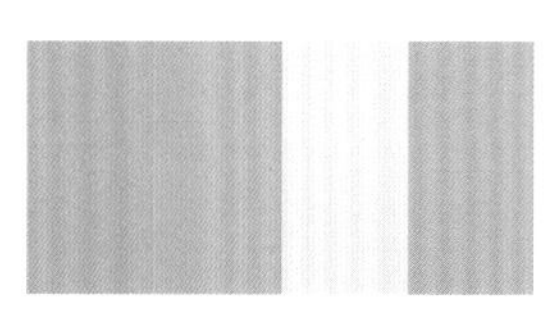

## 3 颜色主题：高贵〔高明度低彩度配色〕

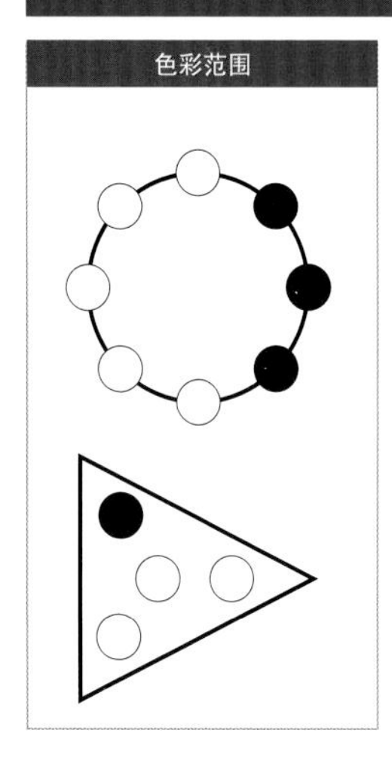


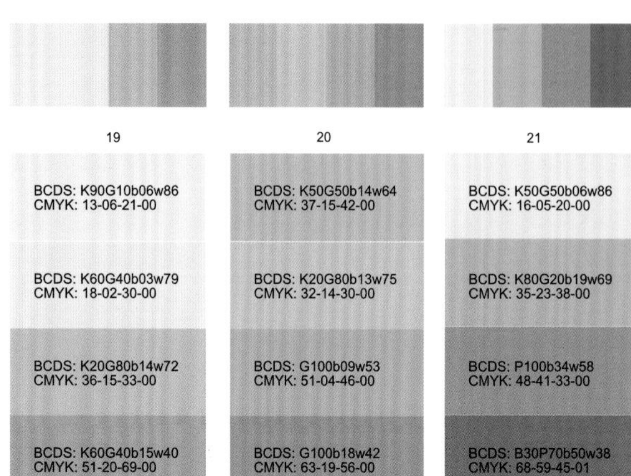

明亮的黄绿色和灰蓝色组合，在室内设计中给人以清晰、生命和稚嫩的感觉。

浅黄绿色和青绿色系的组合，会给人一种自然和舒适的感觉，富有生命的律动和柔美。

白色的墙面配以豆绿色和卡其灰色的布艺和陈列，再增加一抹娇嫩的洋红色，会使其更完美动人。

## 3 颜色主题：高贵〔高明度低彩度配色〕

色彩范围

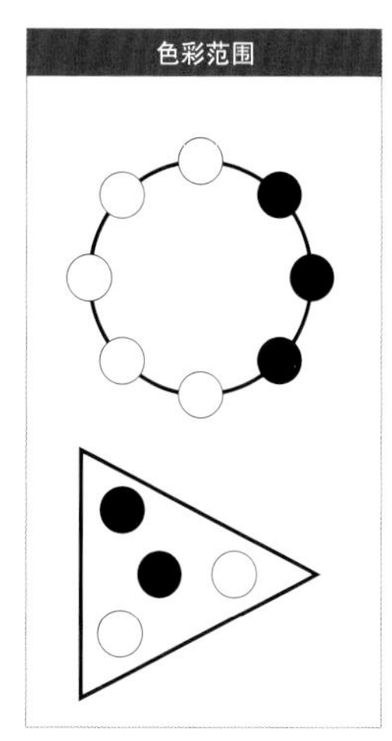

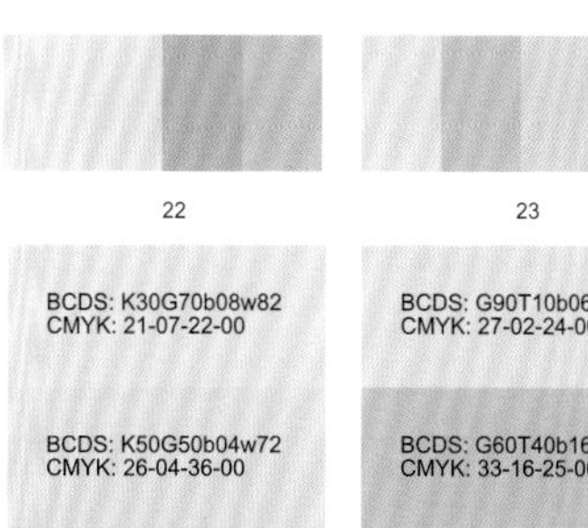

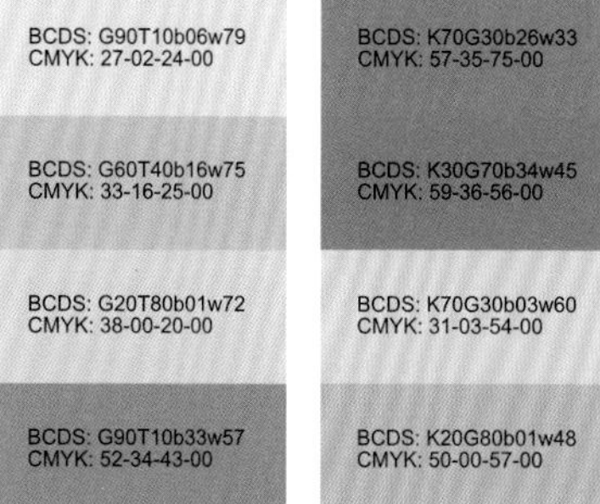

| 22 | 23 | 24 |
|---|---|---|
| BCDS: K30G70b08w82<br>CMYK: 21-07-22-00 | BCDS: G90T10b06w79<br>CMYK: 27-02-24-00 | BCDS: K70G30b26w33<br>CMYK: 57-35-75-00 |
| BCDS: K50G50b04w72<br>CMYK: 26-04-36-00 | BCDS: G60T40b16w75<br>CMYK: 33-16-25-00 | BCDS: K30G70b34w45<br>CMYK: 59-36-56-00 |
| BCDS: K90G10b19w65<br>CMYK: 36-24-44-00 | BCDS: G20T80b01w72<br>CMYK: 38-00-20-00 | BCDS: K70G30b03w60<br>CMYK: 31-03-54-00 |
| BCDS: B30P70b03w59<br>CMYK: 34-23-00-00 | BCDS: G90T10b33w57<br>CMYK: 52-34-43-00 | BCDS: K20G80b01w48<br>CMYK: 50-00-57-00 |

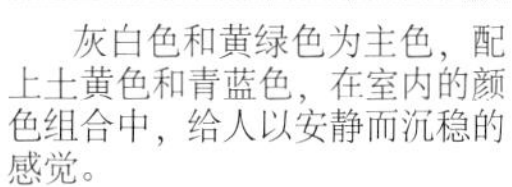

灰白色和黄绿色为主色，配上土黄色和青蓝色，在室内的颜色组合中，给人以安静而沉稳的感觉。

灰蓝色和中灰色系的配色组合，明亮的亮蓝色拉开颜色的明度，有层次感也有秩序感。

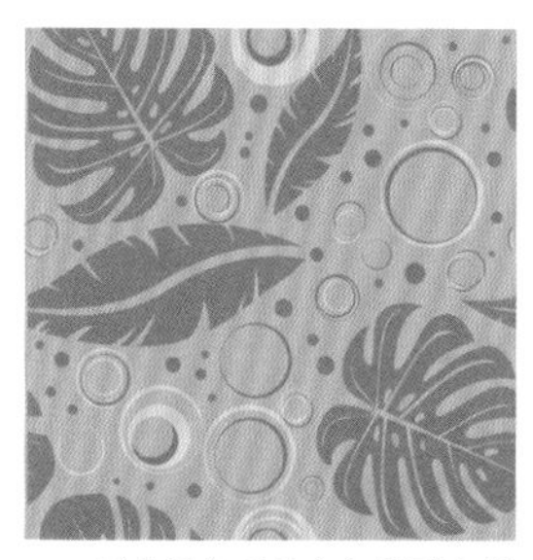

以黄绿色系为主色的配色组合中，嫩黄绿色的墙面和草绿色布艺，都给室内带来了生机和自然的气息。

## 3 颜色主题：高贵〔高明度低彩度配色〕

色彩范围

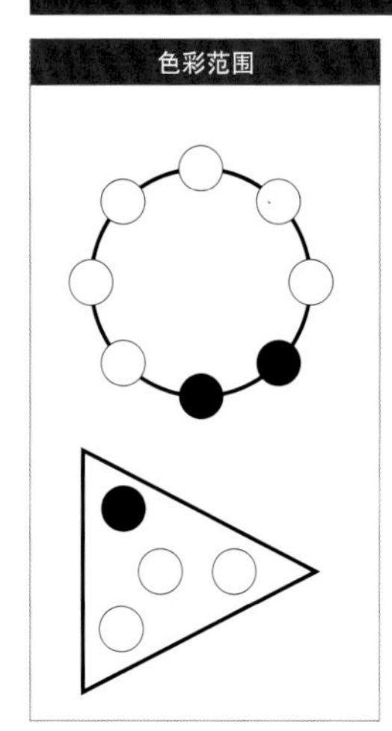

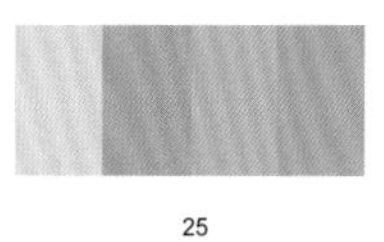

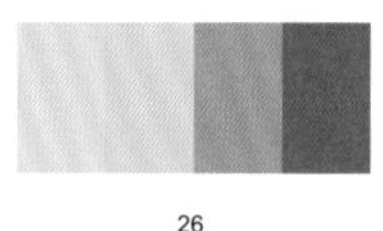

| 25 | 26 | 27 |
|---|---|---|
| BCDS: G70T30b05w83<br>CMYK: 24-03-19-00 | BCDS: G50T50b05w82<br>CMYK: 23-02-16-00 | BCDS: T70B30b02w90<br>CMYK: 16-00-09-00 |
| BCDS: G30T70b16w71<br>CMYK: 40-15-26-00 | BCDS: G80T20b03w74<br>CMYK: 30-00-24-00 | BCDS: T50B50b07w76<br>CMYK: 35-05-16-00 |
| BCDS: G10T90b06w66<br>CMYK: 43-00-24-00 | BCDS: G10T90b19w69<br>CMYK: 43-20-28-00 | BCDS: T30B70b19w73<br>CMYK: 38-22-25-00 |
| BCDS: G60T40b04w55<br>CMYK: 51-00-35-00 | BCDS: G50T50b20w35<br>CMYK: 72-20-51-00 | BCDS: T10B90b33w44<br>CMYK: 65-40-36-00 |

明亮轻快的青绿色系，在室内配色设计中，要注意不要使用在阴面，灯光光源要选择亮一点儿的，会给人一种明快而生动的感觉。

浅灰色的青绿系列颜色，在设计使用中要解决明度对比的问题，提高颜色明度对比，建立室内空间感。

蓝青色系列的配色组合，要搭配白色使用，会使空间感增加，有明快、清澈的感觉。

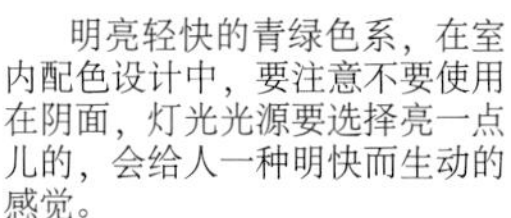

## 3 颜色主题：高贵〔高明度低彩度配色〕

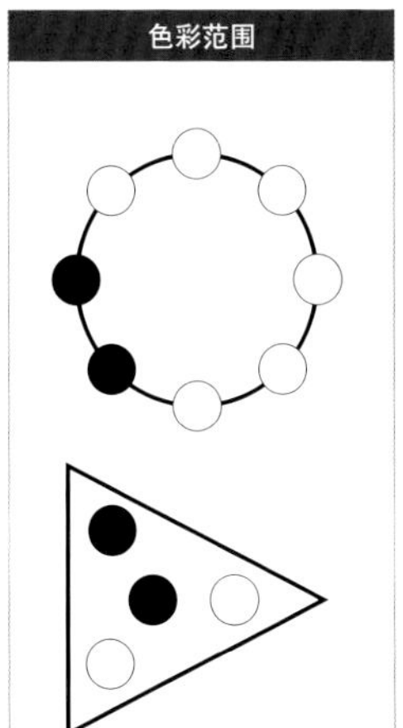


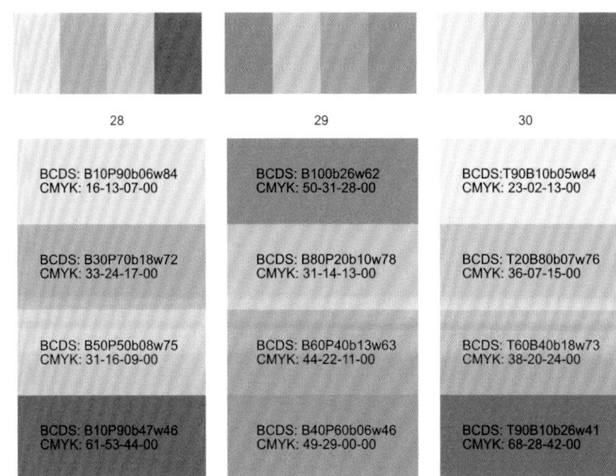

灰色乃无色，无色即没有彩色刺激和对比，在室内设计中用以表现禅净、脱俗的氛围。

蓝灰色系在室内配色设计中，会表现冷静和清新。在蓝青色环境中，安静和轻松是主题。

以青色系列的颜色为主线，色彩设计特性是秩序和安静。

## 3 颜色主题：高贵〔高明度低彩度配色〕

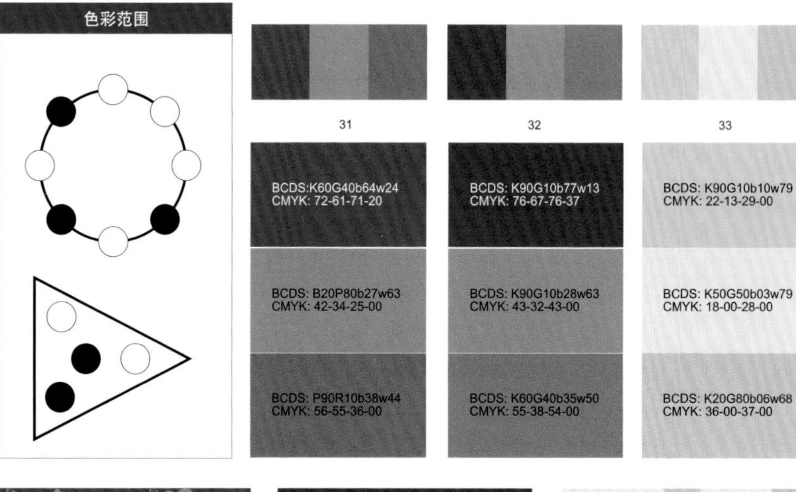

在白色大面积使用的前提下，配以草绿色和紫罗兰色，有异域的特性和风采。

草绿色系的配色组合，需要大面积的白色和亮色做配色，使明度对比加强，风格敞亮。

浅黄绿色系的配色组合，给人以“小清新”感觉，清雅脱俗，不容半点儿污垢。

## 3 颜色主题：高贵〔高明度低彩度配色〕

色彩范围

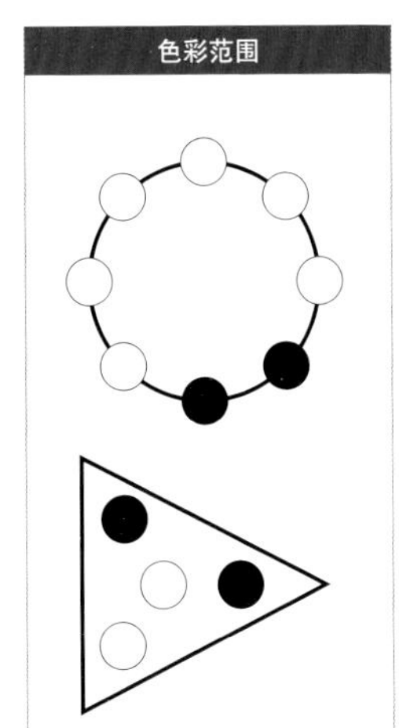

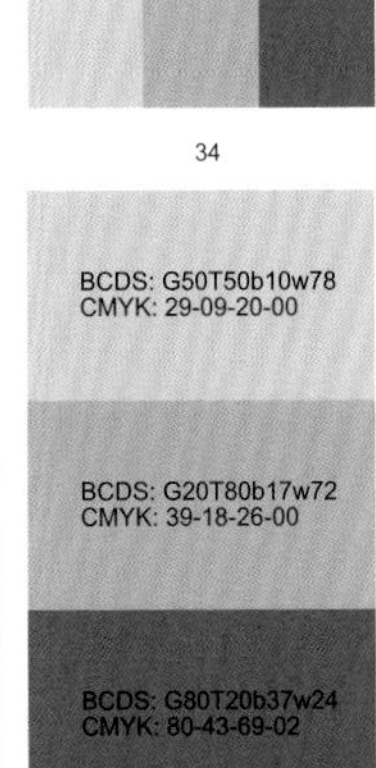


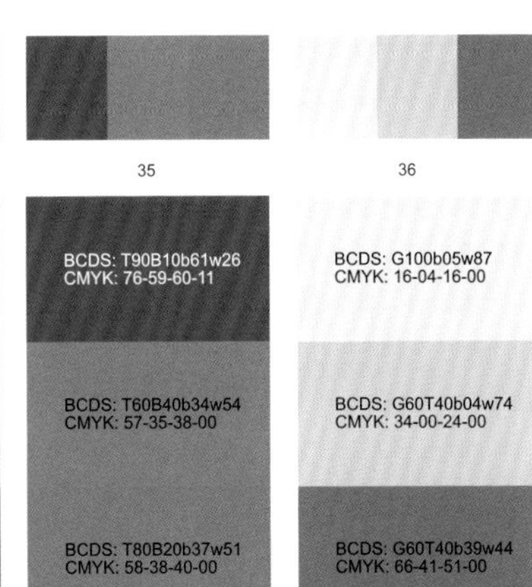

浅灰蓝色为大面积的主色，配以青绿色和灰色的组合，使室内的颜色有平静而清新的感觉。

深蓝灰色和灰蓝色系配色组合，使室内环境显得安静、寂静、沉稳，有一点儿神秘感。

浅灰色配以豆青灰色的立面，再搭配浅灰色的家具和布艺，给人以柔和典雅之风格。

## 3 颜色主题：高贵〔高明度低彩度配色〕

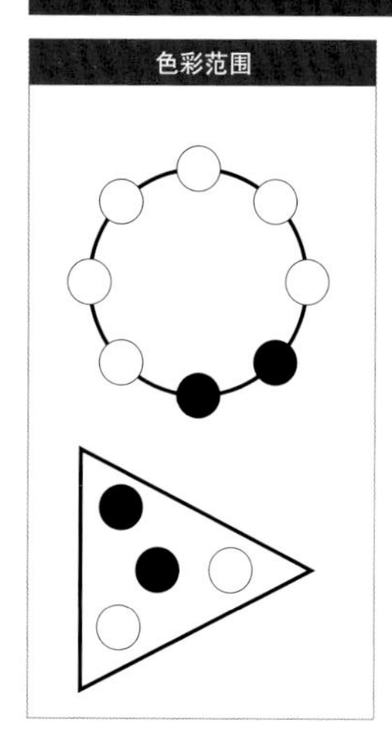


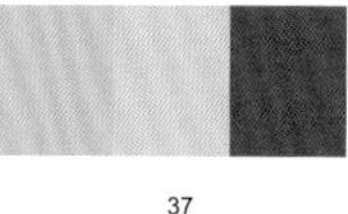

37

BCDS: G50T50b08w79
CMYK: 29-07-20-00

BCDS: G90T10b01w70
CMYK: 34-00-30-00

BCDS: G90T10b50w35
CMYK: 71-53-60-05

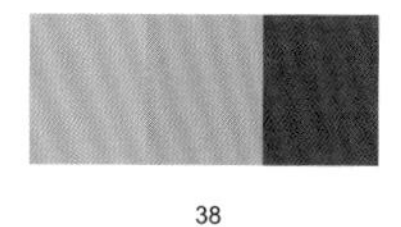

38

BCDS: G70T30b07w67
CMYK: 41-01-31-00

BCDS: G40T60b14w72
CMYK: 40-13-27-00

BCDS: G50T50b54w30
CMYK: 75-55-60-07

39

BCDS: G70T30b02w90
CMYK: 13-01-11-00

BCDS: G20T80b15w73
CMYK: 36-16-24-00

BCDS: G80T20b40w42
CMYK: 67-43-55-00

以青灰色和青绿色为主色，配以深蓝灰色，明度对比加强，有层次感，风格明快。

灰白的立面，青绿色和深绿灰色的组合，明暗有对比，色相对比统一。

大面积立面设计采用白色，配一些蓝灰色和中蓝灰色，使室内显得明快和清新。

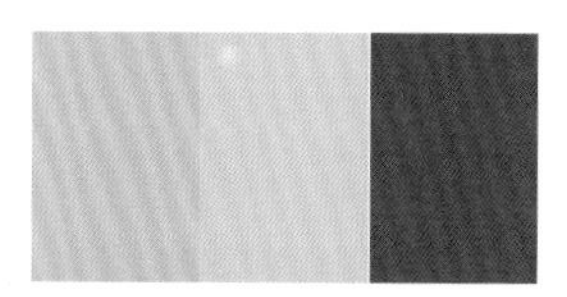

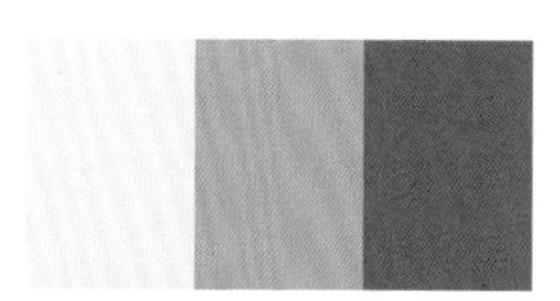

## 3 颜色主题：高贵〔高明度低彩度配色〕

**色彩范围**

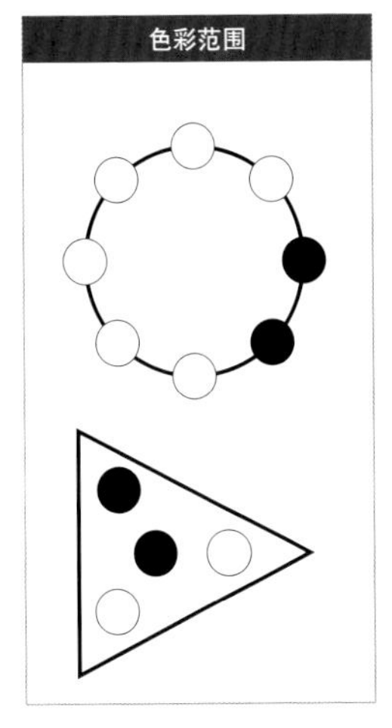

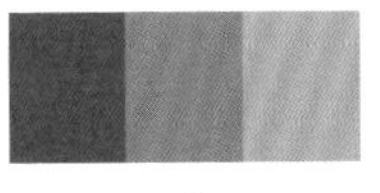

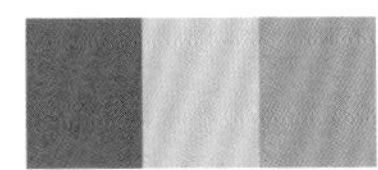

| 40 | 41 | 42 |
| --- | --- | --- |
| BCDS: K20G80b19w15<br>CMYK: 79-31-89-00 | BCDS: K80G20b16w06<br>CMYK: 65-45-100-02 | BCDS: K90G10b26w09<br>CMYK: 62-44-100-02 |
| BCDS: K30G70b13w34<br>CMYK: 61-13-70-00 | BCDS: K60G40b05w37<br>CMYK: 45-06-73-00 | BCDS: K90G10b05w52<br>CMYK: 29-08-62-00 |
| BCDS: K60G40b08w50<br>CMYK: 43-10-62-00 | BCDS: K20G80b10w53<br>CMYK: 50-08-51-00 | BCDS: K50G50b09w39<br>CMYK: 51-10-70-00 |

大面积立面采用明亮的土黄色，配以灰绿色和中绿色，具有田园和休闲的风格。

室内设计以黄绿色为主，配以浅青灰色，在白色立面的衬托下，显得干净清新。

以浅明黄色为墙立面色，在房间中配以草绿色和青绿色，简单的色彩设计，自然松弛。

## 3 颜色主题：高贵〔高明度低彩度配色〕

色彩范围

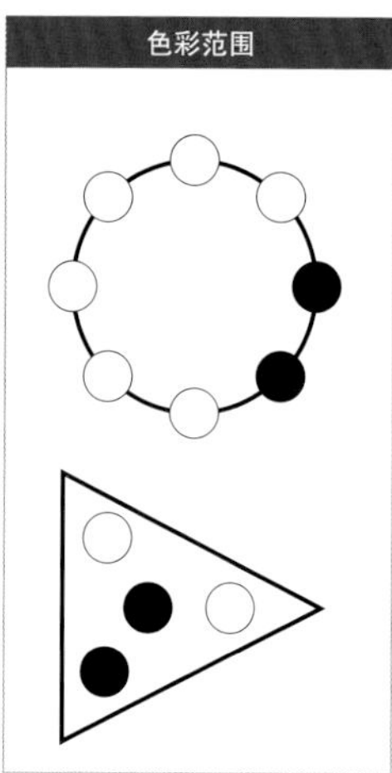

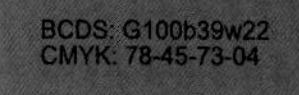

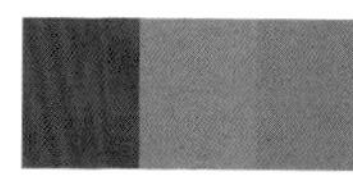

43

BCDS: K10G90b68w26
CMYK: 74-64-65-20

BCDS: K80G20b36w53
CMYK: 50-39-50-00

BCDS: K30G70b37w40
CMYK: 64-42-62-00

44

BCDS: G100b39w22
CMYK: 78-45-73-04

BCDS: K80G20b28w39
CMYK: 53-38-69-00

BCDS: K50G50b10w49
CMYK: 46-10-60-00

45

BCDS: K60G40b65w23
CMYK: 73-61-72-21

BCDS: K30G70b38w57
CMYK: 51-39-43-00

BCDS: K70G30b35w45
CMYK: 57-40-62-00

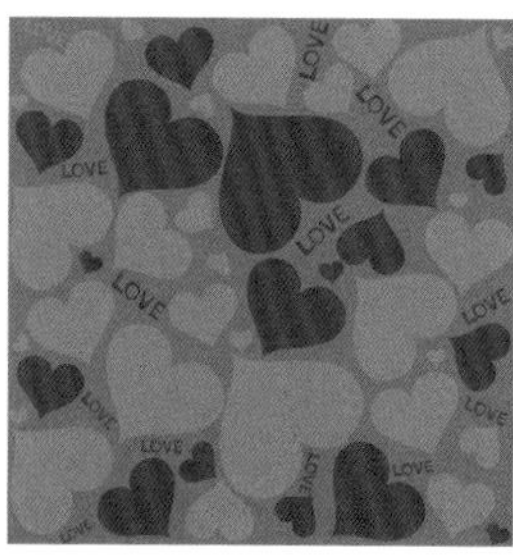

以白色为主体色，配以黄灰色和深灰色，室内的色彩洋溢着简约风格。

含灰色的绿色和黄绿色在室内色彩搭配中，需要比较深的青绿色来拉开空间感，提高明度的对比。

灰白色的布艺，配以较深的暖灰色为立面墙和沙发，色彩设计追求稳定和安全感。

## 3 颜色主题：高贵〔高明度低彩度配色〕

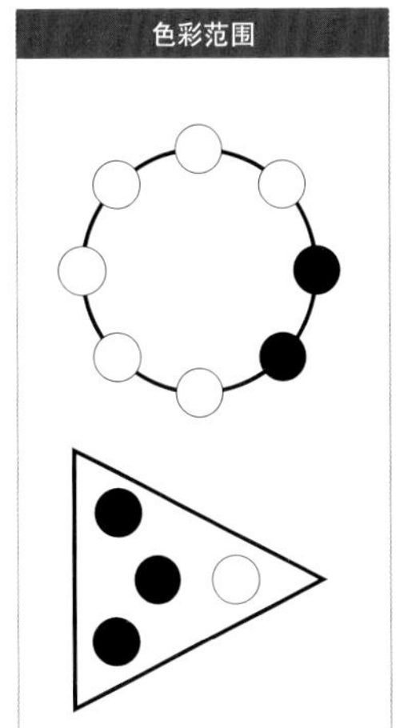


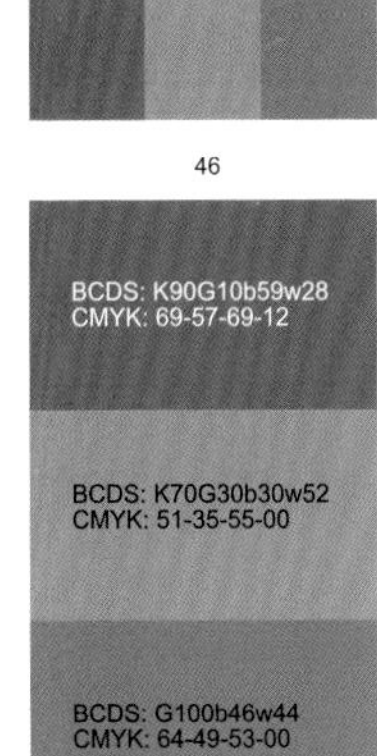


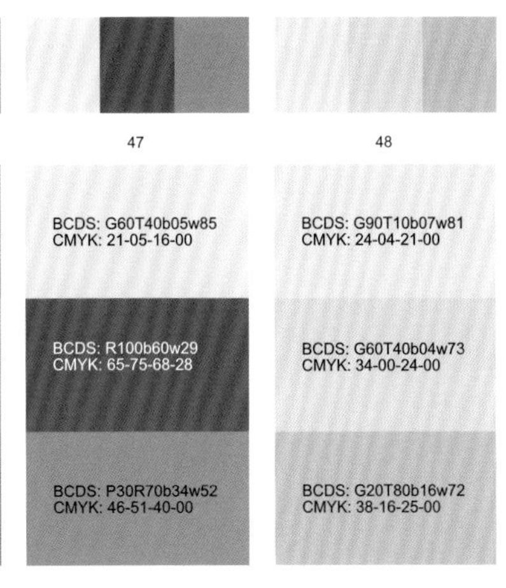

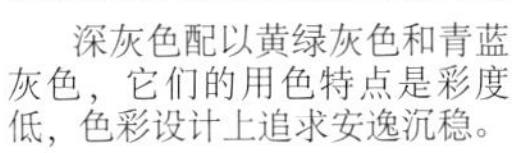

深灰色配以黄绿灰色和青蓝灰色，它们的用色特点是彩度低，色彩设计上追求安逸沉稳。

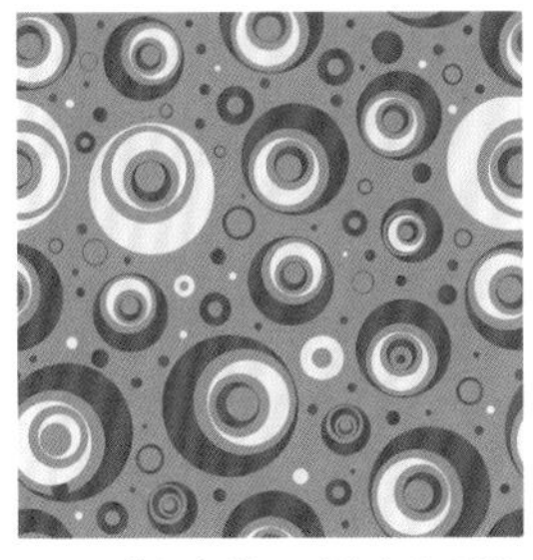

用紫灰色做立面墙在色彩设计上是有特点的，在室内的环境中一定要增加青绿色，这样画面才显得高雅。

蓝灰色系的配色设计，给室内的感觉是宁静的，凉爽的。

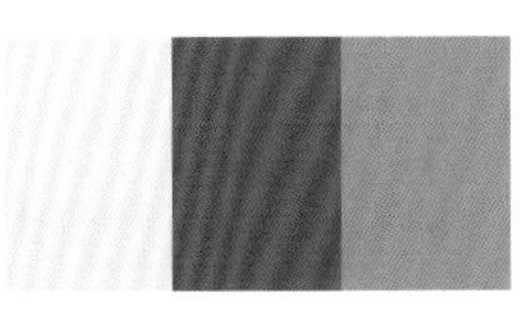

## 3 颜色主题：高贵〔高明度低彩度配色〕

色彩范围

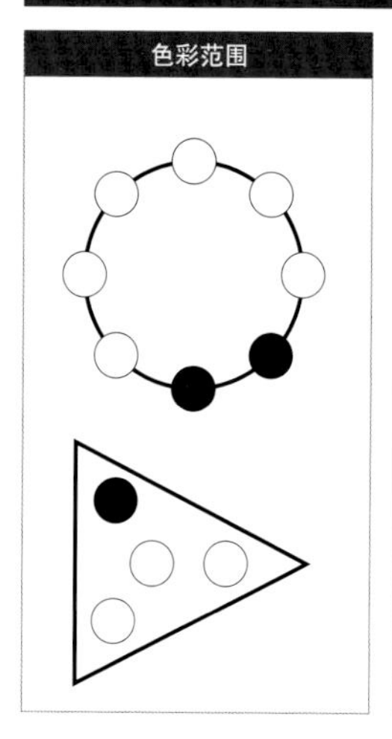

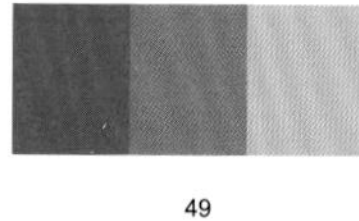

49

BCDS: G80T20b10w24
CMYK: 76-07-67-00

BCDS: G80T20b12w40
CMYK: 65-05-53-00

BCDS: K10G90b01w63
CMYK: 39-00-40-00

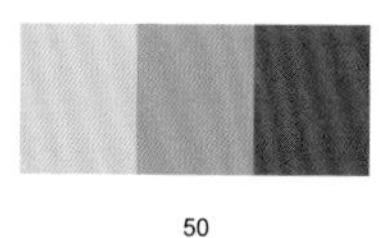

50

BCDS: G50T50b04w75
CMYK: 31-00-21-00

BCDS: G40T60b18w71
CMYK: 38-18-27-00

BCDS: R100b33w34
CMYK: 46-69-54-01

51

BCDS: T40B60b25w65
CMYK: 47-29-29-00

BCDS: T70B30b11w68
CMYK: 43-09-22-00

BCDS: T90B10b04w86
CMYK: 20-03-11-00

青绿色系列的颜色在室内使用的时候，要控制使用的面积和彩度，这种配色属于个性化的色彩设计。

青绿色系搭配紫色，有一种特殊的配色风格，在室内色彩设计中会给人一种动感而又活泼的感觉。

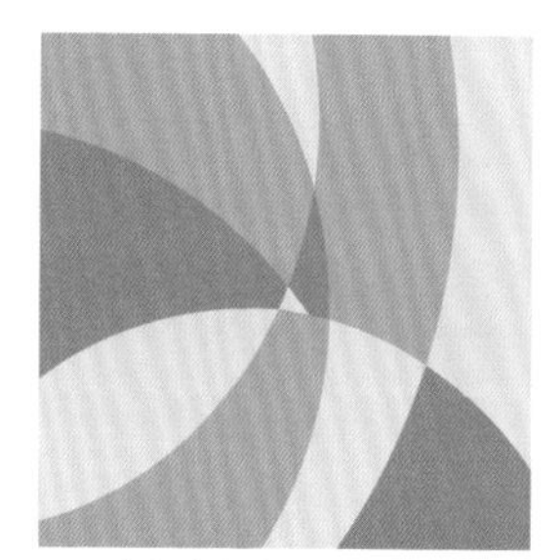

在室内色彩设计中灰色和青绿色的组合，有大面积的白墙衬托，显得安静稳定。

## 3 颜色主题：高贵〔高明度低彩度配色〕

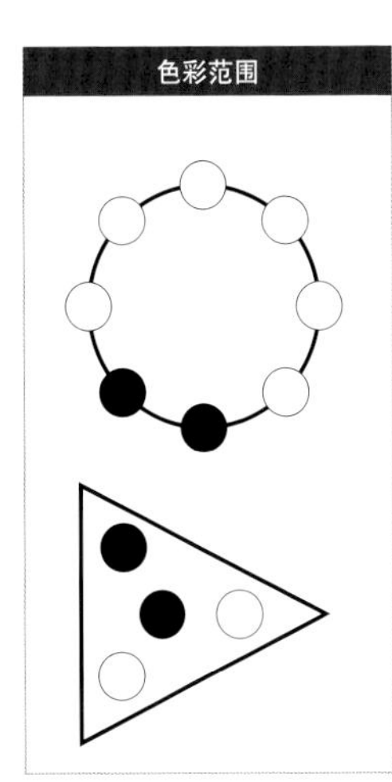


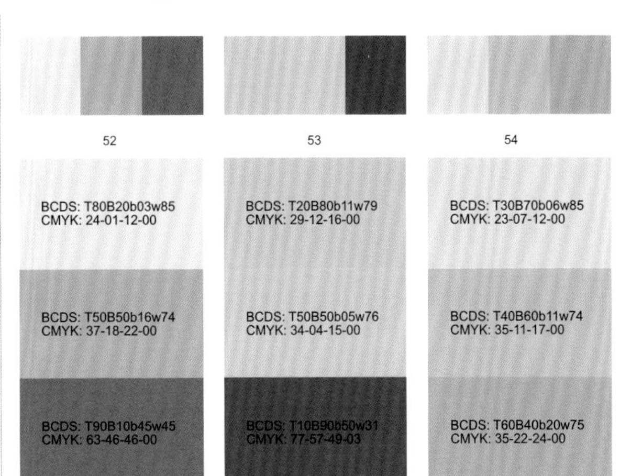

蓝灰色系在室内配色中，可以用在沙发布艺和陈列中，与白墙组合会显得清洁明快。

蓝色系和深蓝青色的配色组合，给人西域色彩文化的感觉。

大面积使用浅灰蓝色，一定要和白色的立面组合在一起，这样才能拉开色彩的层次，室内才有空间感。

## Chapter 4 厨房配色方案

厨房是短期使用的做饭场所，有一些较大面积的房间，也会考虑在厨房用餐，因此餐厅的色彩设计有两种要求：给做饭的人以快乐、自愿、开心，给用餐的人以食欲、美化、幸福、分享。在色彩设计方面要多用一些食欲诱导色、明暗对比色，让厨房小小的环境，变得空间大一点儿，颜色温馨一点儿，让使用者喜欢满意。

## 1 颜色主题：甜蜜〔橙黄色系组合配色〕

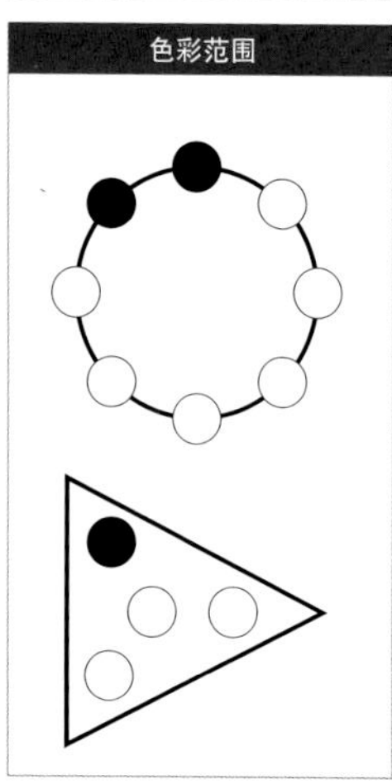


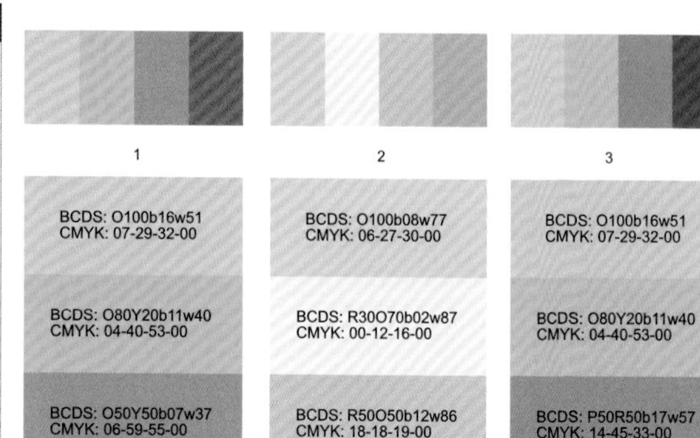

| 1 | 2 | 3 |
|---|---|---|
| BCDS: O100b16w51<br>CMYK: 07-29-32-00 | BCDS: O100b08w77<br>CMYK: 06-27-30-00 | BCDS: O100b16w51<br>CMYK: 07-29-32-00 |
| BCDS: O80Y20b11w40<br>CMYK: 04-40-53-00 | BCDS: R30O70b02w87<br>CMYK: 00-12-16-00 | BCDS: O80Y20b11w40<br>CMYK: 04-40-53-00 |
| BCDS: O50Y50b07w37<br>CMYK: 06-59-55-00 | BCDS: R50O50b12w86<br>CMYK: 18-18-19-00 | BCDS: P50R50b17w57<br>CMYK: 14-45-33-00 |
| BCDS: R40O60b02w54<br>CMYK: 11-77-67-00 | BCDS: O80Y20b16w75<br>CMYK: 20-29-36-00 | BCDS: R40O60b22w44<br>CMYK: 25-67-65-00 |

粉红色系列配色组合，尤其是梯度式的组合排列使用，会给我们以秩序和甜蜜感。

低彩度的粉红色系列再配一点纯灰色，显得高级和典雅，用在厨房中会有清新的浪漫感。

红色系列配色组合，有微妙的色相统一倾向，和厨房中的实木组合在一起，别有一番风格和特点。

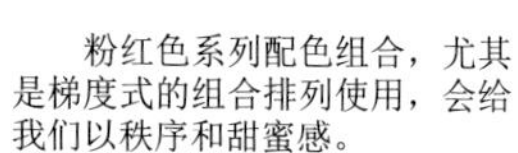

## 1 颜色主题：甜蜜〔橙黄色系组合配色〕

色彩范围

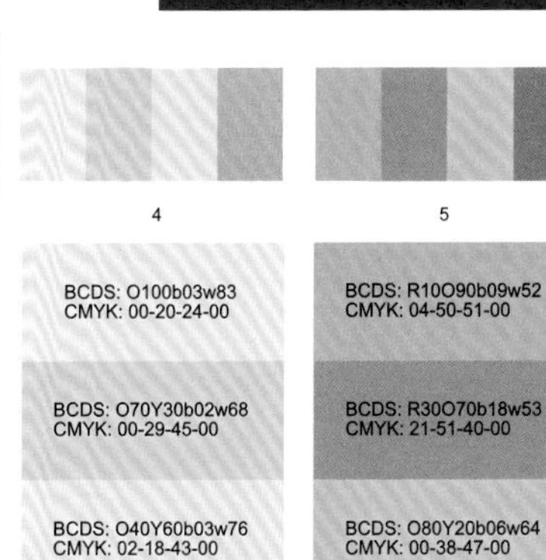
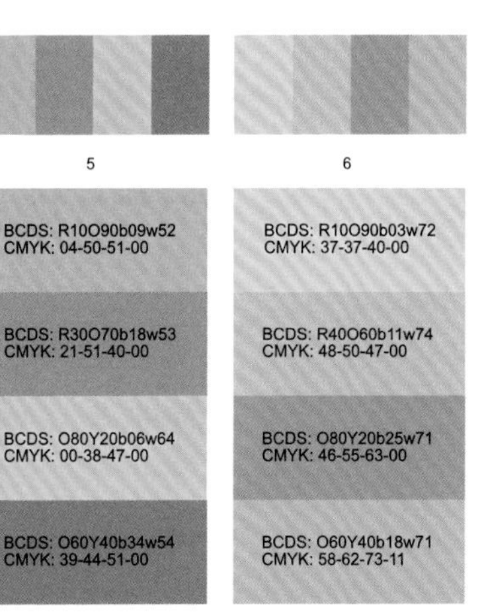

| 4 | 5 | 6 |
|---|---|---|
| BCDS: O100b03w83<br>CMYK: 00-20-24-00 | BCDS: R10O90b09w52<br>CMYK: 04-50-51-00 | BCDS: R10O90b03w72<br>CMYK: 37-37-40-00 |
| BCDS: O70Y30b02w68<br>CMYK: 00-29-45-00 | BCDS: R30O70b18w53<br>CMYK: 21-51-40-00 | BCDS: R40O60b11w74<br>CMYK: 48-50-47-00 |
| BCDS: O40Y60b03w76<br>CMYK: 02-18-43-00 | BCDS: O80Y20b06w64<br>CMYK: 00-38-47-00 | BCDS: O80Y20b25w71<br>CMYK: 46-55-63-00 |
| BCDS: R50O50b00w57<br>CMYK: 00-49-38-00 | BCDS: O60Y40b34w54<br>CMYK: 39-44-51-00 | BCDS: O60Y40b18w71<br>CMYK: 58-62-73-11 |

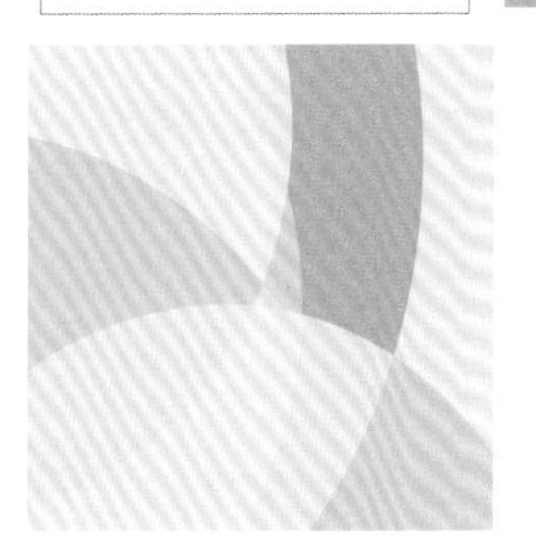

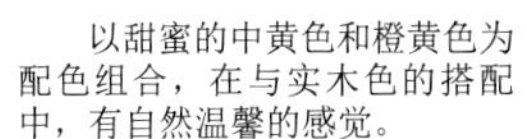

以甜蜜的中黄色和橙黄色为配色组合，在与实木色的搭配中，有自然温馨的感觉。

曙红色和橙红色的配色组合，在厨房中使人产生甜蜜的幸福感。

含灰度的橙黄色加上中灰的橙色，在立面和家具的配色上明度相同，颜色配色协调。

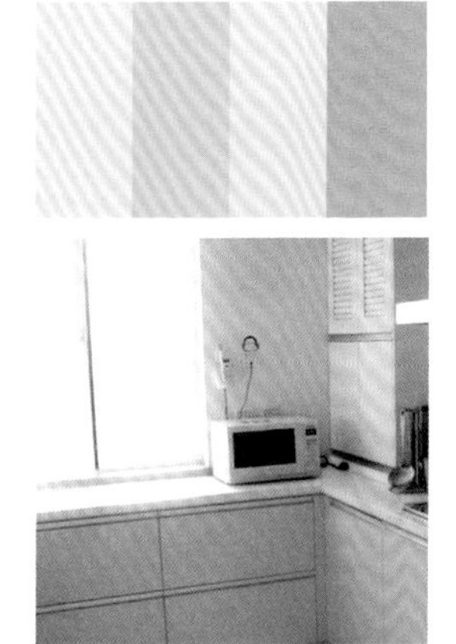

## 1 颜色主题：甜蜜〔橙黄色系组合配色〕

色彩范围

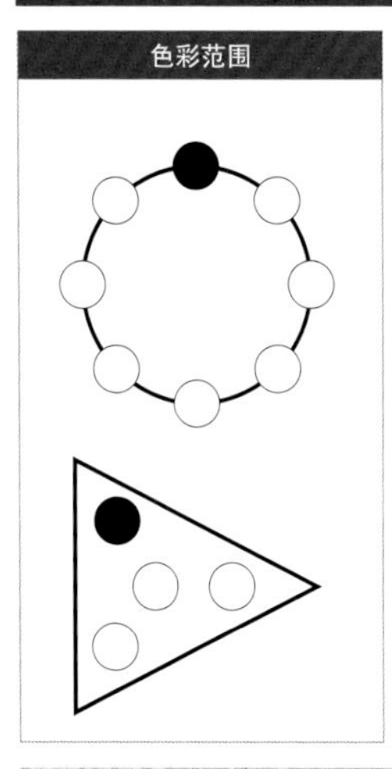

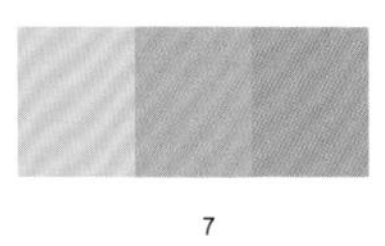

7

BCDS: R10O90b03w74
CMYK: 00-32-34-00

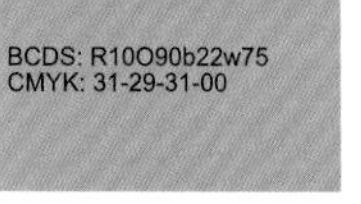

BCDS: R10O90b14w72
CMYK: 18-34-36-00

BCDS: R10O90b22w75
CMYK: 31-29-31-00

8

BCDS: O80Y20b38w44
CMYK: 45-55-62-00

BCDS: O40Y60b32w53
CMYK: 39-46-56-00

BCDS: R20O80b50w37
CMYK: 55-61-64-05

9

BCDS: O70Y30b43w52
CMYK: 51-47-58-00

BCDS: R30O70b43w41
CMYK: 50-60-60-02

BCDS: O90Y10b40w29
CMYK: 47-67-77-05

橙黄色含灰系列色用在厨房的立面上，会有温暖和食欲感，配有中灰色，具有干净雅致感。

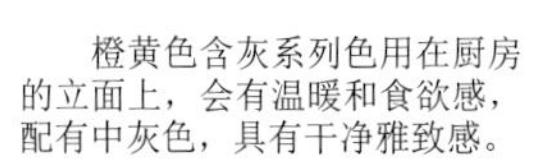

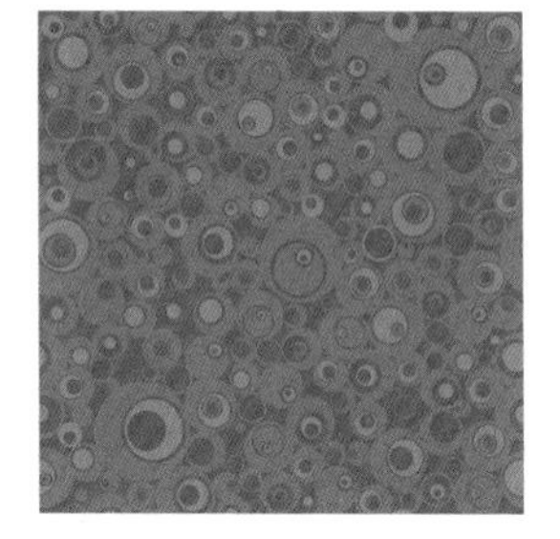

厨房大面积采用家具本木的棕红色，再配一点小面积的土黄色，给人以历史、古朴、自然的感觉。

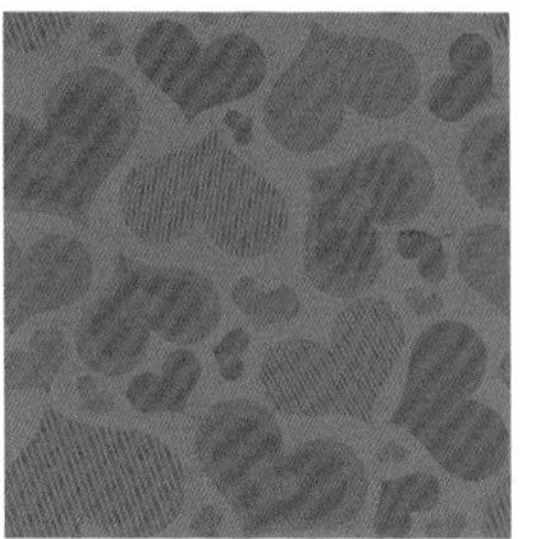

立面采用粉色装饰墙纸，配以原木色，使整体风格在温暖浪漫中带有高贵。

## 1 颜色主题：甜蜜〔橙黄色系组合配色〕

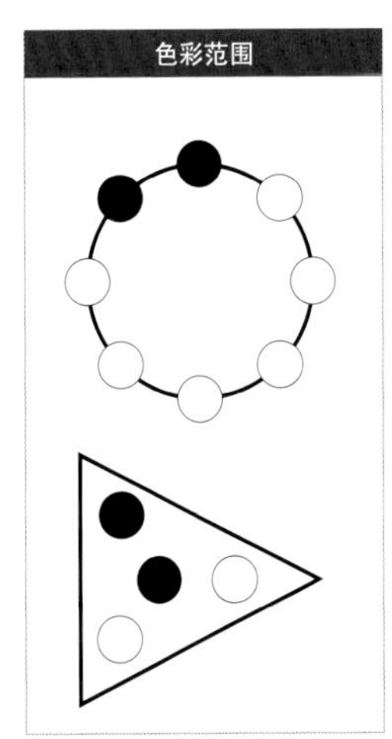


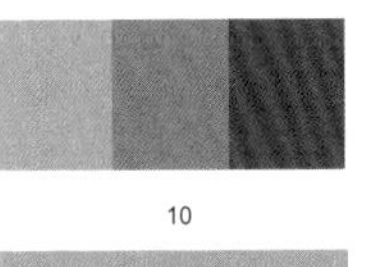

10

BCDS: R10O90b14w56
CMYK: 12-46-49-00

BCDS: O90Y10b26w44
CMYK: 30-57-63-00

BCDS: R40O60b48w23
CMYK: 52-73-72-13

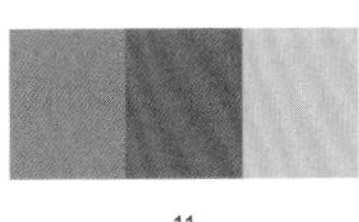

11

BCDS:O80Y20b26w48
CMYK: 30-51-58-00

BCDS: R20O80b34w39
CMYK: 40-62-62-00

BCDS: R70O30b06w67
CMYK: 04-40-29-00

12

BCDS: O90Y10b03w65
CMYK: 00-37-45-00

BCDS: R20O80b13w66
CMYK: 17-40-42-00

BCDS: O60Y40b24w66
CMYK: 30-35-41-00

厨房采用咖啡色系的配色组合，会有回归自然之雅风，也符合现代流行风范。

在咖啡色系的配色中加一抹粉红色，俏皮时尚而浪漫，而有白色的组合，则显得明亮自然。

以灰曙红色用于立面设计，和厨具的暖橙色交相呼应，有暖暖的、甜甜的感觉。

## 1 颜色主题：甜蜜〔橙黄色系组合配色〕

色彩范围

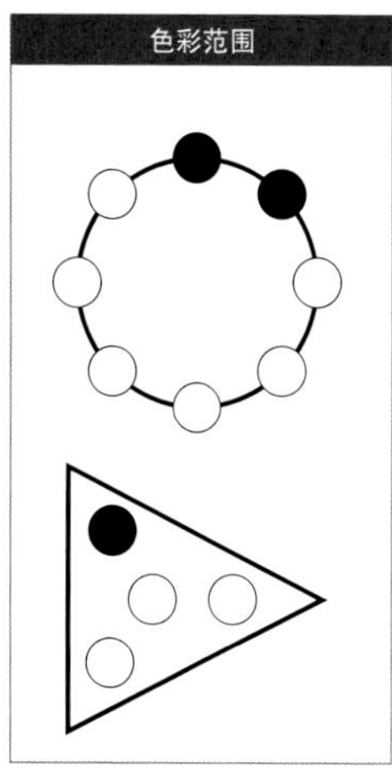

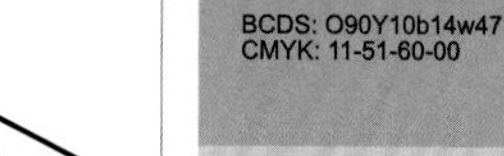

| 13 | 14 | 15 |
|---|---|---|
| BCDS: R20O80b18w33<br>CMYK: 21-64-66-00 | BCDS: R10O90b06w31<br>CMYK: 01-64-67-00 | BCDS: O90Y10b03w79<br>CMYK: 00-25-31-00 |
| BCDS: O90Y10b14w47<br>CMYK: 11-51-60-00 | BCDS: O60Y40b06w38<br>CMYK: 00-48-67-00 | BCDS: R20O80b11w72<br>CMYK: 15-34-36-00 |
| BCDS: O60Y40b07w58<br>CMYK: 01-38-54-00 | BCDS: O60Y40b13w51<br>CMYK: 21-44-59-00 | BCDS: O60Y40b28w53<br>CMYK: 33-46-57-00 |

橙黄色系的配色组合，给人以温馨和归属感，但需要大一点的空间使用此配色。

橙红色系的配色组合，明度对比不明显，可以诱发我们的食欲，温馨而浪漫。

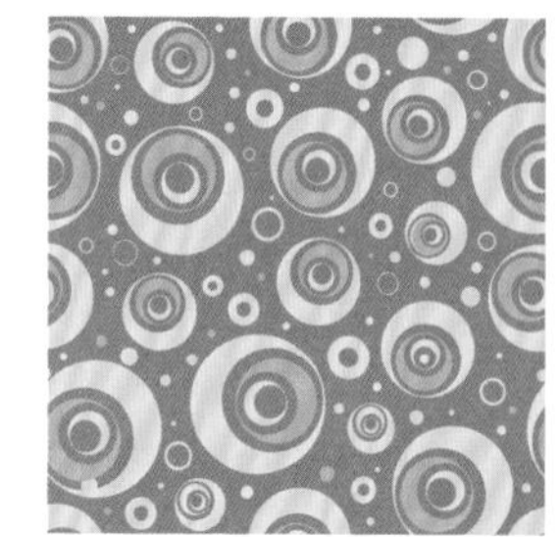

奶粉色系加上土黄色的配色组合，明度对比柔和，奶香感觉强烈，香甜挂齿。

## 1 颜色主题：甜蜜〔橙黄色系组合配色〕

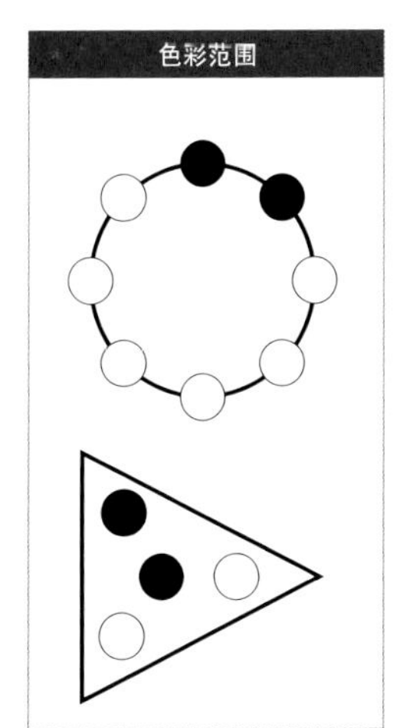


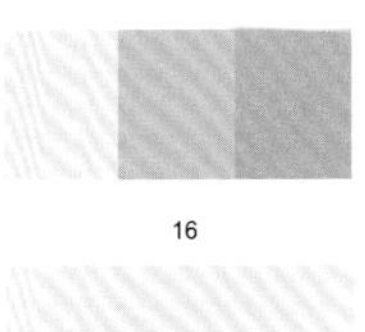

16

BCDS: O100b04w86
CMYK: 06-11-10-00

BCDS: O100b05w68
CMYK: 36-36-32-00

BCDS: R80O20b22w65
CMYK: O100b04w53

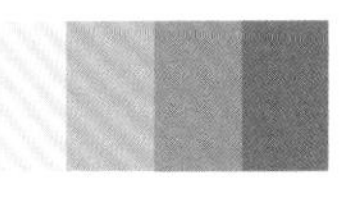

17

BCDS: Y90K10b05w26
CMYK: 03-12-42-00

BCDS: Y70K30b17w26
CMYK: 14-30-50-00

BCDS: Y50K50b03w36
CMYK: 26-42-54-00

BCDS: O20Y80b04w45
CMYK: 45-44-65-00

18

BCDS: Y90K10b05w55
CMYK: 04-18-61-00

BCDS: O20Y80b05w63
CMYK: 02-23-52-00

BCDS:O40Y60b05w75
CMYK: 02-20-42-00

BCDS: Y70K30b32w55
CMYK: 43-38-52-00

大面积的白色为立面颜色，只有橱柜和家具的颜色采用了橘红色系，整体设计风格显得干净明亮。

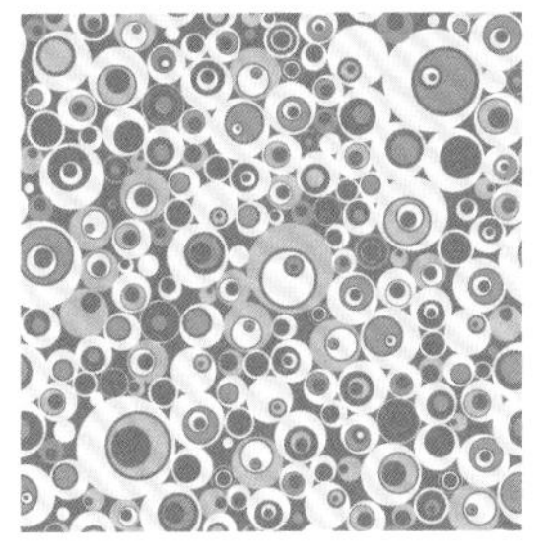
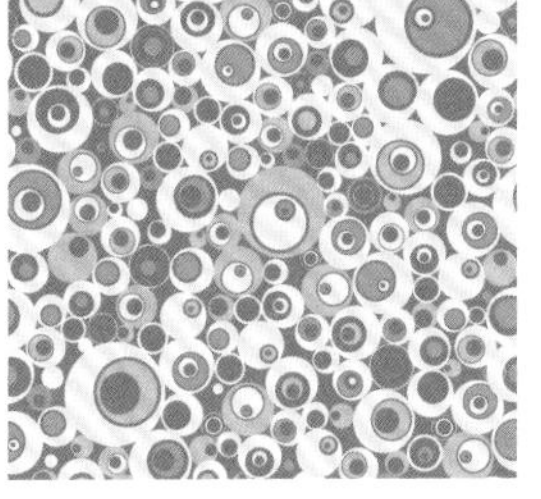

以明黄色为立面颜色，搭配含灰的咖啡色，显得明亮活泼中带有一点沉稳。

厨具采用明黄色系列配色，搭配一点灰色，表现了明快靓丽而不失稳重的风格。

## 2 颜色主题：清新〔黄绿色系组合配色〕

色彩范围

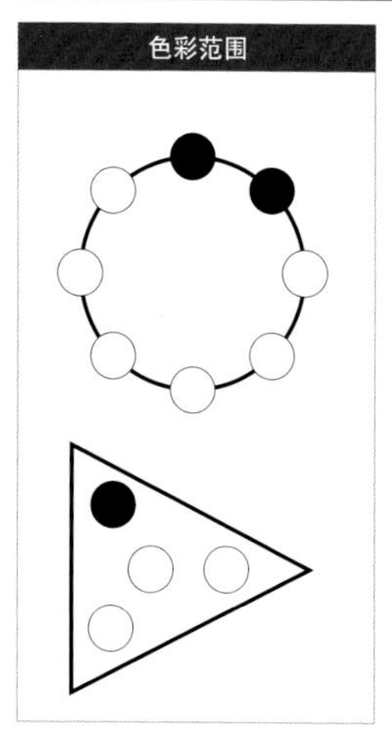

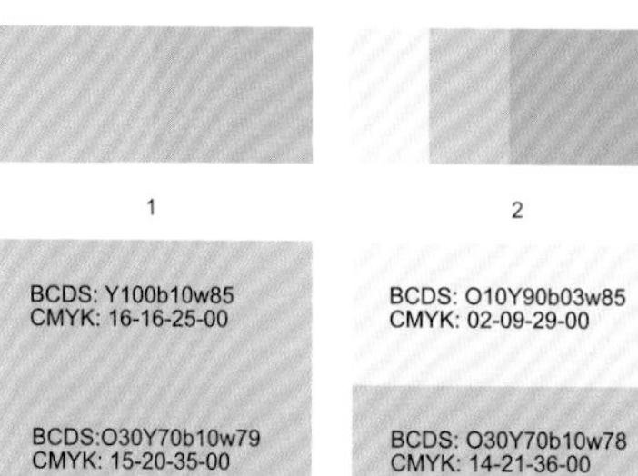

| 1 | 2 | 3 |
|---|---|---|
| BCDS: Y100b10w85<br>CMYK: 16-16-25-00 | BCDS: O10Y90b03w85<br>CMYK: 02-09-29-00 | BCDS: Y90K10b04w92<br>CMYK: 07-07-15-00 |
| BCDS:O30Y70b10w79<br>CMYK: 15-20-35-00 | BCDS: O30Y70b10w78<br>CMYK: 14-21-36-00 | BCDS: O30Y70b03w78<br>CMYK: 02-15-38-00 |
| BCDS: O60Y40b11w72<br>CMYK: 11-28-40-00 | BCDS: Y90K10b16w63<br>CMYK: 22-25-48-00 | BCDS: O30Y70b08w59<br>CMYK: 05-31-55-00 |
| BCDS: O60Y40b08w62<br>CMYK: 04-37-50-00 | BCDS: Y60K40b15w56<br>CMYK: 26-22-60-00 | BCDS: O10Y90b14w71<br>CMYK: 19-23-42-00 |

立面使用大面积的灰白色，搭配橙黄色系的厨具，显得明亮而洁净。

淡黄色为立面颜色，配以豆绿灰系的色彩，使厨房显得柔和而清新。

白色墙面加橙黄色系的厨具配色，明度提高后，室内会有空间放大和明快洁净的效果。

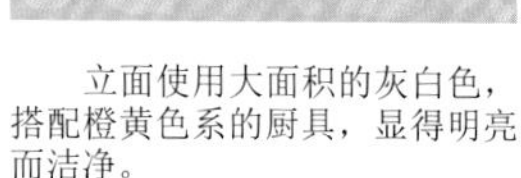

## 2 颜色主题：清新〔黄绿色系组合配色〕

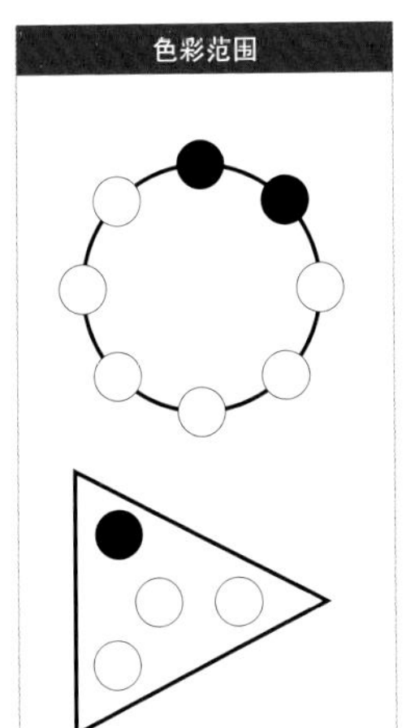


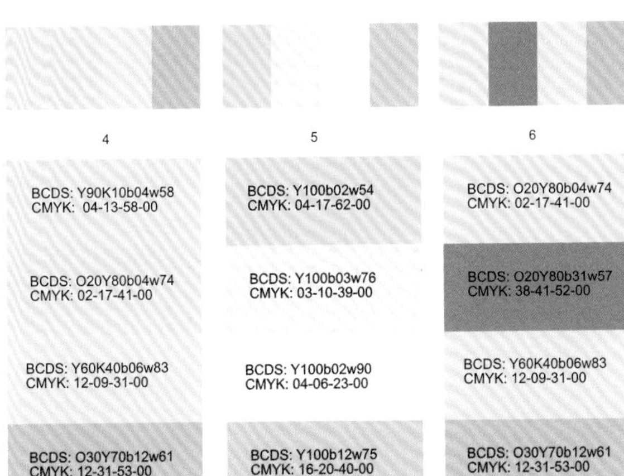

明黄色和土黄色系中再配以一点豆灰色，使画面活泼中带一点安静感。

白色的墙面和明黄色的橱柜。使厨房显得干净明亮，表现了主人喜欢洁净的特点。

大面积的豆绿灰色配以土黄色的木材本色，给人以清洁豁亮，空间放大的感觉。

## 2 颜色主题：清新〔黄绿色系组合配色〕

色彩范围

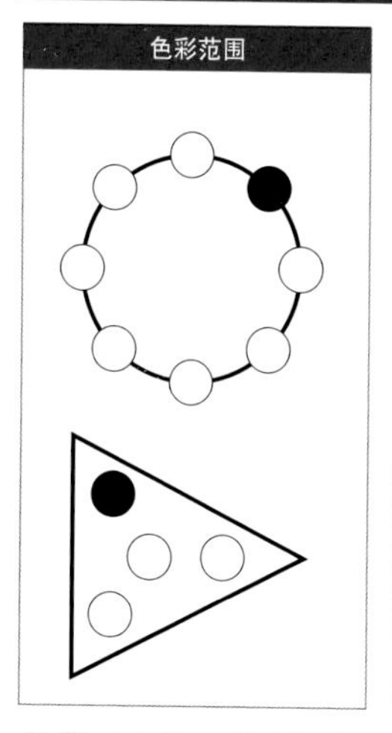

| 7 | 8 | 9 |
|---|---|---|
| BCDS: Y100b03w76<br>CMYK: 03-10-39-00 | BCDS: Y90K10b02w69<br>CMYK: 07-08-19-00 | BCDS: O20Y80b29w19<br>CMYK: 34-38-60-00 |
| BCDS: Y100b02w90<br>CMYK: 04-06-23-00 | BCDS: O10Y90b02w59<br>CMYK: 04-15-55-00 | BCDS: Y80K20b26w12<br>CMYK: 33-40-53-00 |
| BCDS: Y100b12w75<br>CMYK: 16-20-40-00 | BCDS: O30Y70b08w62<br>CMYK: 06-30-53-00 | BCDS: Y60K40b29w01<br>CMYK: 47-43-45-00 |
| BCDS: Y100b01w66<br>CMYK: 04-09-53-00 | BCDS: O40Y60b03w50<br>CMYK: 01-35-63-00 | BCDS: O50Y50b41w18<br>CMYK: 35-30-41-00 |

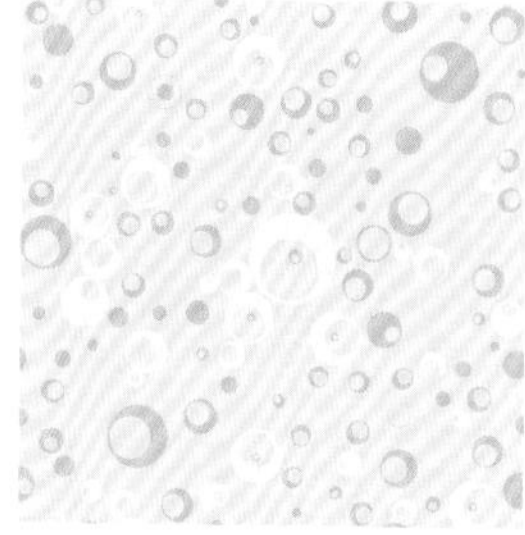

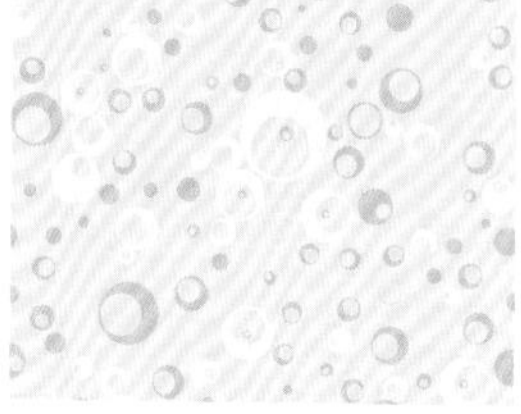

浅黄色系的配色，再搭配灰咖啡色，表现了中性和谐，安静又有内涵的风格。

橙红色的橱柜配以橙色系的灰，使厨具的颜色不会显得非常突出，靓丽不失高雅。

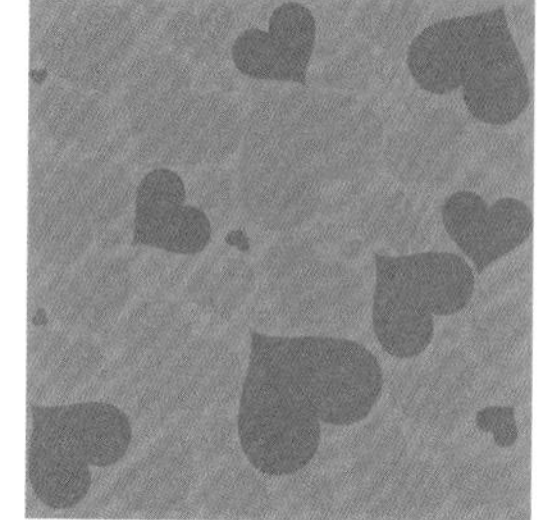

棕咖啡色的橱柜，颜色明度比较低，要用高明度的立面来对比，会给人以豁亮的感觉。

## 2 颜色主题：清新〔黄绿色系组合配色〕

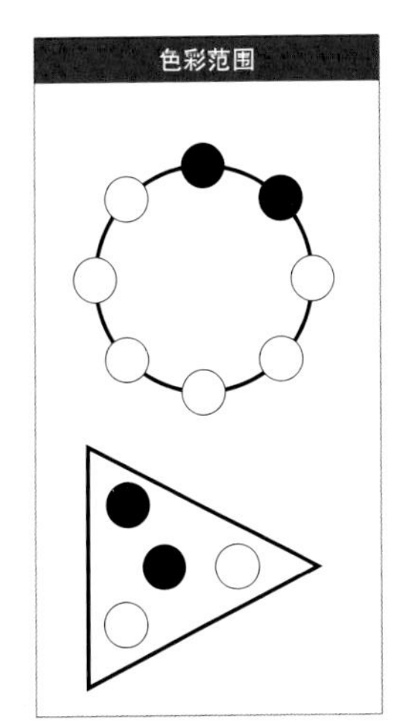

| 10 | 11 | 12 |
|---|---|---|
| BCDS: Y90K10b14w43<br>CMYK: 20-29-70-00 | BCDS: Y90K10b15w73<br>CMYK: 22-22-39-00 | BCDS: Y100b09w80<br>CMYK: 13-16-33-00 |
| BCDS: Y90K10b24w44<br>CMYK: 33-38-60-00 | BCDS: Y70K30b25w61<br>CMYK: 36-33-50-00 | BCDS: O40Y60b09w75C<br>MYK:09-23-40-00 |
| BCDS: O40Y60b19w36<br>CMYK: 18-48-72-00 | BCDS: O30Y70b36w52<br>CMYK: 43-45-55-00 | BCDS: Y70K30b08w69<br>CMYK: 15-16-47-00 |
| BCDS: Y60K40b31w31<br>CMYK: 46-44-81-00 | BCDS: Y40K60b51w36<br>CMYK: 61-54-66-05 | |

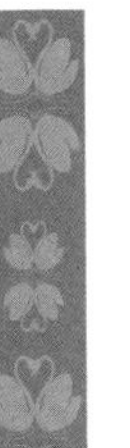

土黄色立面墙的色彩设计，和橱柜的橙红色相呼应，再搭配一点黄味的绿色，显得统一而华美。

低彩度的咖啡色和豆灰色系的组合，在色彩上有层次之分，给人以高雅清秀的感觉。

暖灰色为墙面色，橱柜采用了靓丽的柠檬黄色，明度对比不突出，但有知性的清洁感。

## 2 颜色主题：清新〔黄绿色系组合配色〕

色彩范围

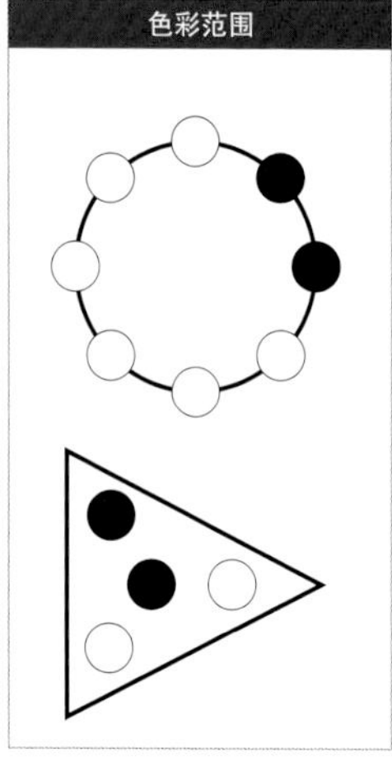

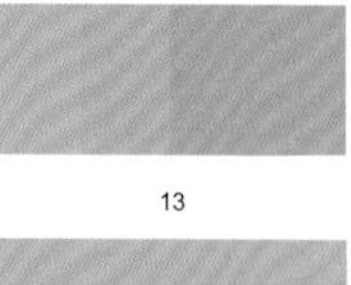

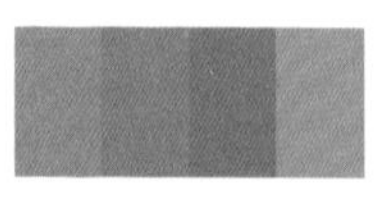

| 13 | 14 | 15 |
|---|---|---|
| BCDS: Y90K10b17w73<br>CMYK: 25-24-38-00 | BCDS: O20Y80b03w79<br>CMYK: 02-13-36-00 | BCDS: Y80K20b76w09<br>CMYK: 34-38-60-00 |
| BCDS: O20Y80b16w65<br>CMYK: 21-31-47-00 | BCDS: O20Y80b21w61<br>CMYK: 27-33-49-00 | BCDS: Y80K20b45w08<br>CMYK: 33-40-53-00 |
| BCDS: O50Y50b17w58<br>CMYK: 19-39-53-00 | BCDS: O20Y80b31w52<br>CMYK: 39-42-57-00 | BCDS: Y80K20b22w10<br>CMYK: 47-43-45-00 |
| BCDS: Y60K40b15w41<br>CMYK: 29-28-75-00 | BCDS: O20Y80b64w18<br>CMYK: 63-66-78-24 | BCDS: Y80K20b02w09<br>CMYK: 35-30-41-00 |

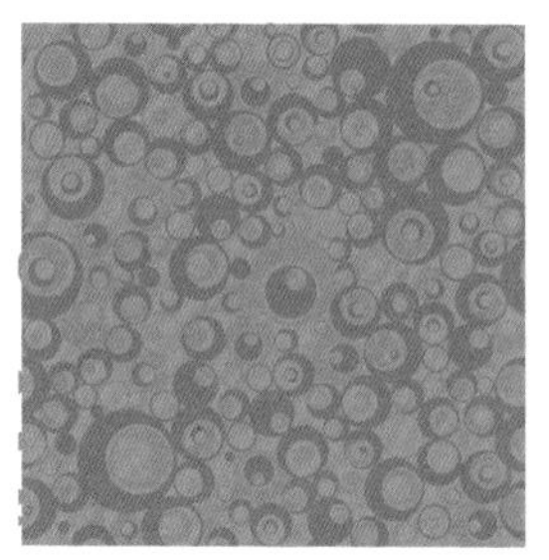

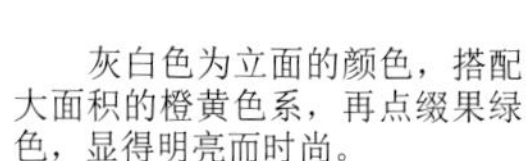

灰白色为立面的颜色，搭配大面积的橙黄色系，再点缀果绿色，显得明亮而时尚。

以咖啡色系和土黄色系为主的颜色，明度比较接近，需要深咖啡色来调整色彩对比。

深棕色的厨具配以浅灰色家具的组合，传统但层次丰富有节奏感。

## 2 颜色主题：清新〔黄绿色系组合配色〕

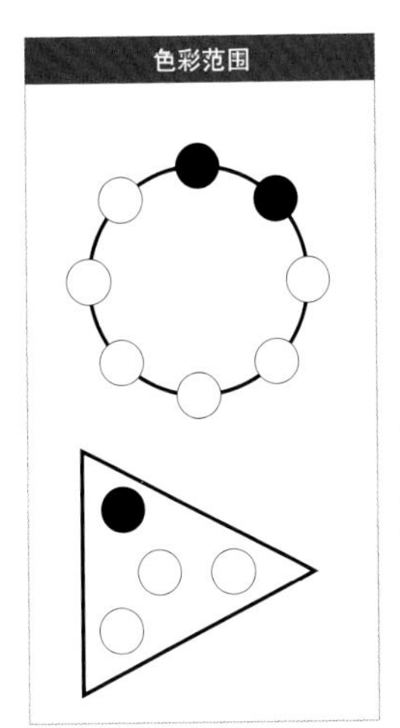

16

BCDS: Y100b02w85
CMYK: 04-09-30-00

BCDS: O40Y60b03w75
CMYK: 02-16-42-00

BCDS: O40Y60b03w75
CMYK: 05-12-42-00

17

BCDS: Y100b20w63
CMYK: 28-31-50-00

BCDS: Y100b20w63
CMYK: 23-40-60-00

BCDS: Y80K20b19w73
CMYK: 27-25-37-00

18

BCDS: O20Y80b01w70
CMYK: 03-15-46-00

BCDS: Y90K10b14w58
CMYK: 22-27-58-00

BCDS: Y60K40b19w51
CMYK: 33-30-64-00

浅黄色和土黄色系的配色组合，会有一种视野开阔的感觉，明亮又干净。

以白色为主体，配以咖啡色系的灰色和传统的木质颜色，显得朴实和温馨。

明黄色的墙，配以土黄色的橱柜和豆绿灰的地面，给人以清新明亮的感觉。

## 2 颜色主题：清新〔黄绿色系组合配色〕

色彩范围

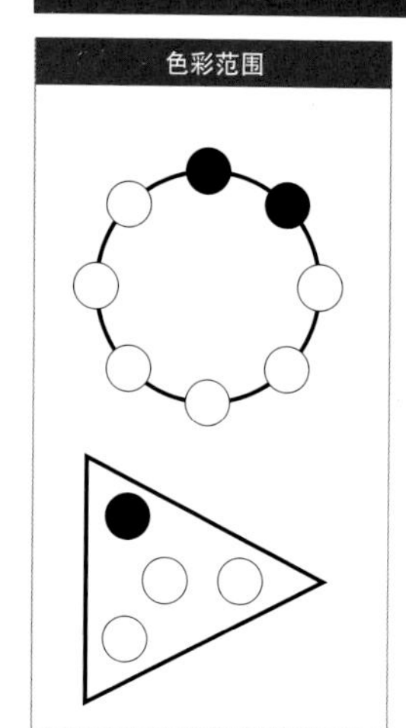

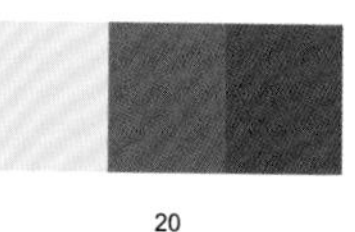

| 19 | 20 | 21 |
| --- | --- | --- |
| BCDS: Y100b05w82<br>CMYK: 13-16-33-00 | BCDS: Y100b02w67<br>CMYK: 09-26-91-00 | BCDS: Y100b22w72<br>CMYK: 31-27-36-00 |
| BCDS: O40Y60b15w73<br>CMYK: 09-23-40-00 | BCDS: O50Y50b37w32<br>CMYK: 24-51-94-00 | BCDS: O50Y50b10w84<br>CMYK: 14-19-26-00 |
| BCDS: Y70K30b22w66<br>CMYK: 15-16-47-00 | BCDS: Y70K30b47w23<br>CMYK: 51-52-99-03 | BCDS: Y60K40b08w76<br>CMYK: 15-13-38-00 |

暖灰色的立面和豆绿灰的橱柜，再搭配一点浅咖啡色，给人以柔软、温馨的感觉。

明黄色的墙面和原木色的橱柜搭配，颜色统一但明度对比强，给人以明快温暖的感觉。

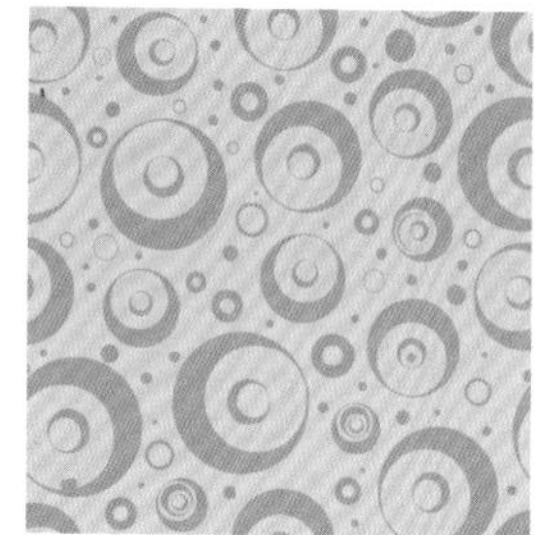

豆绿灰色的立面墙，搭配粉红灰色的柜台，给人以干净整洁，清透朦胧的感觉。

## 2 颜色主题：清新〔黄绿色系组合配色〕

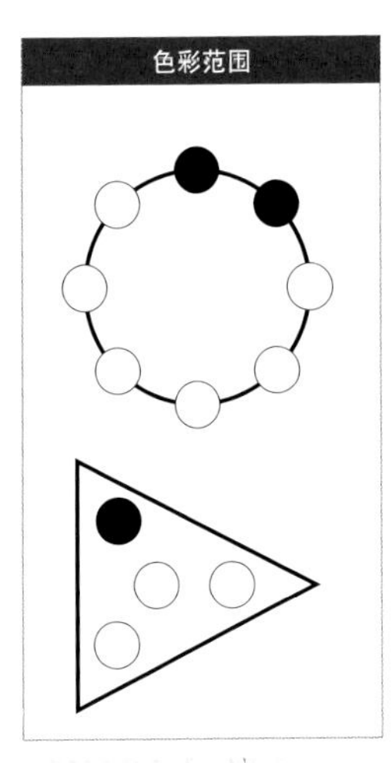


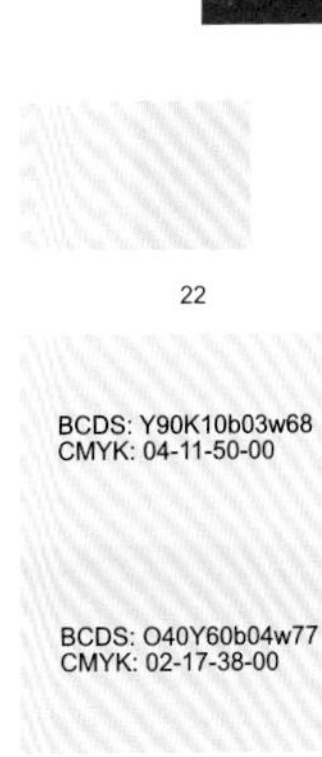

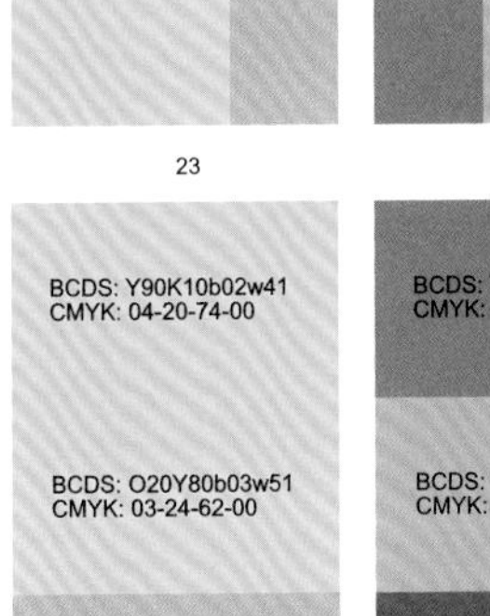

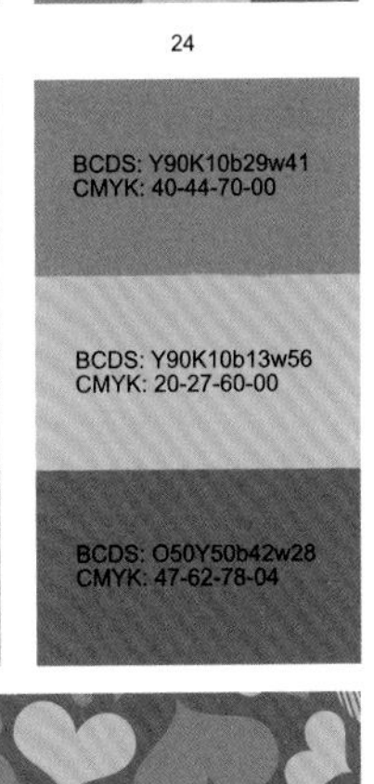

22

BCDS: Y90K10b03w68
CMYK: 04-11-50-00

BCDS: O40Y60b04w77
CMYK: 02-17-38-00

BCDS: Y60K40b01w89
CMYK: 03-02-23-00

23

BCDS: Y90K10b02w41
CMYK: 04-20-74-00

BCDS: O20Y80b03w51
CMYK: 03-24-62-00

BCDS: O20Y80b13w55
CMYK: 15-33-58-00

24

BCDS: Y90K10b29w41
CMYK: 40-44-70-00

BCDS: Y90K10b13w56
CMYK: 20-27-60-00

BCDS: O50Y50b42w28
CMYK: 47-62-78-04

暖色味的米黄色为立面墙的颜色，搭配橙黄色系的橱柜，显得靓丽而宁静。

中黄色系的配色组合设计，需要大的透光和采光设计，暖黄色系会使人更加惬意放松。

厨具采用浓重的檀木色，再配一些土黄色，可以表现出厨房环境的古色古香。

## 3 颜色主题：洁净〔蓝青色系组合配色〕

色彩范围

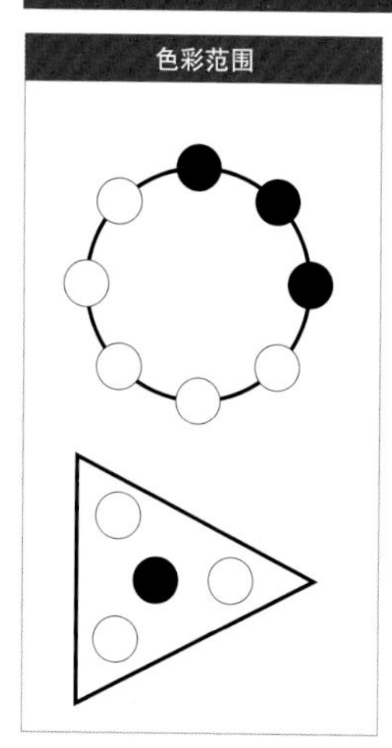

1

BCDS: O10Y90b51w28
CMYK: 56-60-76-09

BCDS: O40Y60b38w48
CMYK: 44-49-58-00

BCDS: Y70K30b27w62
CMYK: 39-33-47-00

2

BCDS: K90G10b16w75
CMYK: 27-18-31-00

BCDS: Y50K50b16w67
CMYK: 26-22-44-00

BCDS: K70G30b13w53
CMYK: 22-30-28-00

BCDS: K50G50b15w43
CMYK: 42-18-58-00

3

BCDS: K90G10b03w55
CMYK: 26-06-59-00

BCDS: Y20K80b05w63
CMYK: 18-09-53-00

BCDS: Y50K50b05w76
CMYK: 09-06-38-00

BCDS: K30G70b20w67
CMYK: 41-21-38-00

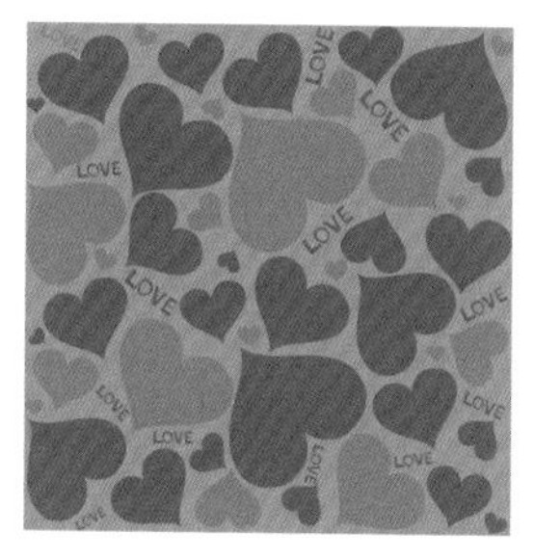

浅驼色系和青灰色的配色组合，使厨房空间中弥漫着咖啡的浓香。

嫩绿色系的配色组合，加一点儿明黄色后，会有春意盎然、咀嚼春天的感觉。

嫩绿色和明黄色的配色组合，搭配蓝灰色的橱柜，给人以稳重中不失典雅和活泼的感受。

## 3 颜色主题：洁净〔蓝青色系组合配色〕

色彩范围

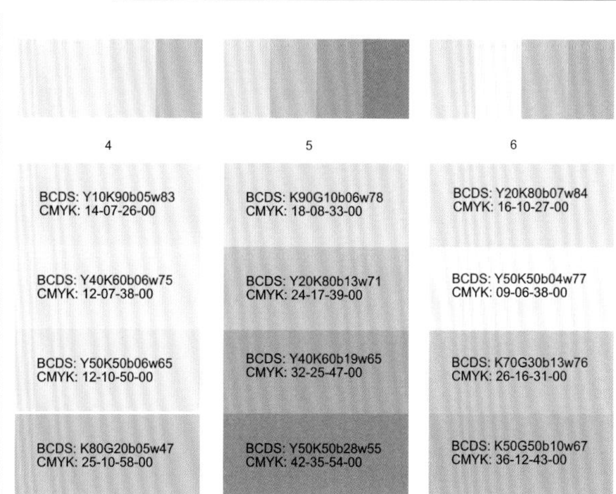

黄绿色系的橱柜和浅明黄色的立面组合，再配以本木黄色的地板，显得宁静雅致。

阶梯式的黄绿灰色系，应用在橱柜、厨具的颜色设计中，显得有层次和逻辑感。

中黄色和白色为立面墙的颜色，厨具台和地面为青绿灰色和中灰色，显得安静沉稳。

## 3 颜色主题：洁净〔蓝青色系组合配色〕

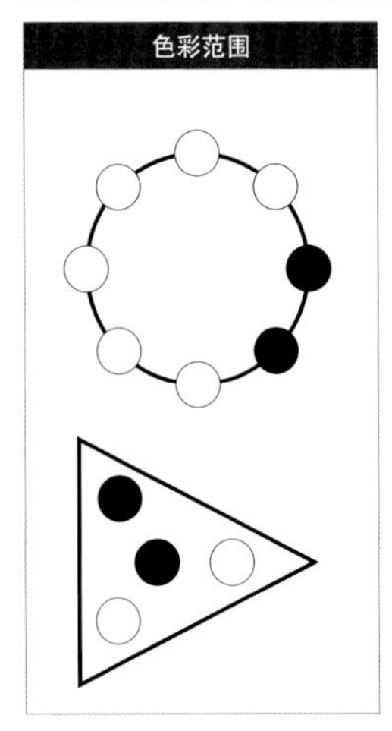


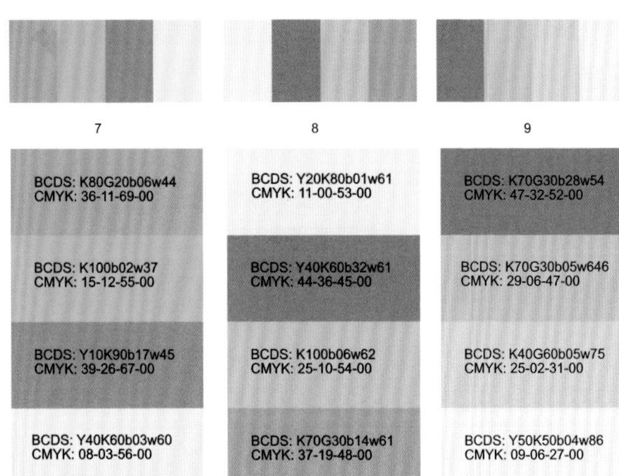


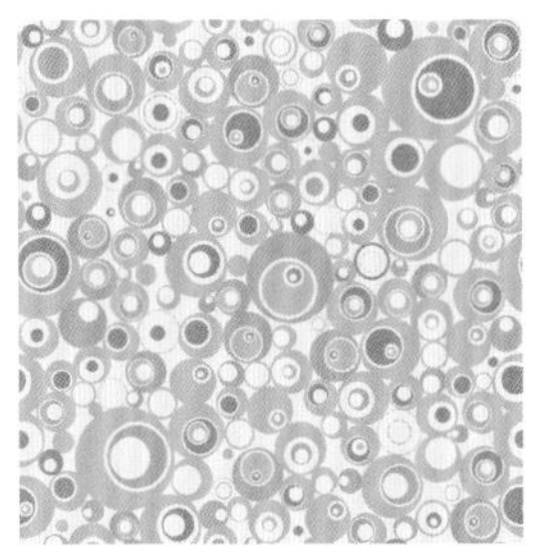

橱柜颜色为果绿色，立面选择中黄色，再加一点灰色为调节色，显得富有生机又时尚。

灰白色为立面墙的颜色，橱柜的颜色为黄绿色，灰色在中间起着调和的作用。

粉白色为立面墙的颜色，中绿色和青绿灰色为橱柜的颜色，显得清净舒适。

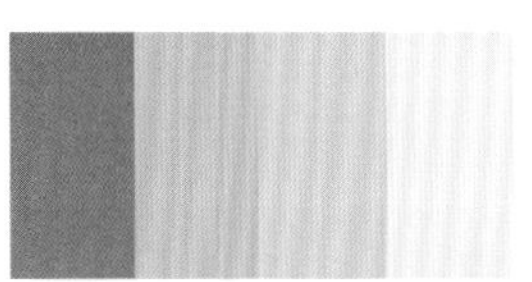

## 3 颜色主题：洁净〔蓝青色系组合配色〕

色彩范围

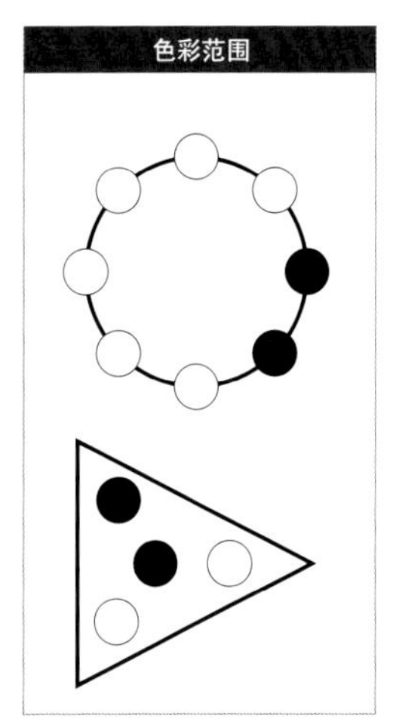

10

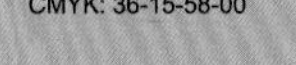
BCDS: K80G20b09w55
CMYK: 36-15-58-00

BCDS: K80G20b08w67
CMYK: 27-12-45-00

BCDS: K80G20b23w66
CMYK: 38-27-39-00

BCDS: K80G20b06w86
CMYK: 12-05-19-00

11

BCDS: K90G10b03w72
CMYK: 17-04-40-00

BCDS: Y20K80b12w72
CMYK: 24-17-39-00

BCDS: Y10K90b21w72
CMYK: 34-25-36-00

BCDS: K40G60b09w70
CMYK: 32-08-36-00

12

BCDS: K90G10b03w16
CMYK: 43-21-100-00

BCDS: Y20K80b04w59
CMYK: 18-07-58-00

BCDS: Y40K60b03w76
CMYK: 06-02-39-00

BCDS: K30G70b02w70
CMYK: 31-00-37-00

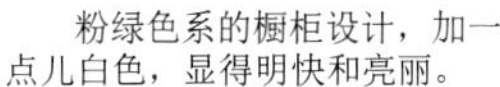

粉绿色系的橱柜设计，加一点儿白色，显得明快和亮丽。

豆青色的立面墙配以灰色的橱柜，明快的吊柜给人以安静稳定的感觉。

明黄色的墙和明亮的草绿色的橱柜，再搭配青绿色的吊柜，使厨房显得生机盎然。

## 3 颜色主题：洁净〔蓝青色系组合配色〕

色彩范围

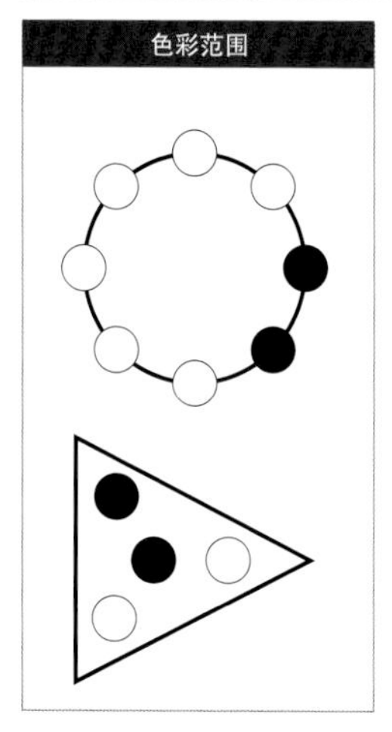

13

BCDS: K90G10b11w28
CMYK: 45-23-85-00

BCDS: K90G10b05w45
CMYK: 33-11-69-00

BCDS: K90G10b03w66
CMYK: 18-03-46-00

BCDS: K90G10b16w42
CMYK: 43-24-70-00

14

BCDS: K60G40b03w56
CMYK: 37-02-57-00

BCDS: K90G10b15w43
CMYK: 42-24-69-00

BCDS: Y20K80b23w37
CMYK: 44-35-75-00

BCDS: K50G50b32w25
CMYK: 68-40-79-01

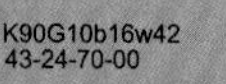

15

BCDS: K90G10b01w63
CMYK: 20-01-52-00

BCDS: K90G10b16w65
CMYK: 34-21-46-00

BCDS: K90G10b30w65
CMYK: 43-33-40-00

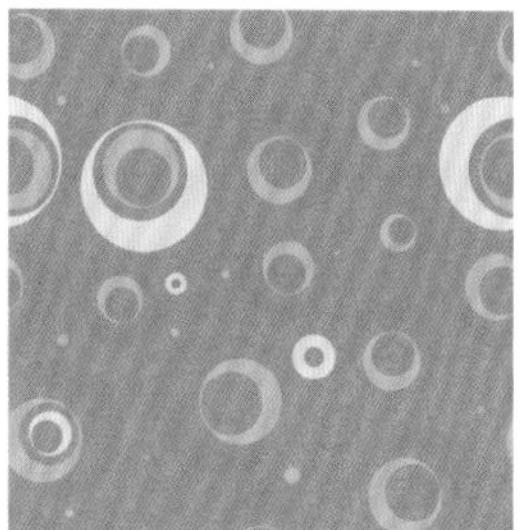

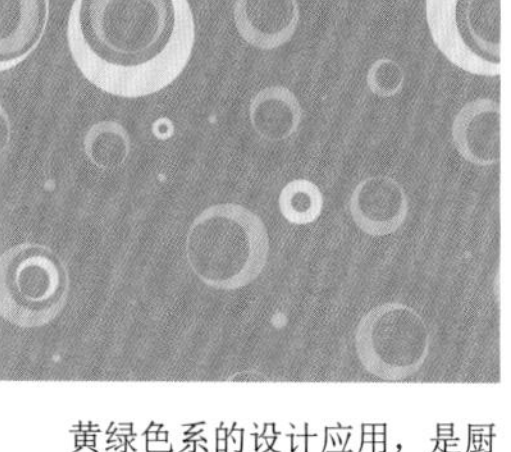

黄绿色系的设计应用，是厨房设计的个性化的表现，是追求自然环境的好方法。

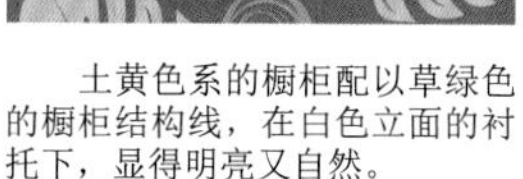

土黄色系的橱柜配以草绿色的橱柜结构线，在白色立面的衬托下，显得明亮又自然。

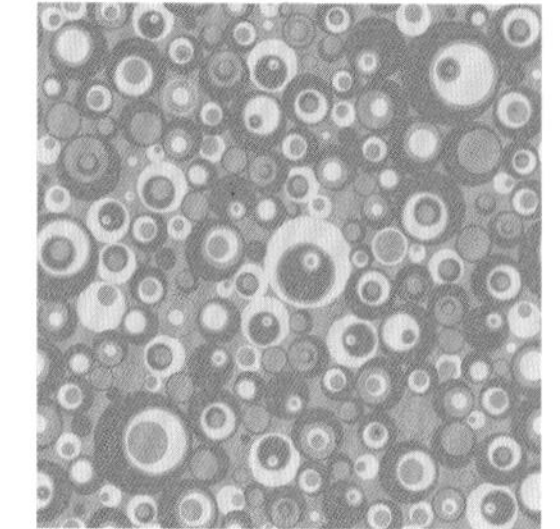

黄绿色系的立面墙，配以黄绿色的橱柜，在灰色地面的衬托下，显得稳重和清新。

## 3 颜色主题：洁净〔蓝青色系组合配色〕

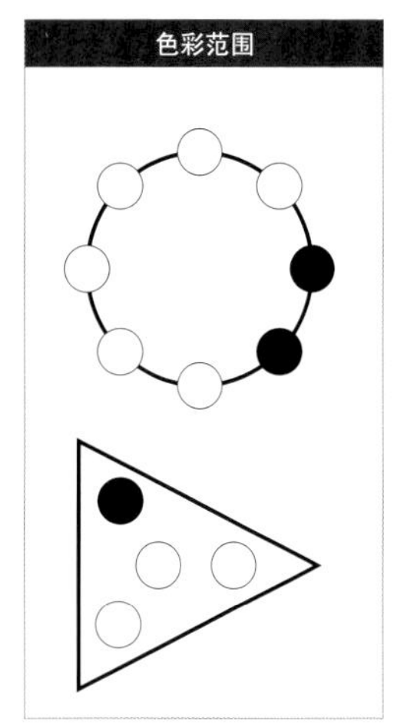


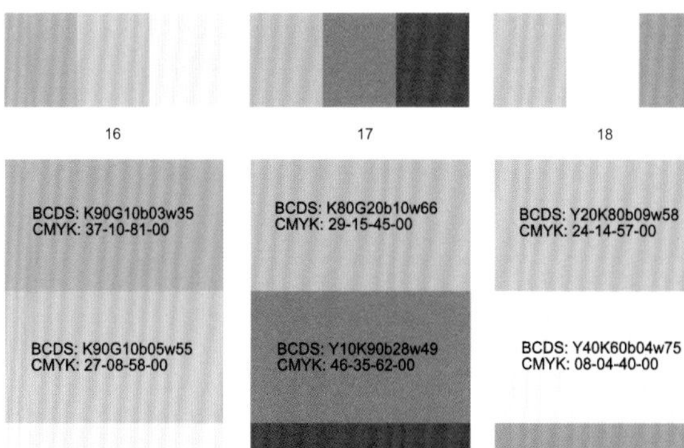

| 16 | 17 | 18 |
|---|---|---|
| BCDS: K90G10b03w35<br>CMYK: 37-10-81-00 | BCDS: K80G20b10w66<br>CMYK: 29-15-45-00 | BCDS: Y20K80b09w58<br>CMYK: 24-14-57-00 |
| BCDS: K90G10b05w55<br>CMYK: 27-08-58-00 | BCDS: Y10K90b28w49<br>CMYK: 46-35-62-00 | BCDS: Y40K60b04w75<br>CMYK: 08-04-40-00 |
| BCDS: K90G10b04w78<br>CMYK: 14-02-34-00 | BCDS: K60G40b47w28<br>CMYK: 69-51-74-07 | BCDS: K70G30b18w62<br>CMYK: 38-22-46-00 |

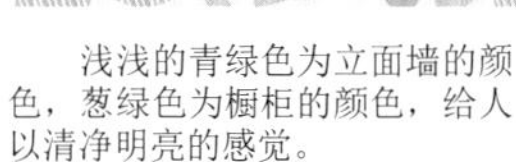

浅浅的青绿色为立面墙的颜色，葱绿色为橱柜的颜色，给人以清净明亮的感觉。

灰青绿色配以黄绿色的橱柜颜色组合，用较深的墨绿色为装饰色，画面饱满丰富。

浅豆绿色为立面墙的颜色，中明黄和青绿色为配色，有冷暖对比的效果，温暖中不失宁静。

## 3 颜色主题：洁净〔蓝青色系组合配色〕

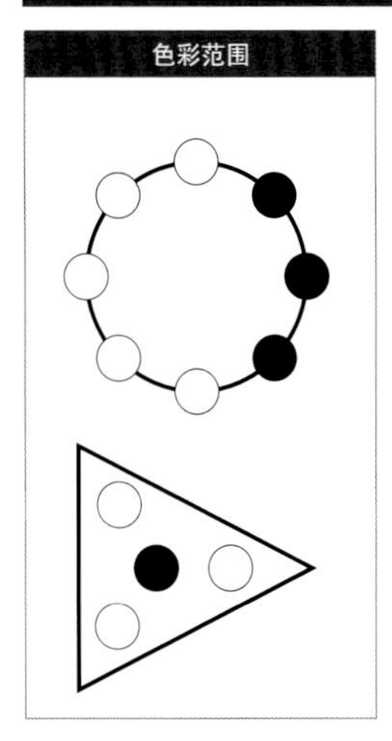


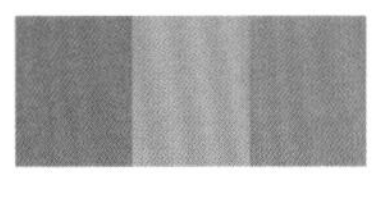

19

BCDS: K100b27w52
CMYK: 44-31-57-00

BCDS:Y40K60b16w61
CMYK:29-22-52-00

BCDS: K60G40b23w66
CMYK: 40-25-38-00

20

BCDS: K80G20b12w31
CMYK: 48-22-81-00

BCDS: K80G20b08w47
CMYK: 38-14-67-00

BCDS: K80G20b02w73
CMYK: 16-00-40-00

21

BCDS: K30G70b06w43
CMYK: 53-03-64-00

BCDS: G70T30b04w52
CMYK: 55-00-40-00

BCDS: G70T30b04w52
CMYK: 36-00-45-00

BCDS: G40T60b06w74
CMYK: 36-00-23-00

以土黄色为橱柜颜色，配以灰绿色的装饰和白色的立面墙，给人以明朗清净的感觉。

橱柜为中绿灰色系的配色组合，配以白色的立面墙，显得生动洁净。

在蓝白色立面墙的衬托下，青绿色系的橱柜，给人以安静清洁的感觉。

## 3 颜色主题：洁净〔蓝青色系组合配色〕

色彩范围

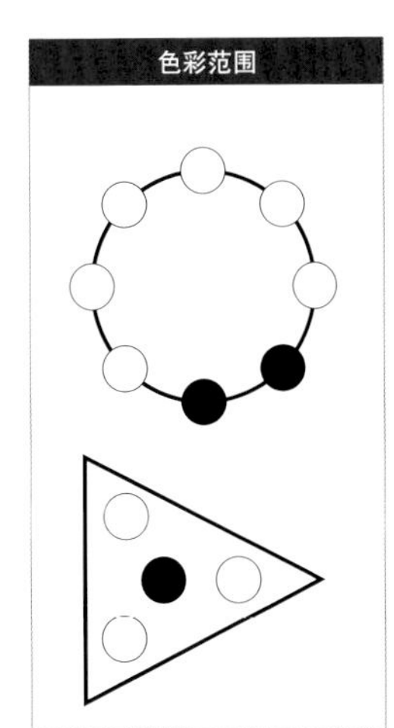

| 22 | 23 | 24 |
|---|---|---|
| BCDS: G90T10b02w56<br>CMYK: 47-00-40-00 | BCDS: K10G90b17w71<br>CMYK: 36-17-31-00 | BCDS: G90T10b11w73<br>CMYK: 35-10-29-00 |
| BCDS: K10G90b33w55<br>CMYK: 55-35-47-00 | BCDS: G80T20b19w63<br>CMYK: 46-19-36-00 | BCDS: K10G90b11w63<br>CMYK: 43-10-41-00 |
| BCDS: G70T30b08w56<br>CMYK: 50-00-37-00 | BCDS: K50G50b18w54<br>CMYK: 47-22-53-00 | BCDS: G50T50b10w53<br>CMYK: 56-03-37-00 |
| BCDS: K30G70b21w55<br>CMYK: 49-22-49-00 | BCDS: G40T60b16w45<br>CMYK: 65-14-44-00 | BCDS: G40T60b11w28<br>CMYK: 73-00-50-00 |

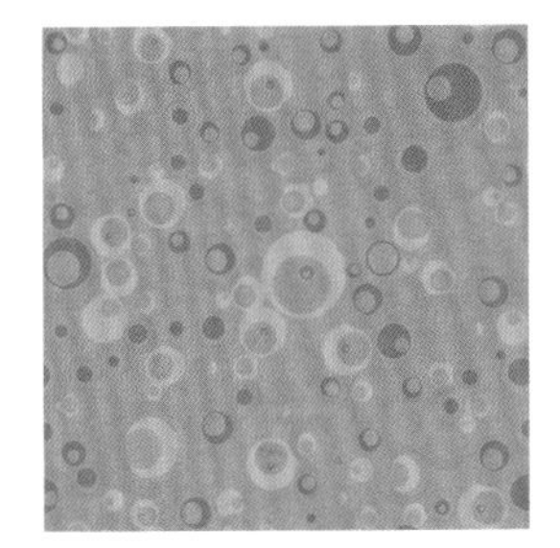

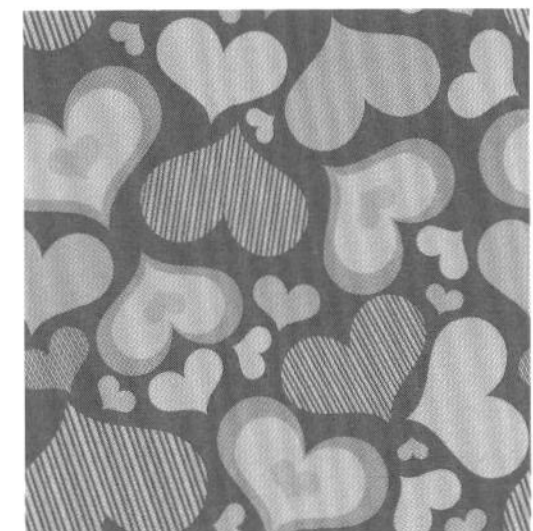

青绿色系和灰色系的配色组合，让厨房有一种清净中带一点儿安静的感觉。

带灰的青绿色系为橱柜颜色，需要白色的立面墙来调整颜色的明度，这样才能调和。

青绿色系的配色组合，从墙、橱柜、地面都是青绿色和黄绿色搭配，显得清爽安静。

## 3 颜色主题：洁净〔蓝青色系组合配色〕

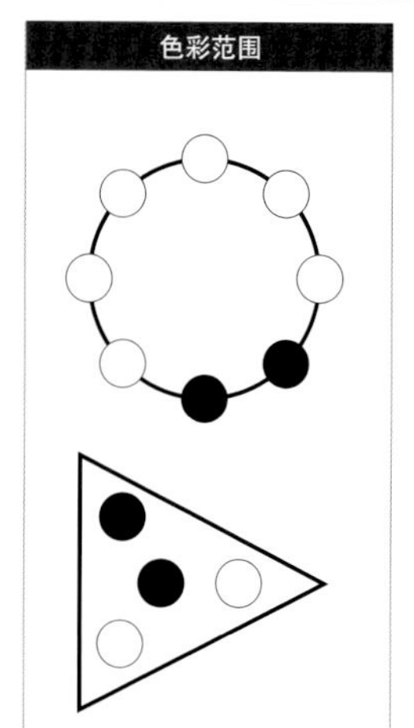

25

BCDS: G80T20b05w79
CMYK: 28-00-22-00

BCDS: G100b12w77
CMYK: 30-13-25-00

BCDS: K20G80b08w71
CMYK: 35-05-35-00

BCDS: G60T40b19w60
CMYK: 50-18-36-00

26

BCDS: K10G90b10w55
CMYK: 48-06-46-00

BCDS: K10G90b13w65
CMYK: 42-13-40-00

BCDS: K10G90b11w77
CMYK: 29-11-26-00

27

BCDS: G80T20b09w55
CMYK: 51-40-00-00

BCDS: G50T50b20w56
CMYK: 55-19-38-00

BCDS: K30G70b31w56
CMYK: 51-33-46-00

深青绿色为橱柜颜色，再搭配一点儿黄绿色，有一定的明度对比，色彩性格宁静安定。

大面积的黄绿色为橱柜颜色，配以灰白色的地面和立面墙，颜色柔和，具有清闲感。

大面积使用青绿色的橱柜和灰色地面，需要在环境中增加一点儿橙黄色，给人以清静稳重中带一点儿活泼的感觉。

## 3 颜色主题：洁净〔蓝青色系组合配色〕

**色彩范围**

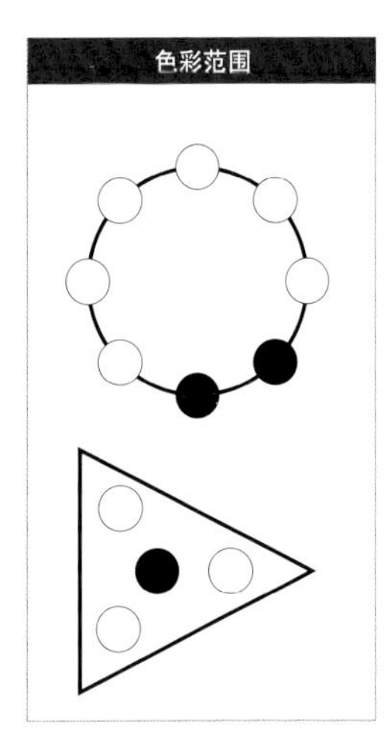

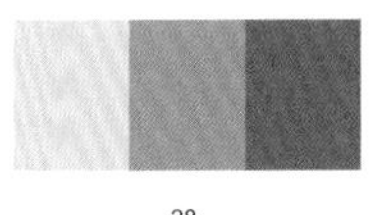

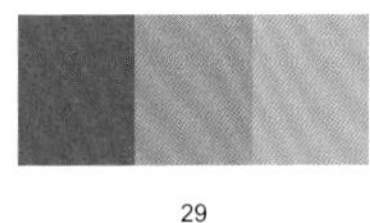

| 28 | 29 | 30 |
|---|---|---|
| BCDS: G90T10b06w83<br>CMYK: 23-04-20-00 | BCDS: G80T20b10w31<br>CMYK: 74-05-62-00 | BCDS: G100b03w59<br>CMYK: 44-00-40-00 |
| BCDS: G70T30b22w67<br>CMYK: 44-22-34-00 | BCDS: K20G80b10w45<br>CMYK: 54-05-58-00 | BCDS: G60T40b18w61<br>CMYK: 48-16-34-00 |
| BCDS: K30G70b40w48<br>CMYK: 59-44-53-00 | BCDS: G50T50b09w65<br>CMYK: 44-02-29-00 | BCDS: K40G60b30w58<br>CMYK: 50-33-46-00 |

灰色系和蓝青色的配色组合使橱柜和立面墙的颜色统一协调，具有安静柔和、不失雅致的感觉。

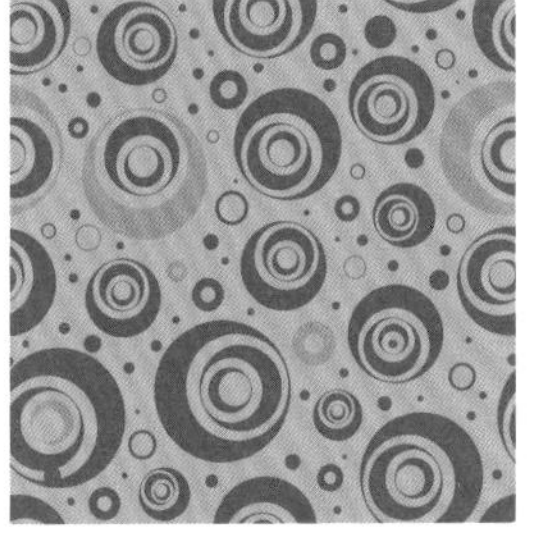

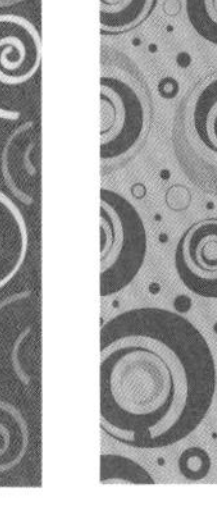

黄绿色系和青绿色的配色组合，大面积使用青色，给厨房带来清凉和洁净的感觉。

青绿色的立面墙，配以蓝灰色的橱柜，以灰白色的立面和地面将两组青绿色和灰蓝色分开，体现了协调平衡。

## 3 颜色主题：洁净〔蓝青色系组合配色〕

色彩范围

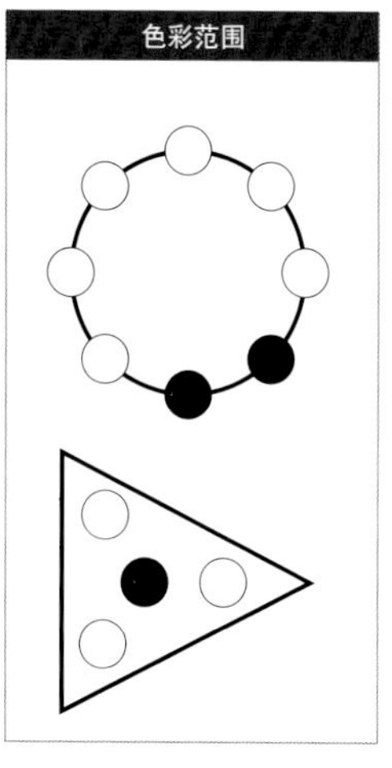

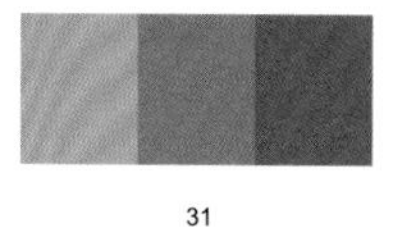

31

BCDS: G90T10b11w61
CMYK: 45-07-38-00

BCDS: G60T40b23w50
CMYK: 60-22-44-00

BCDS: K40G60b37w35
CMYK: 65-43-67-01

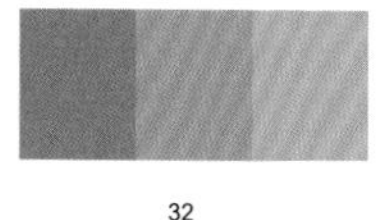

32

BCDS: K10G90b26w53
CMYK: 54-27-49-00

BCDS: G80T20b13w56
CMYK: 50-08-39-00

BCDS: K50G50b15w72
CMYK: 33-17-34-00

33

BCDS: G100b06w59
CMYK: 46-00-41-00

BCDS: G70T30b19w56
CMYK: 52-16-40-00

BCDS: K50G50b03w73
CMYK: 24-02-35-00

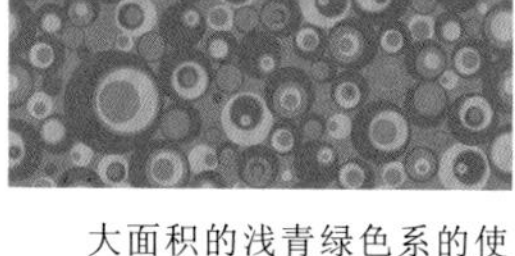

大面积的浅青绿色系的使用，会使厨房明亮清净。

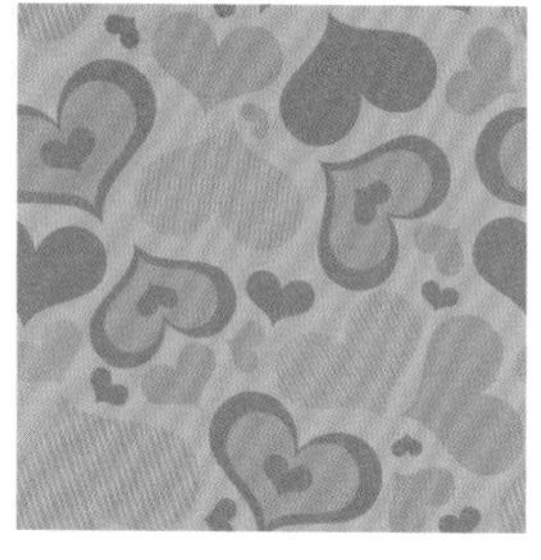

浅青绿色的灰，配以大面积的白色的组合，使厨房空间比较大，有透彻清新的感觉。

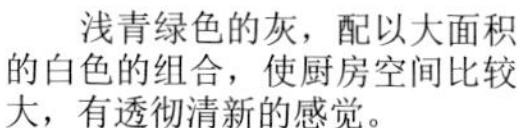

浅黄绿色为立面墙的颜色，橱柜的颜色采用青绿色系的组合，显得稳定安静，有抑制兴奋的功效。

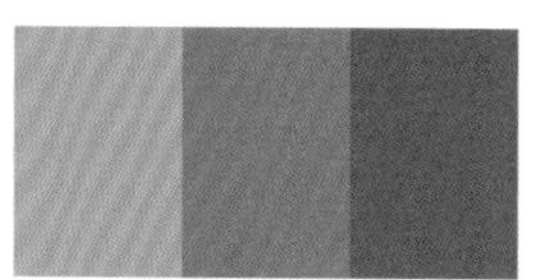

## 3 颜色主题：洁净〔蓝青色系组合配色〕

色彩范围

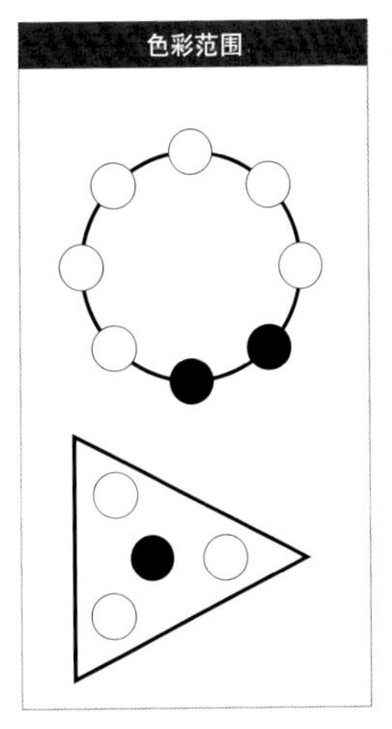

34

BCDS: G100b16w69
CMYK: 38-16-33-00

BCDS: G70T30b16w62
CMYK: 47-13-35-00

BCDS: K40G60b14w44
CMYK: 53-15-62-00

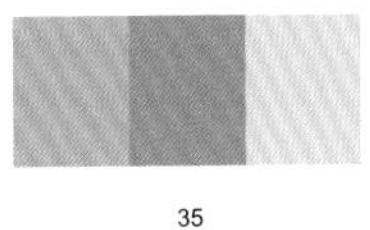

35

BCDS: K20G80b11w65
CMYK: 46-00-41-00

BCDS: G90T10b23w54
CMYK: 56-12-40-00

BCDS: G50T50b47w28
CMYK: 24-02-35-00

36

BCDS: B90P10b19w51
CMYK: 58-27-22-00

BCDS: T10B90b13w59
CMYK: 52-15-20-00

BCDS: B70P30b04w68
CMYK: 38-11-4-00

BCDS: T20B80b11w54
CMYK: 58-12-22-00

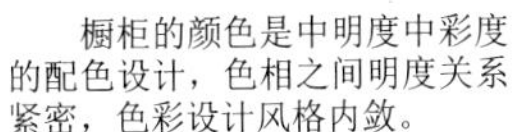

橱柜的颜色是中明度中彩度的配色设计，色相之间明度关系紧密，色彩设计风格内敛。

以浅黄色为立面墙的颜色，配有青绿色和青灰色，灰色的加入使色彩设计可以达到平衡。

青色系的组合配色方案，突出了橱柜的青色和深重的灰地面的颜色，给人一种稳定平和的感觉。

## 3 颜色主题：洁净〔蓝青色系组合配色〕

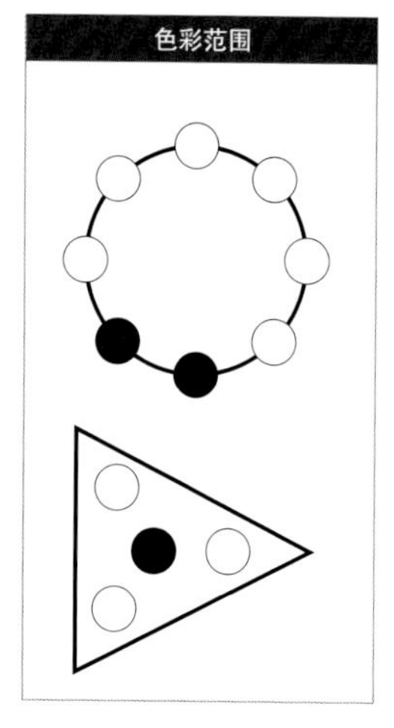


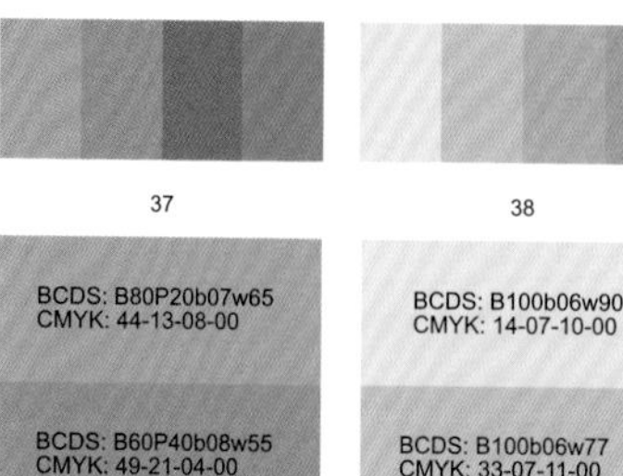

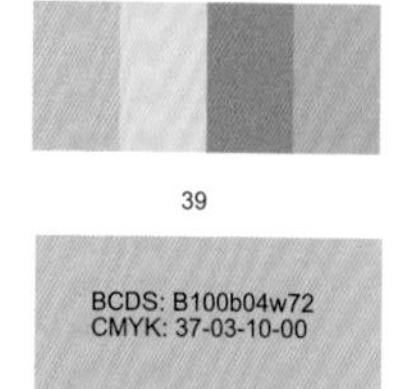

| 37 | 38 | 39 |
|---|---|---|
| BCDS: B80P20b07w65<br>CMYK: 44-13-08-00 | BCDS: B100b06w90<br>CMYK: 14-07-10-00 | BCDS: B100b04w72<br>CMYK: 37-03-10-00 |
| BCDS: B60P40b08w55<br>CMYK: 49-21-04-00 | BCDS: B100b06w77<br>CMYK: 33-07-11-00 | BCDS: B60P40b04w86<br>CMYK: 49-29-16-00 |
| BCDS: T40B60b22w47<br>CMYK: 64-25-33-00 | BCDS: B100b16w76<br>CMYK: 33-18-20-00 | BCDS: B60P40b19w57<br>CMYK: 49-29-16-00 |
| BCDS: T60B40b08w47<br>CMYK: 63-03-28-00 | BCDS: B100b11w64<br>CMYK: 46-15-16-00 | BCDS: B80P20b15w75<br>CMYK: 34-18-18-00 |

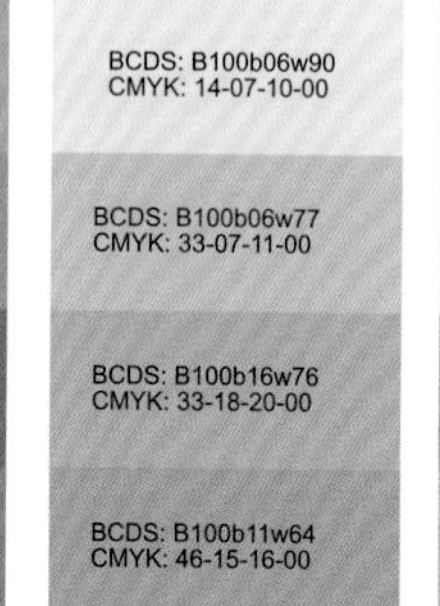

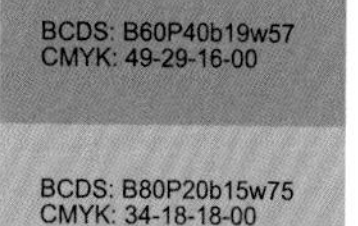

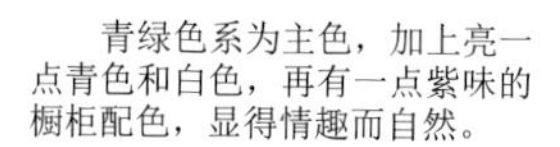

青绿色系为主色，加上亮一点青色和白色，再有一点紫味的橱柜配色，显得情趣而自然。

米黄色的立面墙配以蓝青色的橱柜，有补色对比的味道，给人以明亮而清透的感觉。

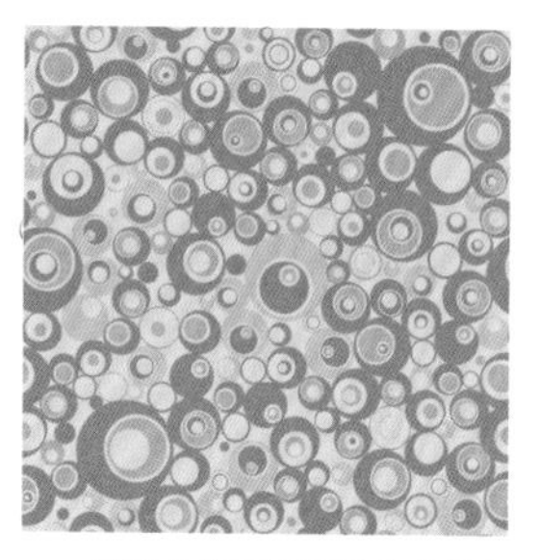

紫蓝色的橱柜配以白色的立面墙，让厨房的环境变得清爽、安静。

## 3 颜色主题：洁净〔蓝青色系组合配色〕

色彩范围

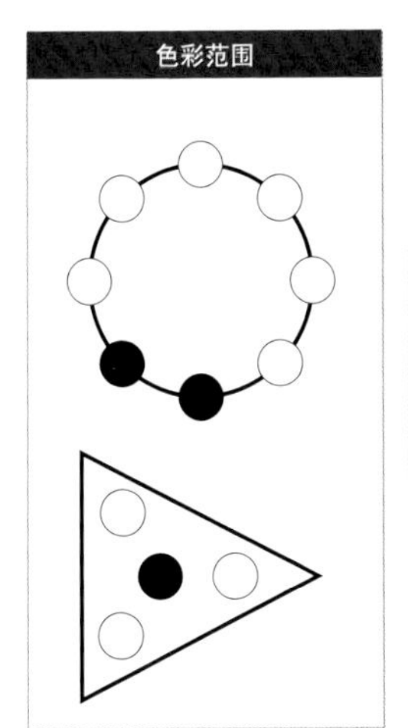

| 40 | 41 | 42 |
| --- | --- | --- |
| BCDS: B90P10b04w67<br>CMYK: 43-09-09-00 | BCDS: B90P10b12w57<br>CMYK: 51-18-15-00 | BCDS: B90P10b18w41<br>CMYK: 67-32-20-00 |
| BCDS: T10B90b17w63<br>CMYK: 49-19-22-00 | BCDS: T30B70b13w71<br>CMYK: 40-14-20-00 | BCDS: B90P10b16w56<br>CMYK: 53-23-20-00 |
| BCDS: T10B90b06w86<br>CMYK: 23-07-12-00 | BCDS: T60B40b20w62<br>CMYK: 49-20-28-00 | BCDS: B90P10b00w72<br>CMYK: 37-25-00-00 |
| BCDS: T60B40b03w78<br>CMYK: 33-00-14-00 | BCDS: T10B90b05w81<br>CMYK: 28-04-11-00 | BCDS: B90P10b07w53<br>CMYK: 55-15-11-00 |

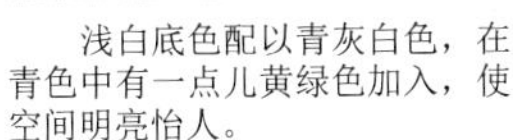

浅白底色配以青灰白色，在青色中有一点儿黄绿色加入，使空间明亮怡人。

湖蓝色的橱柜配上灰绿色的地板，显得宁静而沉稳，再加上灰白色的立面墙就会有明亮感。

高彩度的湖蓝色系的配色组合，需要白色的调整和对比、有良好的采光和照明，这样室内就会感到透彻明亮。

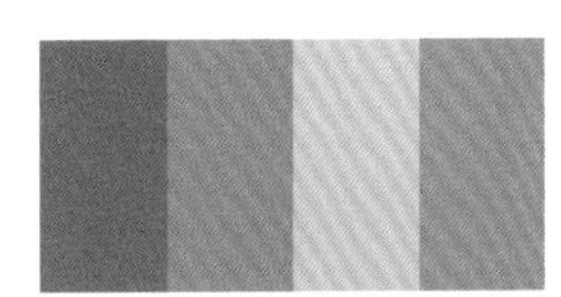

## 3 颜色主题：洁净〔蓝青色系组合配色〕

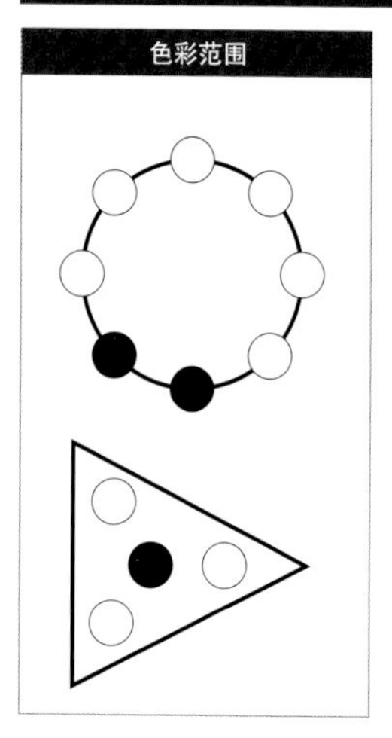


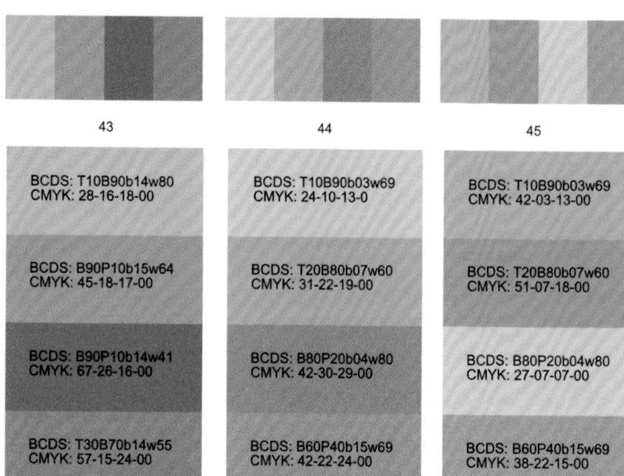

灰白色的立面、青绿色的地面，搭配湖蓝色的橱柜，浑然一体，可以在室内加一点儿橙黄色，具有生机盎然的感觉。

灰色的立面能掩盖生活留下的痕迹，灰豆绿色的橱柜和灰色的立面组合，显得安逸清闲。

在黄绿白色立面的衬托下，青绿色的橱柜显得清洁有序，阳光斜射带来一缕浪漫和温暖。

## 3 颜色主题：洁净〔蓝青色系组合配色〕

色彩范围

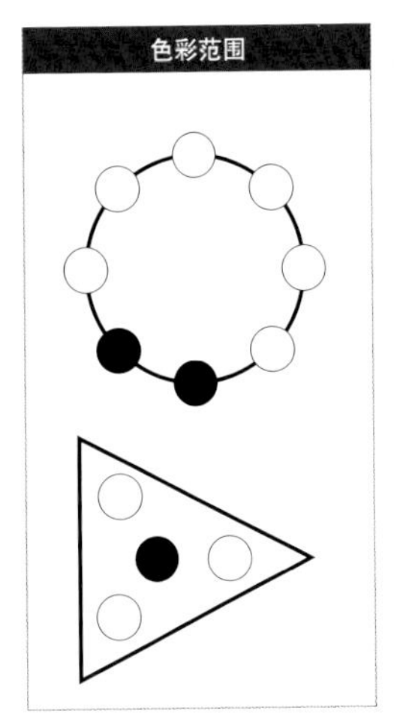

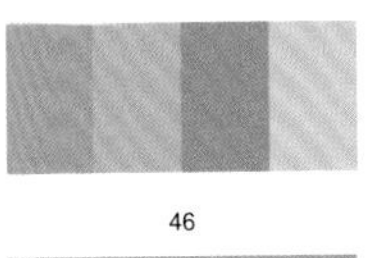

46

| BCDS | CMYK |
|---|---|
| T20B80b10w61 | 51-09-20-00 |
| T20B80b12w72 | 40-12-18-00 |
| B70P30b20w60 | 48-27-19-00 |
| T40B60b12w82 | 26-13-16-00 |

47

| BCDS | CMYK |
|---|---|
| T60B40b24w58 | 54-25-35-00 |
| B90P10b34w54 | 56-39-34-00 |
| B60P40b30w65 | 44-33-31-00 |
| T60B40b08w76 | 33-5-17-00 |

48

| BCDS | CMYK |
|---|---|
| B100b09w52 | 58-14-17-00 |
| T40B60b13w59 | 52-13-24-00 |
| T20B80b34w51 | 31-38-37-00 |
| B60P40b11w75 | 32-16-13-00 |

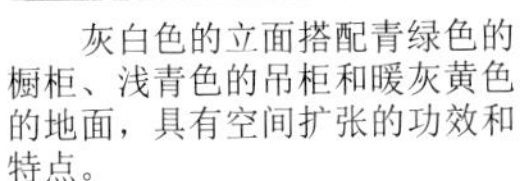

灰白色的立面搭配青绿色的橱柜、浅青色的吊柜和暖灰黄色的地面，具有空间扩张的功效和特点。

灰咖啡色的橱柜和吊柜，显得稳重和大方，在它们之间加以白色的立面，增加了层次感。

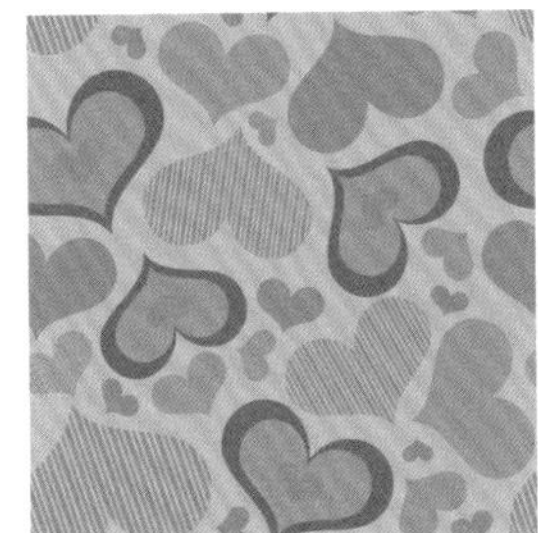

青绿色的橱柜、深灰色的装饰线，再配以白色的立面，加强了明度的差距，提高了空间感。

## 3 颜色主题：洁净〔蓝青色系组合配色〕

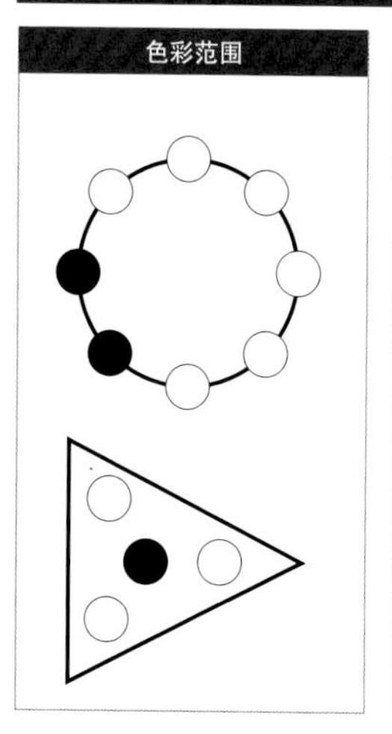


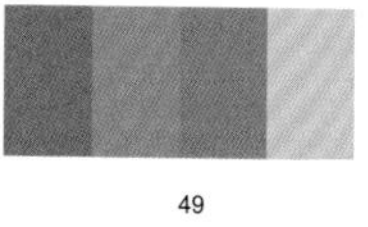

49

BCDS: B90P10b35w53
CMYK: 57-40-35-00

BCDS: T10B90b18w56
CMYK: 54-22-23-00

BCDS: B60P40b25w56
CMYK: 52-35-23-00

BCDS: B50P50b10w79
CMYK: 25-15-11-00

50

BCDS: T10B90b04w80
CMYK: 29-02-10-00

BCDS: B70P30b11w74
CMYK: 33-15-13-00

BCDS: B90P10b21w65
CMYK: 46-26-22-00

BCDS: T40B60b44w41
CMYK: 69-48-46-00

51

BCDS: B100b17w29
CMYK: 78-33-22-00

BCDS: B70P30b13w42
CMYK: 63-30-09-00

BCDS: T40B60b12w58
CMYK: 53-11-23-00

大面积的白色立面，配以青绿色和普蓝灰色的橱柜，颜色对比层次分明，明亮开阔。

深豆绿色的橱柜和中灰蓝色的地面的组合，沉稳厚重，搭配白色的立面墙为背景，沉稳中带一丝轻快。

翠蓝色的橱柜配以灰青绿色的地面漆，再加上有蓝青色感觉的立面墙，有一丝清凉感觉。

## 3 颜色主题：洁净〔蓝青色系组合配色〕

**色彩范围**

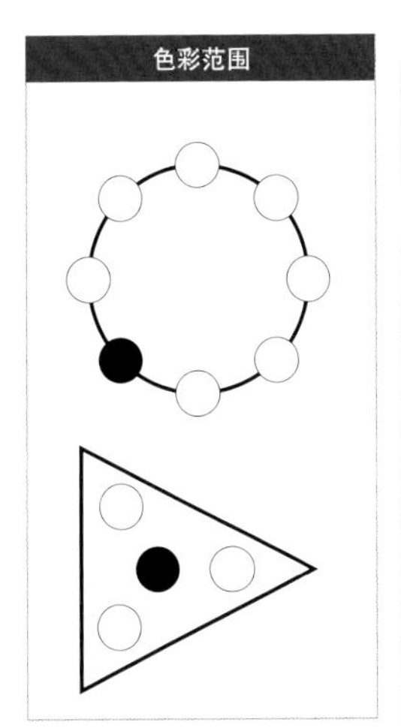

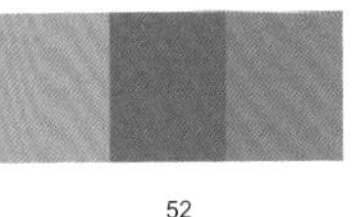

52

BCDS: B80P20b11w61
CMYK: 46-18-12-00

BCDS: B100b12w41
CMYK: 69-23-19-00

BCDS: T40B60b14w50
CMYK: 61-15-27-00

53

BCDS: B70P30b10w70
CMYK: 38-15-111-00

BCDS: B90P10b12w46
CMYK: 63-22-15-00

BCDS: T40B60b10w20
CMYK: 78-24-32-00

54

BCDS: G10T90b06w87
CMYK: 20-06-13-00

BCDS: T80B20b16w81
CMYK: 27-17-20-00

BCDS: G50T50b07w78
CMYK: 30-03-20-00

BCDS: G50T50b25w56
CMYK: 55-25-40-00

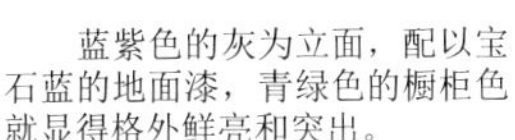

蓝紫色的灰为立面，配以宝石蓝的地面漆，青绿色的橱柜色就显得格外鲜亮和突出。

蓝白色的立面配以青色的橱柜和吊柜，鲜亮的青色起着点缀和调和的作用。

大面积的粉白味的豆绿色是橱柜的配色，青绿色和浅灰色为调和色，整体明快清洁。

## 3 颜色主题：洁净〔蓝青色系组合配色〕

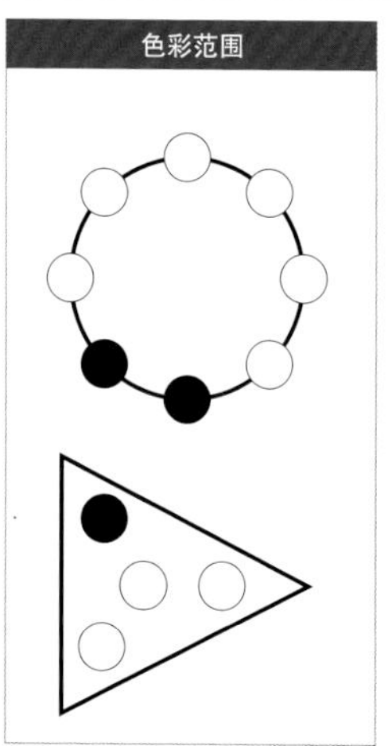


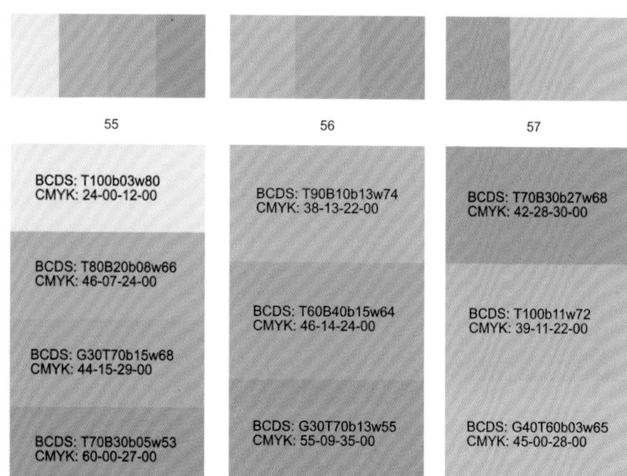


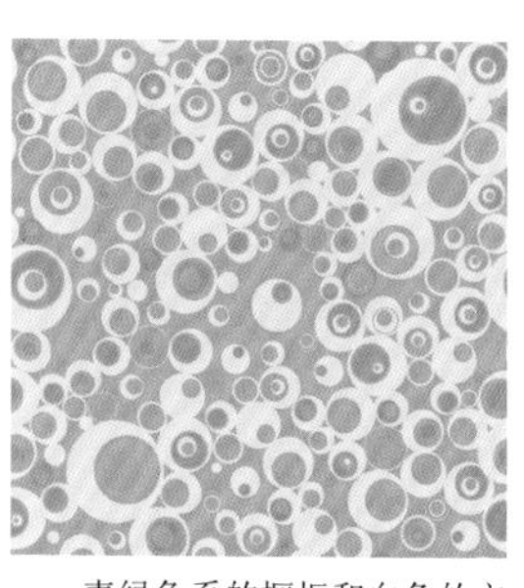

青绿色系的橱柜和白色的立面的组合搭配，使空间有放大的感觉。

漆面的翠绿色的橱柜，配有白色的立面和吊顶，使厨房的空间放大，明亮透彻。

灰色的地面漆给人以稳重的感觉，浅青绿色的橱柜和吊柜，加上一点儿深色，会有清洁和明亮的感觉。

## 3 颜色主题：洁净〔蓝青色系组合配色〕

色彩范围

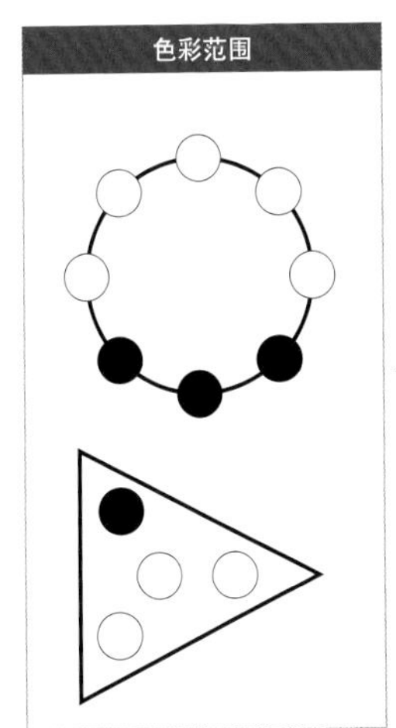

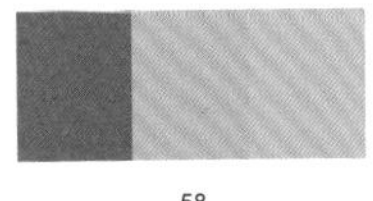

58

BCDS: T80B20b24w31
CMYK: 76-27-44-00

BCDS: T50B50b04w63
CMYK: 48-00-20-00

BCDS: G50T50b01w60
CMYK: 48-00-31-00

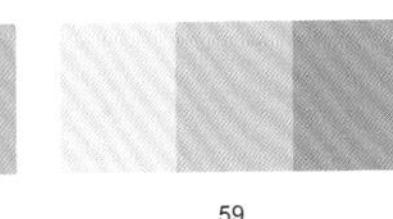

59

BCDS: T90B10b01w32
CMYK: 70-00-36-00

BCDS: G20T80b19w12
CMYK: 83-35-61-00

BCDS: T60B40b29w04
CMYK: 87-48-52-01

60

BCDS: T90B10b30w55
CMYK: 56-31-36-00

BCDS: G20T80b18w73
CMYK: 37-20-25-00

BCDS: G50T50b06w80
CMYK: 27-01-09-00

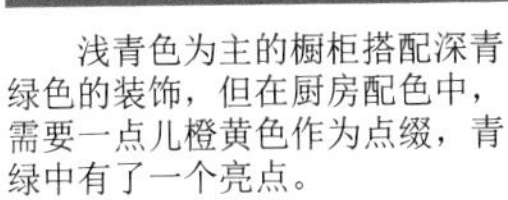

浅青色为主的橱柜搭配深青绿色的装饰，但在厨房配色中，需要一点儿橙黄色作为点缀，青绿中有了一个亮点。

浅青灰白色为立面墙的颜色，搭配青绿色的橱柜和吊柜，色相对比统一和谐。

以灰白色为立面墙的颜色和浅果绿色为橱柜和局部立面墙的颜色，使整体颜色显得通透明亮。

## 4 颜色主题：高贵〔紫红色系组合配色〕

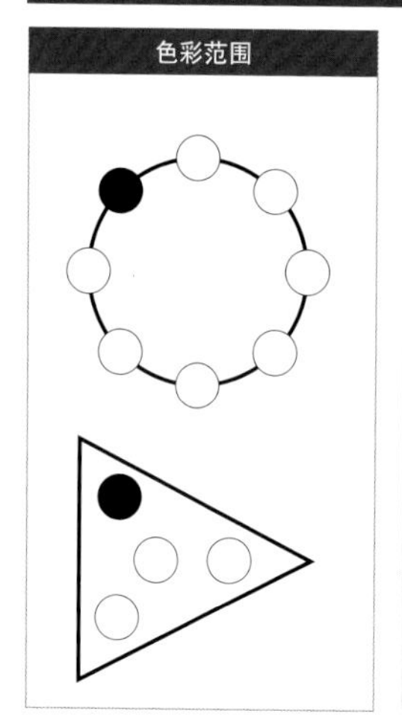


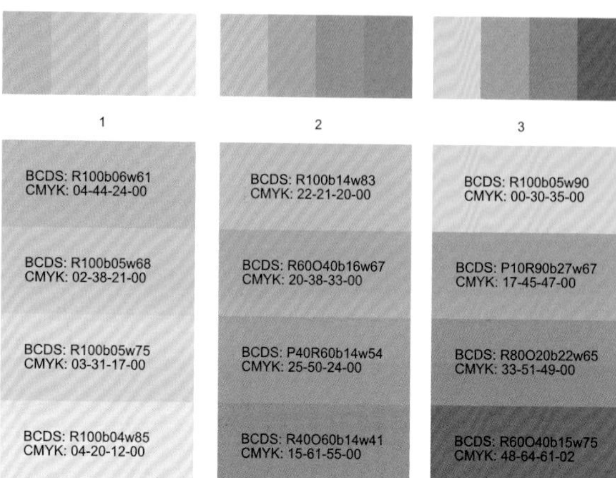

曙红色系的橱柜配色设计，从深到浅有序的排列，给人以温暖而亲切的感觉。

枣木色的橱柜、灰紫色的地板砖，搭配灰色的立面墙和浅咖啡色的吊柜，显得古朴而厚重。

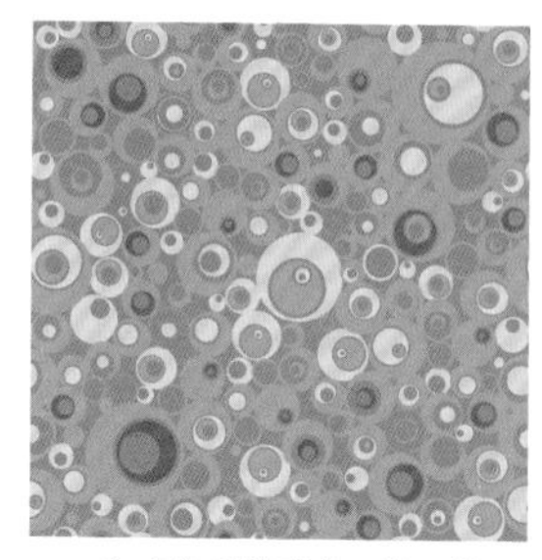

咖啡色系的配色风格，均是中明度的暖色相，中间的白墙的颜色让空间有了通透感。

## 4 颜色主题：高贵〔紫红色系组合配色〕

色彩范围

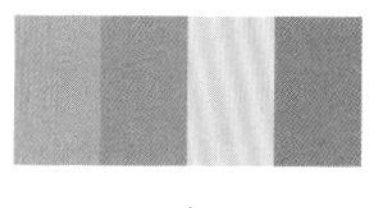

| 4 | 5 | 6 |
|---|---|---|
| BCDS: R100b08w58<br>CMYK: 11-49-28-00 | BCDS: R80O20b03w75<br>CMYK: 00-32-21-00 | BCDS: R100b06w84<br>CMYK: 09-22-16-00 |
| BCDS: P20R80b20w60<br>CMYK: 30-45-30-00 | BCDS: R50O50b12w74<br>CMYK: 15-32-31-00 | BCDS: R70O30b05w74<br>CMYK: 02-31-23-00 |
| BCDS: R70O30b06w76<br>CMYK: 03-29-21-00 | BCDS: R30O70b21w74<br>CMYK: 29-30-29-00 | BCDS: R50O50b13w76<br>CMYK: 17-31-23-00 |
| BCDS: P30R70b29w60<br>CMYK: 39-42-34-00 | BCDS: R100b03w61<br>CMYK: 00-45-23-00 | BCDS: P10R90b21w75<br>CMYK: 30-28-26-00 |

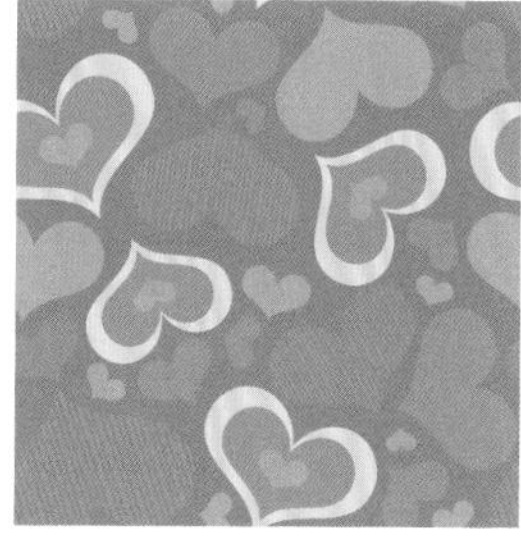

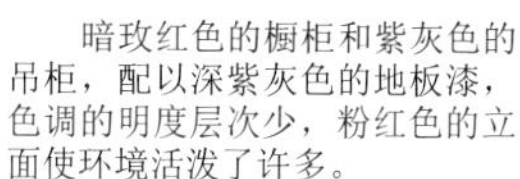

暗玫红色的橱柜和紫灰色的吊柜，配以深紫灰色的地板漆，色调的明度层次少，粉红色的立面使环境活泼了许多。

曙红色系的配色设计方案，中明度的曙红色的橱柜，配以浅一点儿的灰曙红色的吊柜，暖暖的给人以温馨感。

暖灰色的立面墙配以曙红色的橱柜，白色的吊柜和地面的颜色拉开了明度，给人以明亮和舒适的感觉。

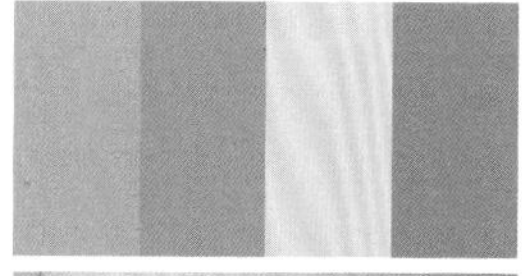

## 4 颜色主题：高贵〔紫红色系组合配色〕

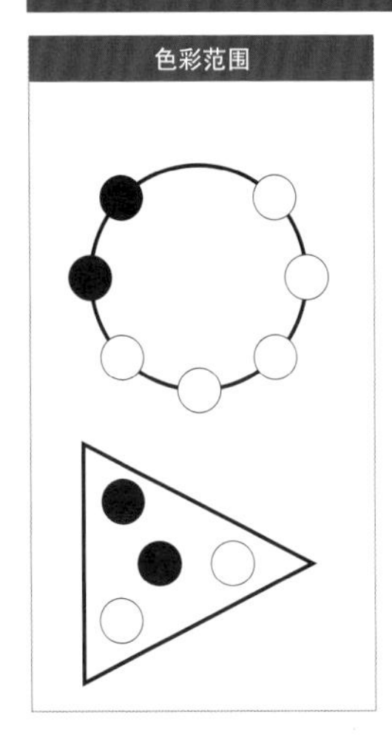


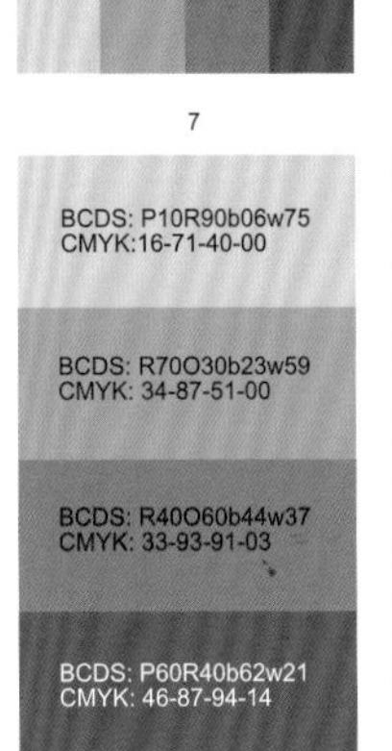


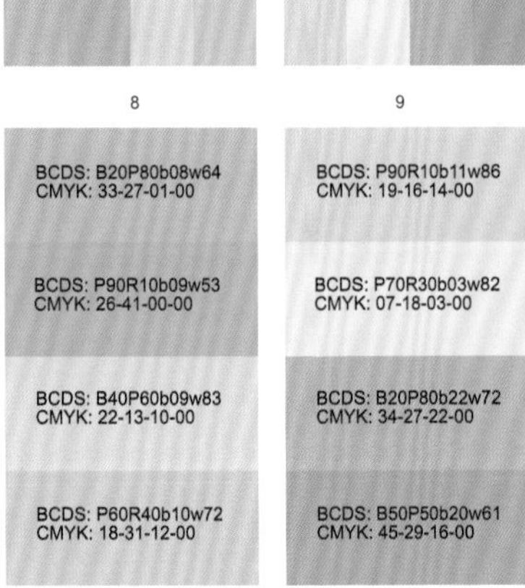

深咖啡色的橱柜和曙红色的地面漆色，明暗层次分明，赋予了整个空间节奏和韵律感。

蓝灰色的立面搭配紫罗兰色的橱柜，除了需要白色立面墙以外，需要一点儿果绿色做点缀。

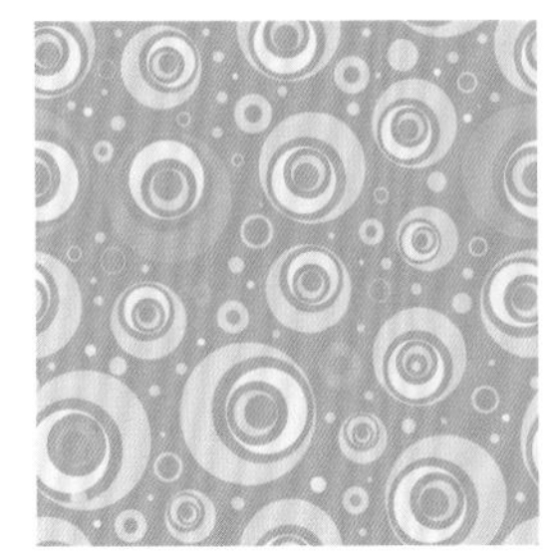

灰色的立面墙，搭配蓝灰色的橱柜，点缀一点儿粉红色的吊柜面，使整个空间安静中又增添了一点活泼。

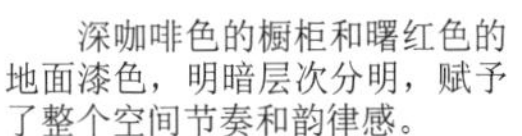

## 4 颜色主题：高贵〔紫红色系组合配色〕

色彩范围

| 10 | 11 | 12 |
|---|---|---|
| BCDS: B10P90b22w58<br>CMYK: 41-37-18-00 | BCDS: P70R30b03w88<br>CMYK: 05-13-03-00 | BCDS: P80R20b04w61<br>CMYK: 16-36-00-00 |
| BCDS: P70R30b05w86<br>CMYK: 09-14-06-00 | BCDS: P70R30b14w80<br>CMYK: 23-23-16-00 | BCDS: P50R50b07w83<br>CMYK: 11-18-10-00 |
| BCDS: P70R30b27w68<br>CMYK: 38-34-29-00 | BCDS: P70R30b09w72<br>CMYK: 18-30-10-00 | BCDS: P50R50b25w69<br>CMYK: 36-33-29-00 |
| BCDS: P90R10b09w68<br>CMYK: 23-29-07-00 | BCDS: P70R30b14w58<br>CMYK: 27-43-15-00 | BCDS: B60P40b13w68<br>CMYK: 38-20-13-00 |

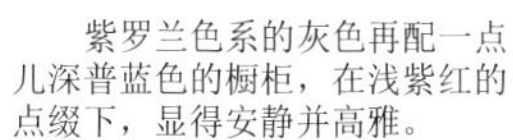

紫罗兰色系的灰色再配一点儿深普蓝色的橱柜，在浅紫红的点缀下，显得安静并高雅。

橱柜的颜色是紫罗兰含灰色的系列配色，橱柜上下有明度的区分，在紫色的环境中需要一点鲜亮的果绿色点神之笔。

灰味的紫罗兰色系列的橱柜，搭配粉红色的立面墙和深灰色的地面漆，色彩明度层次清晰明亮。

## 4 颜色主题：高贵〔紫红色系组合配色〕

色彩范围

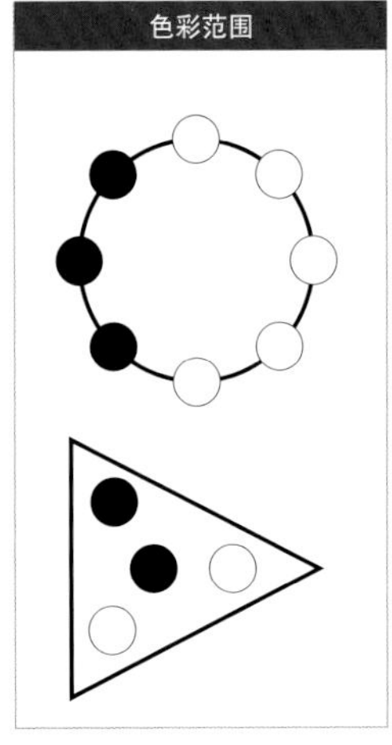

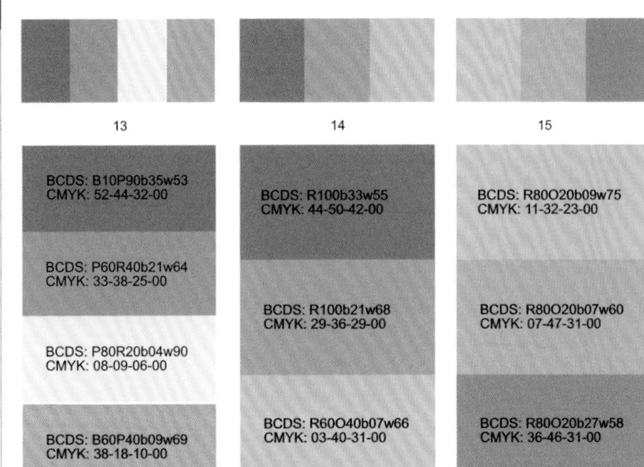

深紫色配以蓝灰色的橱柜，在上下之间搭配蓝灰色的立面，给人以神秘而又高雅的感觉。

深棕色的橱柜配以粉红色的吊柜，温暖中带有一些稳重。

棕色的橱柜配以灰红色的吊柜，再搭配棕灰色的地板漆，显得古朴自然，稳定厚重。

## 4 颜色主题：高贵〔紫红色系组合配色〕

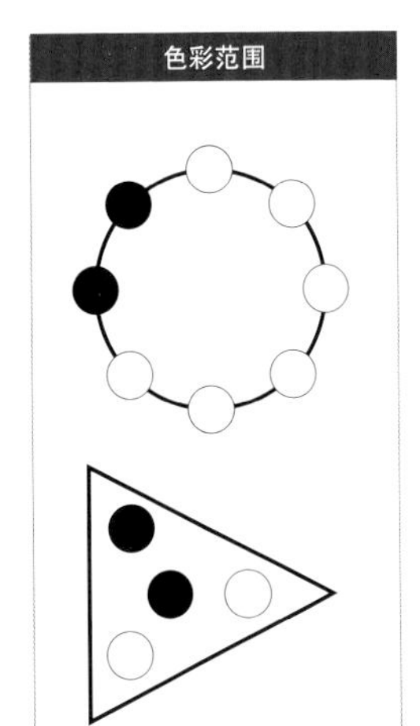


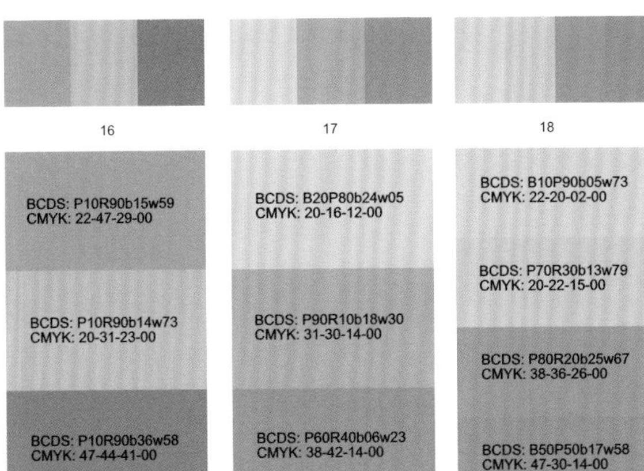

暗曙红色的橱柜搭配藕灰色的吊柜和地面，使整体颜色设计非常统一和协调。

浅灰色的立面墙配以中灰色的地面漆和紫罗兰色的橱柜，显得高雅而神秘。

蓝灰色的橱柜、浅蓝灰色的吊柜、暖灰色的立面墙搭配深灰色的地面漆，显得文雅安静。

# Chapter 5 书房配色方案

书房是我们学习休闲、文化提升、解读世界、安静心灵的地方。要求色彩设计突出安静、稳重，光线明亮，环境舒适的设计风格。在色彩设计方面不要使用刺激的颜色，颜色不要过于鲜亮，颜色大都用暖色系列，咖啡系列、砖红系列、原木色系列，配有一些亮一点的黄、棕、果绿、奶白等，风格有古朴书香的感觉、有现代简约的风尚。

## 1 颜色主题：书香〔中明度低彩度配色〕

色彩范围

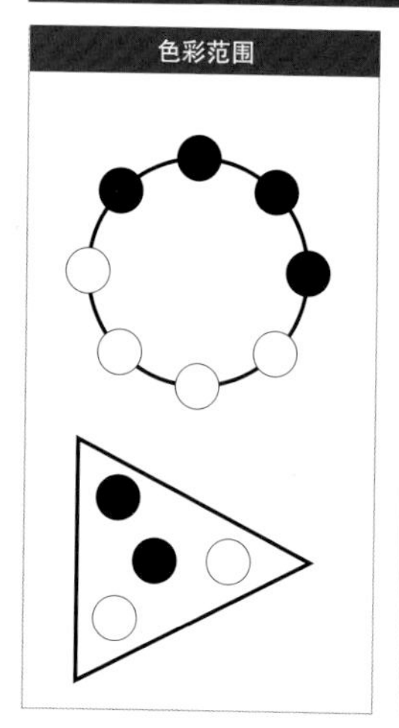

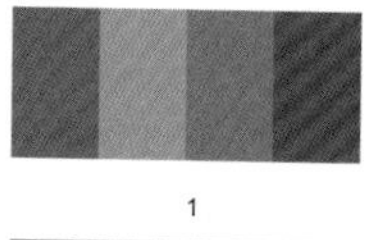

1

BCDS: Y50K50b48w35
CMYK: 59-52-68-03

BCDS: Y100b28w59
CMYK: 36-36-50-00

BCDS: O50Y50b38w40
CMYK: 44-55-65-00

BCDS: R30O70b57w30
CMYK: 59-65-66-12

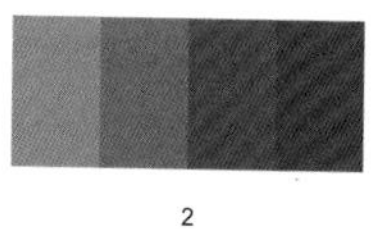

2

BCDS: K60G40b30w57
CMYK: 48-31-47-00

BCDS: K30G70b36w40
CMYK: 63-40-62-00

BCDS: G80T20b51w32
CMYK: 73-51-62-05

BCDS: G40T60b62w30
CMYK: 74-60-61-12

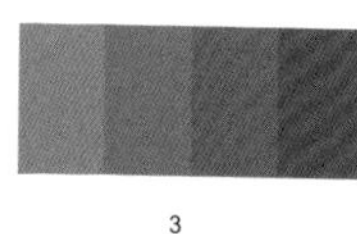

3

BCDS: K80G20b29w54
CMYK: 47-34-53-00

BCDS: Y10K90b39w43
CMYK: 54-43-62-00

BCDS: Y50K50b46w36
CMYK: 58-51-69-02

BCDS: Y100b53w29
CMYK: 59-60-74-11

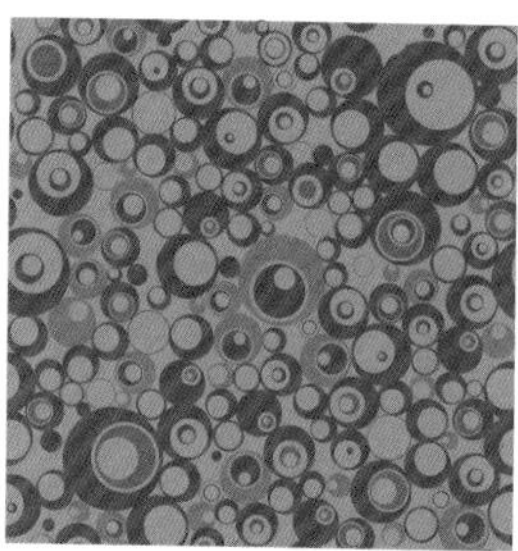

大面积的米色墙面，棕咖色的书柜和地面，给人安静祥和的感觉，配以绿色的植物，显得宁静中不乏清新。

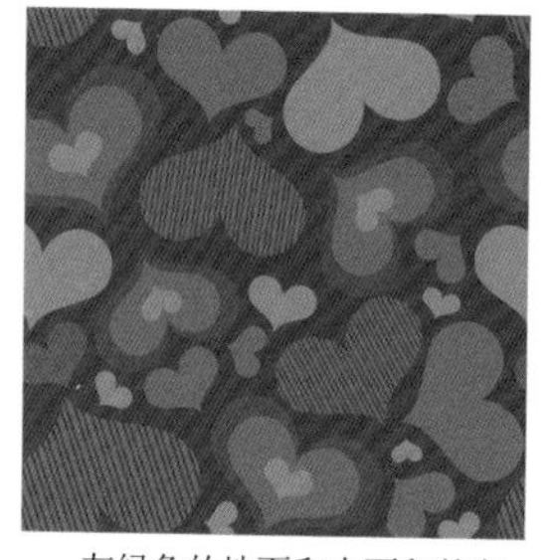

灰绿色的地面和大面积的灰白色，搭配檀色的书柜，这样的组合让人觉得清新自然，又有古朴的书香气。

浅灰绿色的墙面搭配棕色的家具，巧妙地结合了古朴和现代的感觉，白色窗帘的点缀，整体给人典雅、明净、柔和的感觉。

## 1 颜色主题：书香〔中明度低彩度配色〕

色彩范围

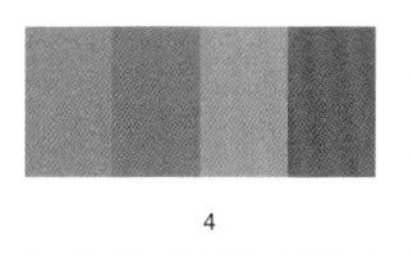

4

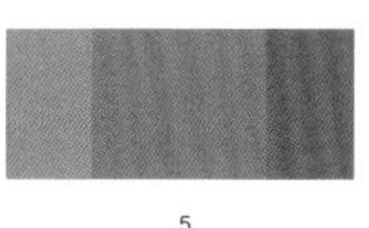

5

6

BCDS: Y30K70b34w55
CMYK: 47-38-50-00

BCDS: Y10K90b39w43
CMYK: 55-44-64-00

BCDS: Y90K10b29w50
CMYK: 37-39-59-00

BCDS: O40Y60b54w36
CMYK: 58-60-65-07

BCDS: O40Y60b33w55
CMYK: 41-43-53-00

BCDS: O90Y10b36w43
CMYK: 42-58-63-00

BCDS: R20O80b41w47
CMYK: 47-53-54-00

BCDS: R70O30b49w39
CMYK: 57-62-58-04

BCDS: K40G60b52w32
CMYK: 69-53-67-07

BCDS: K80G20b35w43
CMYK: 55-41-62-00

BCDS: Y10K90b30w53
CMYK: 45-35-54-00

BCDS: Y80K20b26w67
CMYK: 35-31-40-00

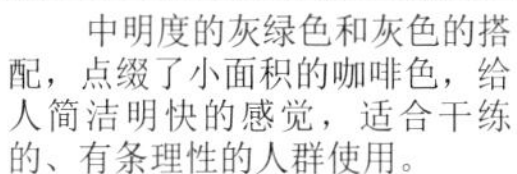

中明度的灰绿色和灰色的搭配，点缀了小面积的咖啡色，给人简洁明快的感觉，适合干练的、有条理性的人群使用。

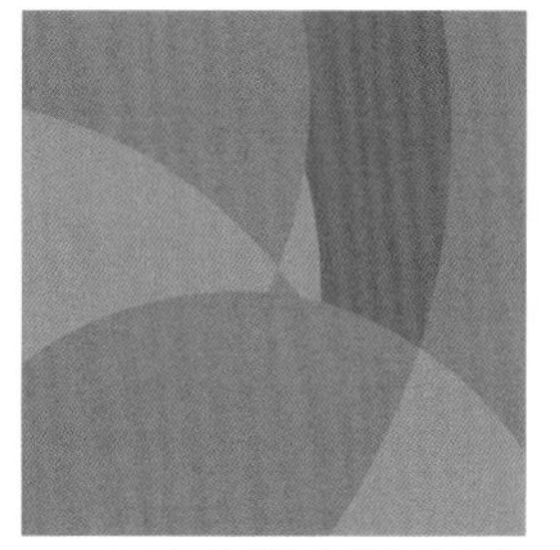

大面积的棕色和咖啡色的配色组合，给人沉稳、古色古香的感觉。大大的窗户，良好的采光，打破了中式家具的沉闷。

深绿色和灰绿色为主色调，点缀浅色调的墙壁，给人安静、清新、洁净的感觉，又不乏沉稳深邃的格调。

## 1 颜色主题：书香〔中明度低彩度配色〕

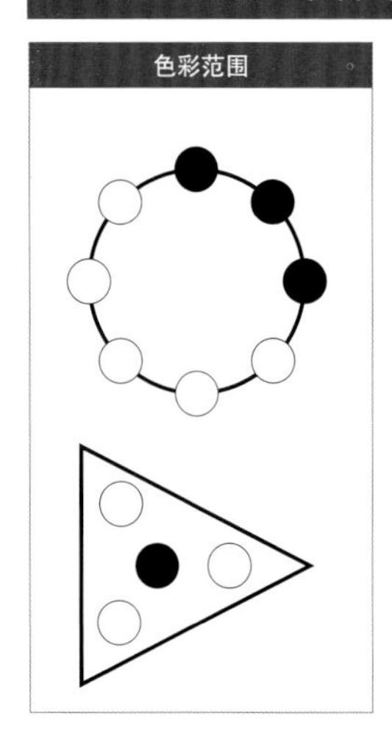

| 7 | 8 | 9 |
|---|---|---|
| BCDS: O60Y40b36w56<br>CMYK: 44-44-47-00 | BCDS: G40T60b51w34<br>CMYK: 73-53-57-04 | BCDS: O60Y40b36w56<br>CMYK: 44-44-47-00 |
| BCDS: O20Y80b34w47<br>CMYK: 42-46-62-00 | BCDS: T80B20b66w26<br>CMYK: 76-62-61-15 | BCDS: O20Y80b34w47<br>CMYK: 42-46-62-00 |
| BCDS: Y70K30b38w49<br>CMYK: 49-45-58-00 | BCDS: T30B70b42w34<br>CMYK: 74-49-45-00 | BCDS: Y70K30b38w49<br>CMYK: 49-45-58-00 |
| BCDS: Y30K70b44w46<br>CMYK: 55-47-57-00 | BCDS: B80P20b34w51<br>CMYK: 59-42-33-00 | BCDS: Y30K70b44w46<br>CMYK: 55-47-57-00 |

土黄色的墙面，灰绿色的地面，搭配驼色的书柜，点缀白色的书桌，给人以大地的沉着和质朴的感觉。

大面积的灰蓝色系的组合，搭配白色，给人以简洁、素净的感觉，让人心里冷静、清醒。

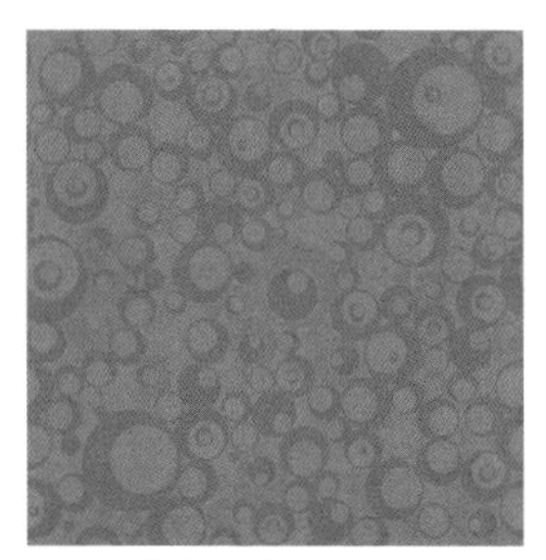

土黄色和灰绿色的配色组合，点缀米灰色，给人温暖活泼的感觉，又不乏典雅的特质。

## 1 颜色主题：书香〔中明度低彩度配色〕

色彩范围

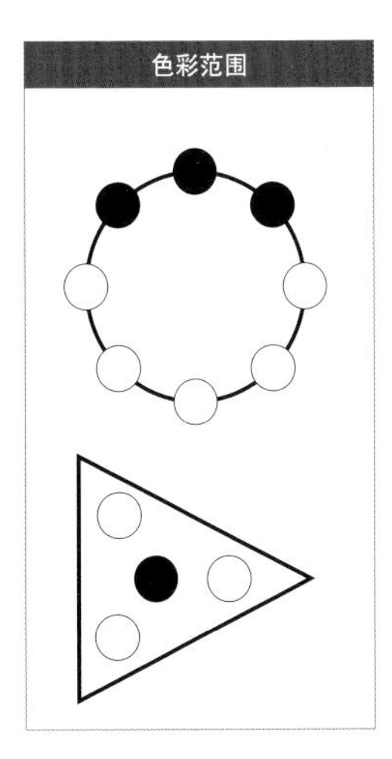

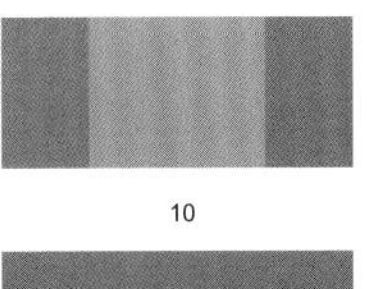

10

BCDS: Y80K20b48w37
CMYK: 57-55-68-04

BCDS: O20Y80b32w46
CMYK: 38-45-62-00

BCDS: O70Y30b30w58
CMYK: 37-44-50-00

BCDS: R50O50b48w43
CMYK: 56-59-56-02

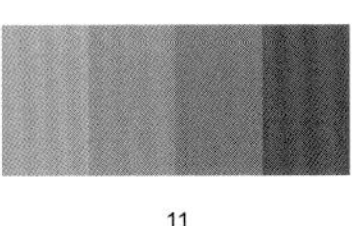

11

BCDS: Y50K50b29w58
CMYK: 42-35-50-00

BCDS: Y10K90b37w49
CMYK: 51-41-57-00

BCDS: K60G40b47w41
CMYK: 62-48-59-01

BCDS: G100b65w27
CMYK: 75-62-64-17

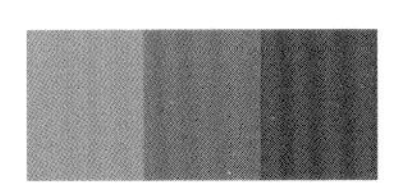

12

不同明度的棕色组合，搭配少许绿色，让原本沉着质朴的感觉中多了几分清新活泼。

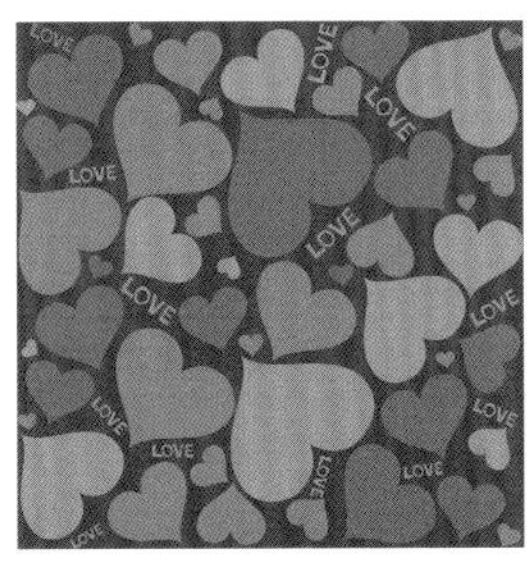


用大面积的中明度灰绿色，搭配少许的深灰绿色，使整个书房既大方又深沉。

大面积的粉红灰色，用现代温和的色彩搭配紫檀色的家具，柔美中不乏坚毅，古朴中又多了很多现代气息。

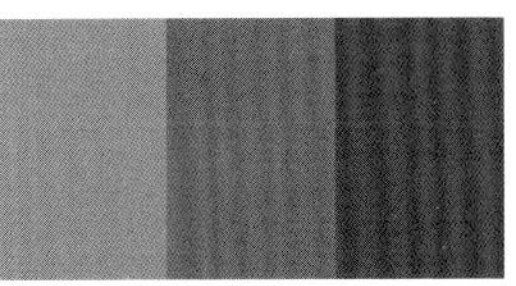

## 1 颜色主题：书香〔中明度低彩度配色〕

色彩范围

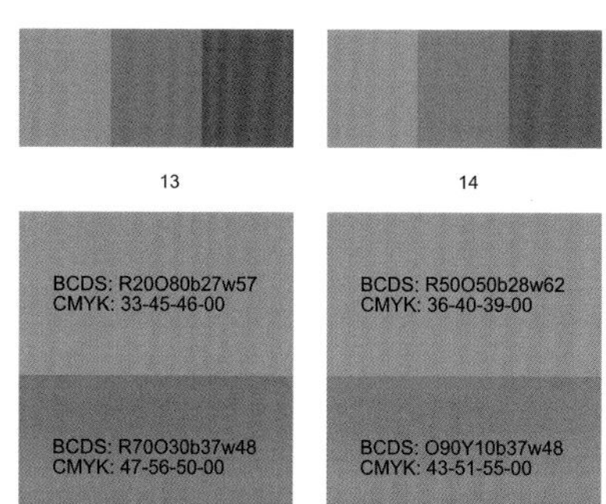

| 13 | 14 | 15 |
|---|---|---|
| BCDS: R20O80b27w57<br>CMYK: 33-45-46-00 | BCDS: R50O50b28w62<br>CMYK: 36-40-39-00 | BCDS: K30G70b35w47<br>CMYK: 58-38-55-00 |
| BCDS: R70O30b37w48<br>CMYK: 47-56-50-00 | BCDS: O90Y10b37w48<br>CMYK: 43-51-55-00 | BCDS: G90T10b41w39<br>CMYK: 69-44-58-00 |
| BCDS: P20R80b57w35<br>CMYK: 64-64-56-07 | BCDS: O40Y60b51w36<br>CMYK: 56-59-68-06 | BCDS: G30T70b57w31<br>CMYK: 75-57-59-08 |

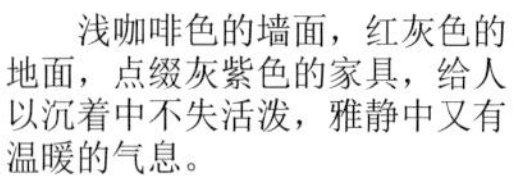

浅咖啡色的墙面，红灰色的地面，点缀灰紫色的家具，给人以沉着中不失活泼，雅静中又有温暖的气息。

咖啡色系家具搭配米色系的饰物，书房的古朴雅致、儒雅稳重的感觉表达得恰到好处。

深绿色和浅绿色的组合，把森林的神秘和宁静表达得淋漓尽致，点缀的白色纱帘又多了一份清新。

## 1 颜色主题：书香〔中明度低彩度配色〕

色彩范围

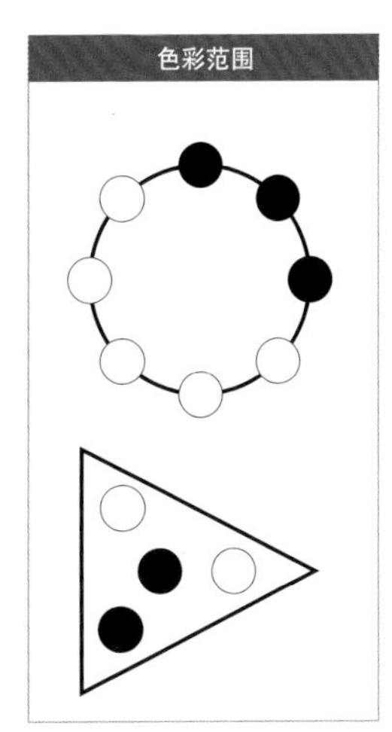

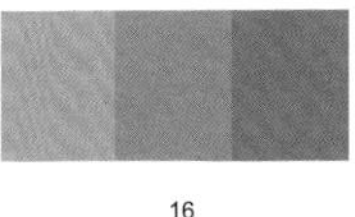

16

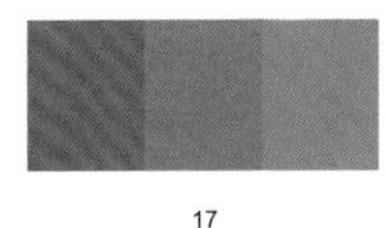

17

18

| 16 | 17 | 18 |
|---|---|---|
| BCDS: O10Y90b32w53<br>CMYK: 39-40-55-00 | BCDS: T80B20b65w30<br>CMYK: 74-62-58-12 | BCDS: P10R90b43w41<br>CMYK: 55-62-53-02 |
| BCDS: Y80K20b44w44<br>CMYK: 53-50-62-01 | BCDS: T40B60b52w38<br>CMYK: 70-53-52-02 | BCDS: R70O30b34w52<br>CMYK: 43-52-47-00 |
| BCDS: Y30K70b56w32<br>CMYK: 65-57-68-09 | BCDS: B80P20b38w44<br>CMYK: 65-46-37-00 | BCDS: R30O70b51w29<br>CMYK: 55-67-69-11 |

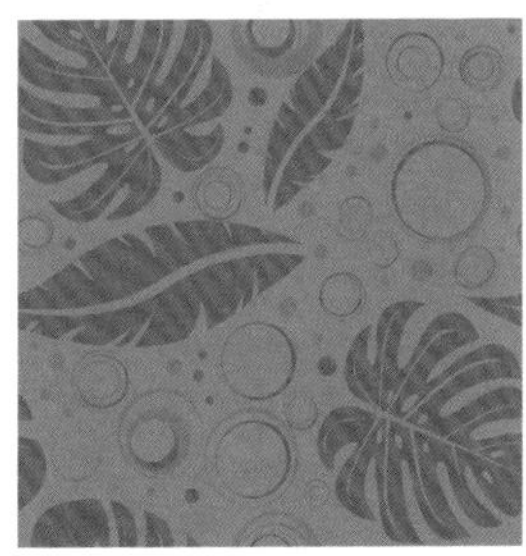

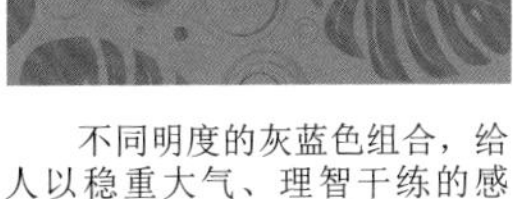

不同明度的灰蓝色组合，给人以稳重大气、理智干练的感觉。整体色调和谐自然。

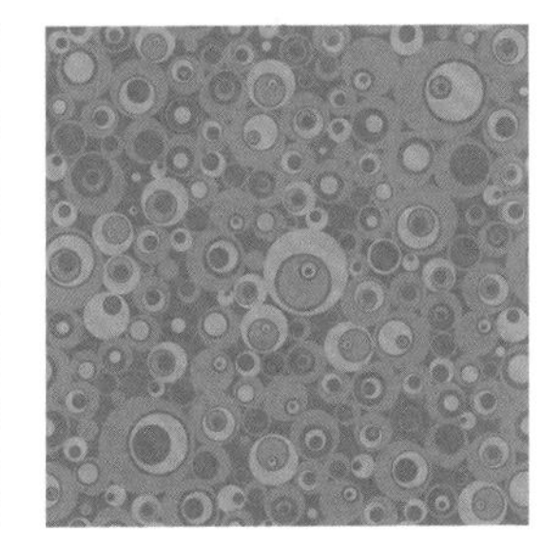

大面积的米黄色和灰绿色的搭配，点缀暖白色的家具，整体感觉雅致、平和，给人以亲切的感觉。

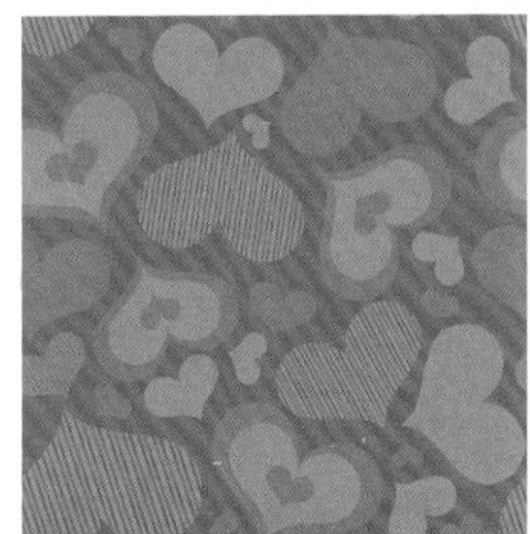

米色和浅灰紫色的配色组合，给人浪漫柔和的女人味，使人倍感舒适和恬静。少许棕色的搭配又不失稳重。

## 1 颜色主题：书香〔中明度低彩度配色〕

色彩范围

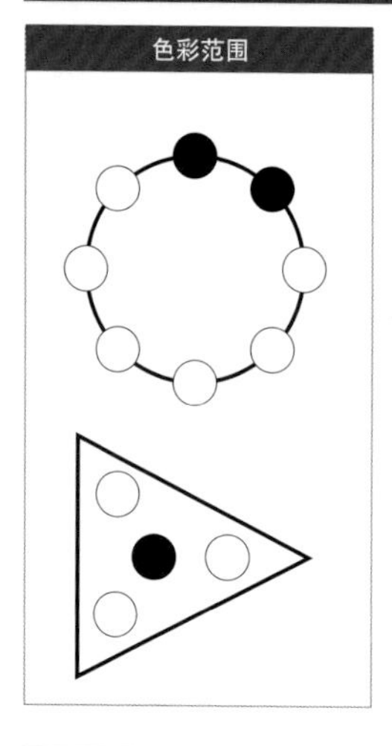

19

BCDS: R20O80b37w52
CMYK: 44-49-52-00

BCDS: O80Y20b42w42
CMYK: 49-56-61-01

BCDS: O40Y60b48w33
CMYK: 52-59-73-05

20

BCDS: Y20K80b35w50
CMYK: 49-39-55-00

BCDS: K80G20b44w44
CMYK: 59-47-57-00

BCDS: K30G70b53w26
CMYK: 74-54-72-12

21

BCDS: Y60K40b31w50
CMYK: 44-38-59-00

BCDS: Y10K90b38w44
CMYK: 54-43-62-00

BCDS: G100b50w40
CMYK: 68-52-56-02

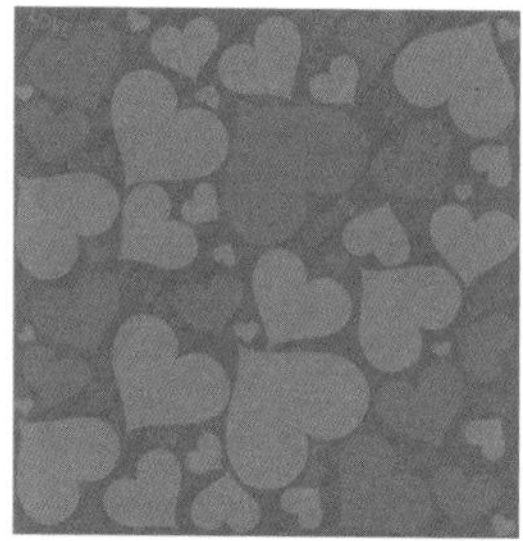

米色的墙面和地板，搭配浅棕色的书桌，整个书房和谐统一，优雅自然。

浅灰绿色搭配棕黄色的橱柜，这个组合方式平淡中略带明快生动，整体协调。

灰绿色和灰蓝色的配色组合，搭配棕色的书架，这个设计既有色相的对比，又使明度达到了和谐统一，给人清新、古朴的感觉。

## 1 颜色主题：书香〔中明度低彩度配色〕

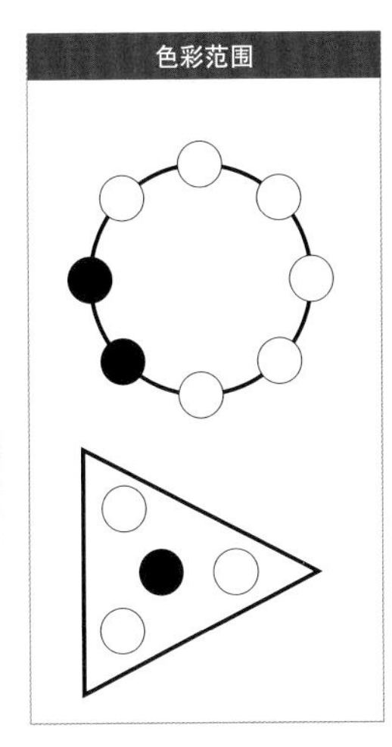


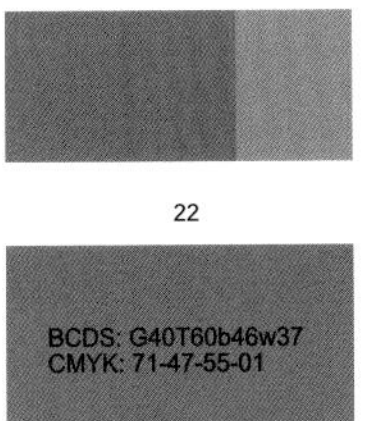

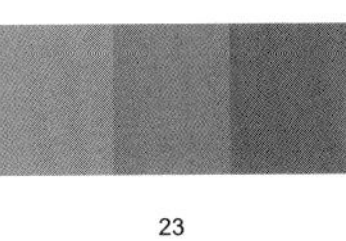

22

BCDS: G40T60b46w37
CMYK: 71-47-55-01

BCDS: T90B10b51w38
CMYK: 70-52-54-02

BCDS: T20B80b28w54
CMYK: 58-32-33-00

23

BCDS: O90Y10b35w52
CMYK: 41-49-52-00

BCDS: O10Y90b42w40
CMYK: 51-53-66-01

BCDS: Y40K60b53w29
CMYK: 63-56-72-09

24

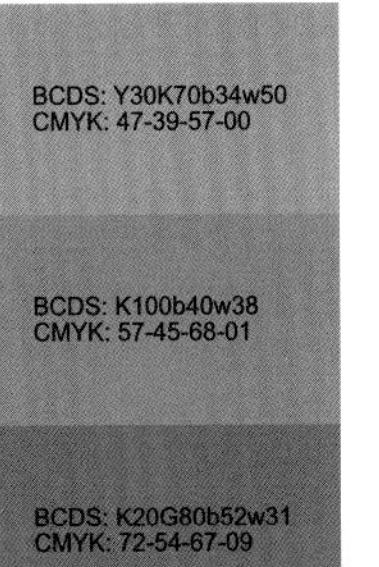

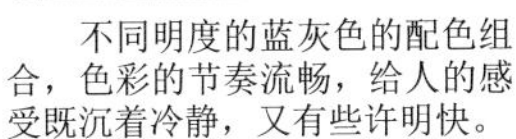

不同明度的蓝灰色的配色组合，色彩的节奏流畅，给人的感受既沉着冷静，又有些许明快。

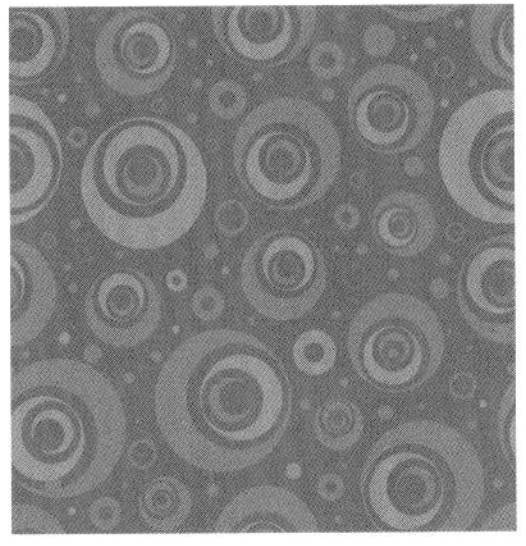

整个书房以奶茶色为主色调，搭配中明度的灰绿色，给人简洁、含蓄、雅致的感觉。

三种中明度不同彩度的灰绿色，这个组合搭配，空间层次清晰，组合自然，给人稳重干练的气息。

## 1 颜色主题：书香〔中明度低彩度配色〕

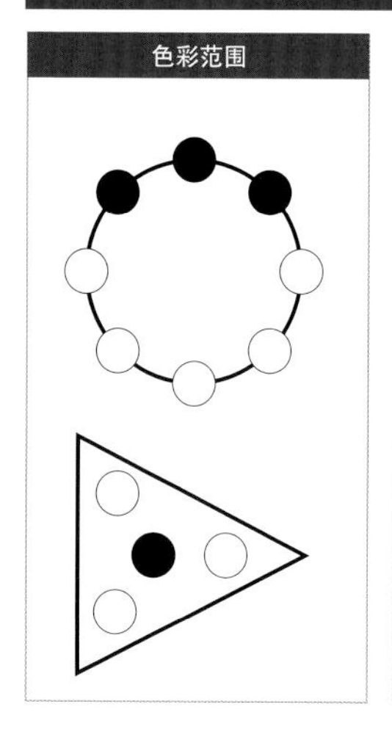


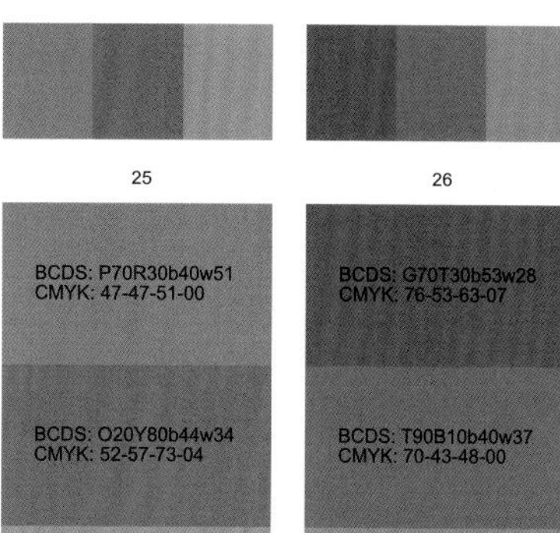


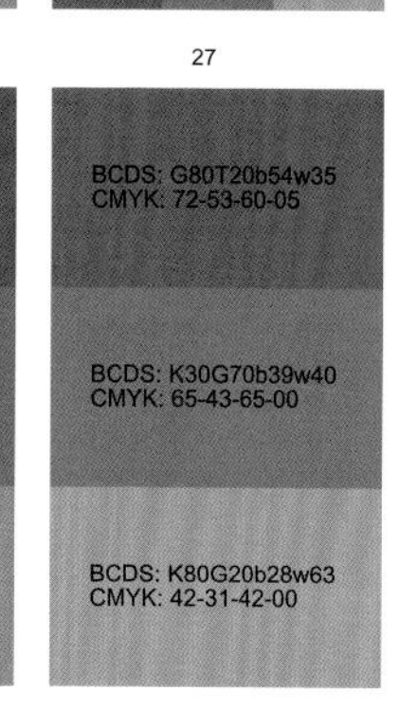


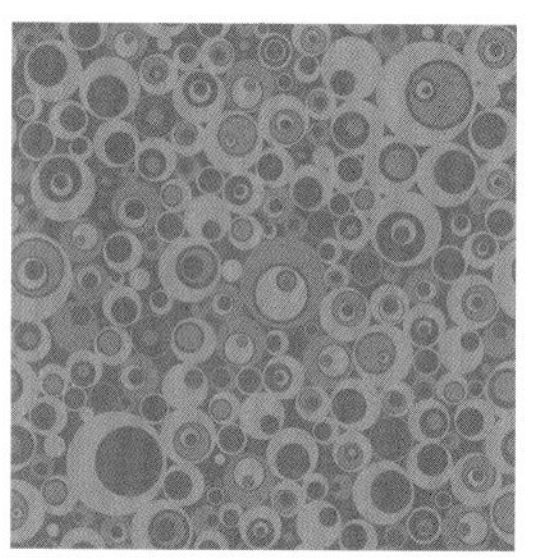

黄灰色和棕咖啡色组合，色彩对比鲜明，给人庄重、含蓄、浓郁的感觉。

中高明度的灰蓝色组合具有沉着冷静的气质，给人爽朗、干净的感觉。

大面积灰绿色和白色墙面的组合，整个书房的感觉像在大自然中那样清新干净。

## 1 颜色主题：书香〔中明度低彩度配色〕

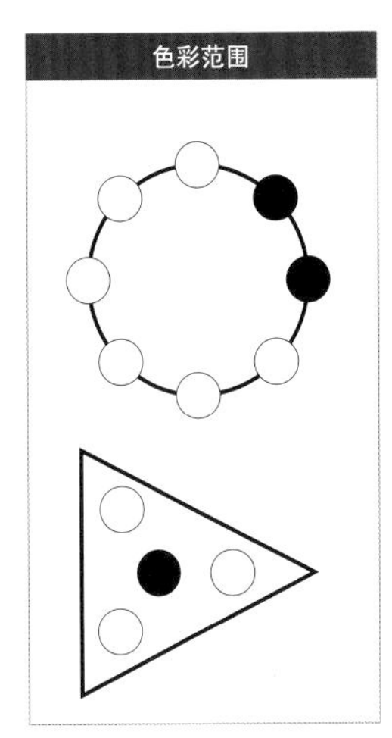


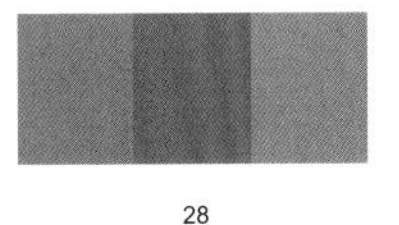

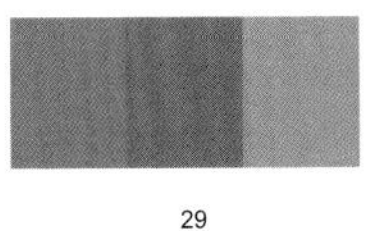

28

BCDS: Y50K50b39w37
CMYK: 53-47-70-00

BCDS: Y100b53w34
CMYK: 59-58-67-07

BCDS: O70Y30b39w51
CMYK: 45-47-52-00

29

BCDS: O10Y90b46w45
CMYK: 52-51-59-00

BCDS: O50Y50b45w33
CMYK: 50-60-73-04

BCDS: R20O80b26w56
CMYK: 33-47-48-00

30

BCDS: K50G50b41w38
CMYK: 64-45-65-01

BCDS: G70T30b52w38
CMYK: 69-51-56-02

BCDS: G20T80b50w31
CMYK: 76-53-58-05

书房中以米灰色为主色调，搭配浅灰绿色的墙面，色彩刺激温和，给人以浪漫典雅的感觉。

以米色的墙面为基调，配以棕黄色的家具，给人温暖平和的感觉，又不乏典雅。

书房整体的色调是深灰绿色和浅黄绿色的搭配，给人的感觉是既清新有活力，又完美地结合了深沉稳重的气质。

## 1 颜色主题：书香〔中明度低彩度配色〕

色彩范围

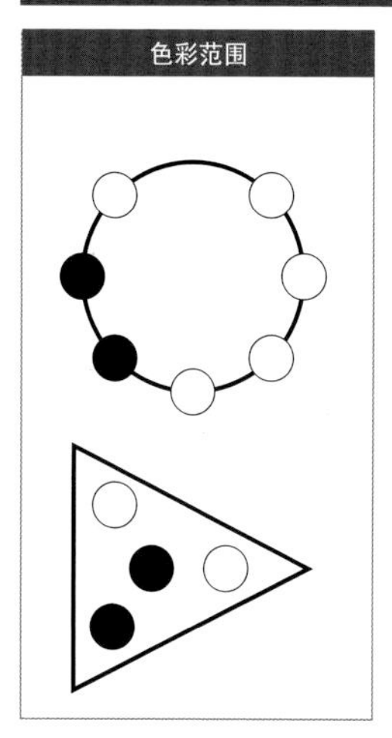

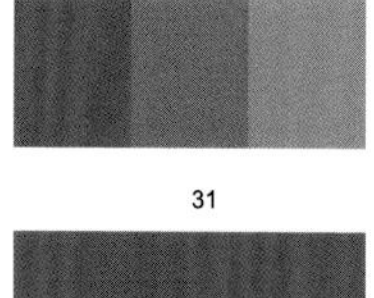

31

BCDS: B80P20b57w32
CMYK: 74-60-52-05

BCDS: B40P60b43w42
CMYK: 65-68-63-00

BCDS: P80R20b31w57
CMYK: 44-43-30-00

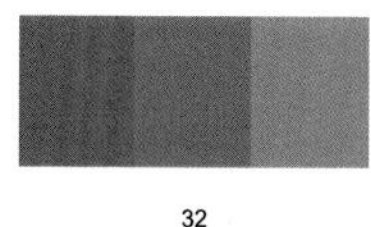

32

BCDS: G30T70b54w34
CMYK: 73-55-58-06

BCDS: T70B30b40w39
CMYK: 71-45-47-00

BCDS: T20B80b33w54
CMYK: 56-37-35-00

33

BCDS: Y40K60b35w46
CMYK: 49-41-62-00

BCDS: K50G50b49w41
CMYK: 65-51-59-02

BCDS: G60T40b36w51
CMYK: 57-36-43-00

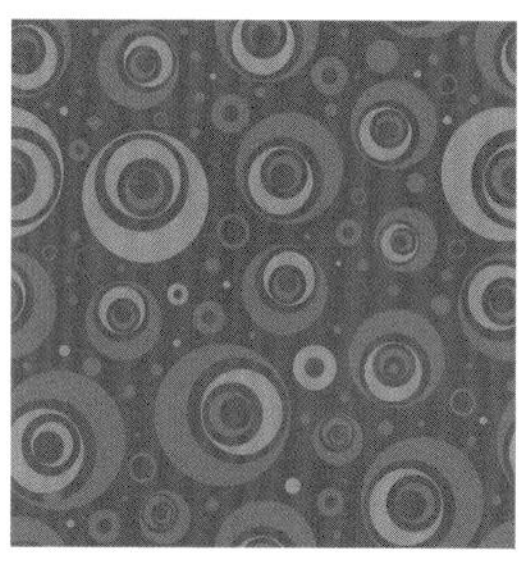

大面积灰粉红色，搭配灰蓝色的墙面，点缀深灰蓝色，把原本粉色的温柔冲淡，色彩冲突鲜明，反而多了几分干练沉稳。

中高明度灰绿色的墙面，点缀深灰绿色的家具，空间层次感对比突出，干净清爽，又有放大空间的感觉。

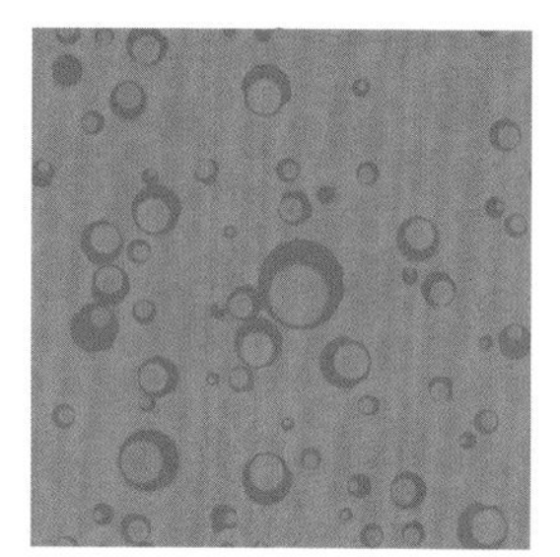

中明度灰蓝色搭配浅棕色的家具，结合了古典和现代的两种感觉，含蓄中不乏明朗。

## 1 颜色主题：书香〔中明度低彩度配色〕

色彩范围

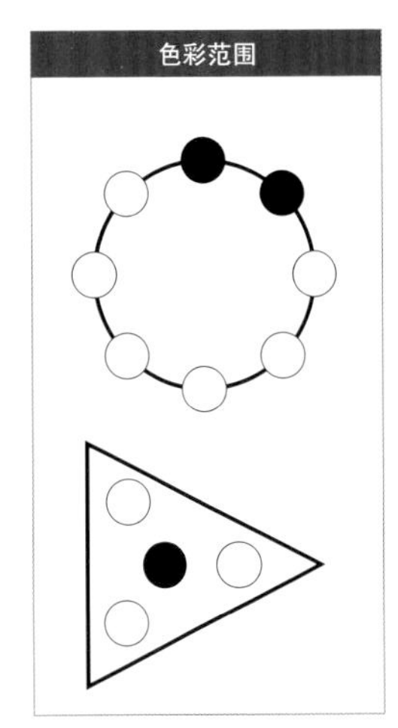

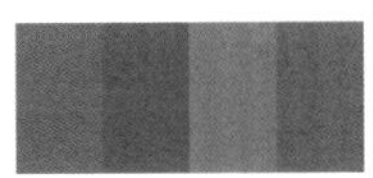

34

BCDS: Y70K30b42w39
CMYK: 53-50-67-01

BCDS: O20Y80b33w57
CMYK: 40-40-49-00

BCDS: O70Y30b56w33
CMYK: 57-62-67-09

35

BCDS: G70T30b35w25
CMYK: 80-42-66-01

BCDS: G90T10b46w24
CMYK: 79-51-71-09

BCDS: G30T70b34w37
CMYK: 71-36-50-00

BCDS: T80B20b45w13
CMYK: 87-54-60-07

BCDS: K40G60b26w29
CMYK: 67-33-76-00

36

BCDS: G60T40b40w17
CMYK: 85-48-71-07

BCDS: G90T10b36w36
CMYK: 70-39-60-00

BCDS: G40T60b32w28
CMYK: 78-36-56-00

BCDS: K30G70b23w32
CMYK: 65-27-71-00

BCDS: K60G40b43w30
CMYK: 67-48-75-05

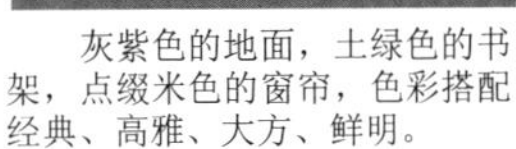

灰紫色的地面，土绿色的书架，点缀米色的窗帘，色彩搭配经典、高雅、大方、鲜明。

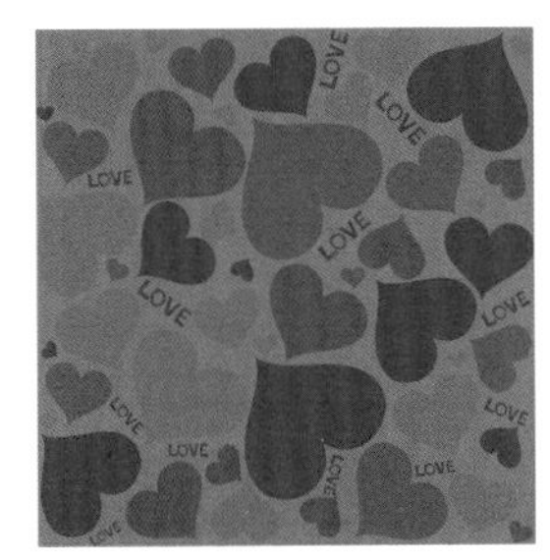


不同明度的灰绿色系组合，颜色协调统一，整体感觉清爽、干净，轻松舒适。

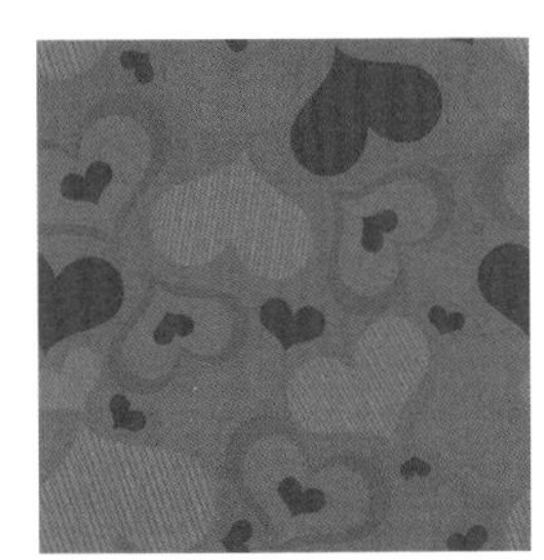

灰绿色的墙面，米色的家具，点缀浅绿色的沙发布，色彩组合活泼生动，中高明度的颜色又表达出设计的优雅温和。

# 1 颜色主题：书香〔中明度低彩度配色〕

色彩范围

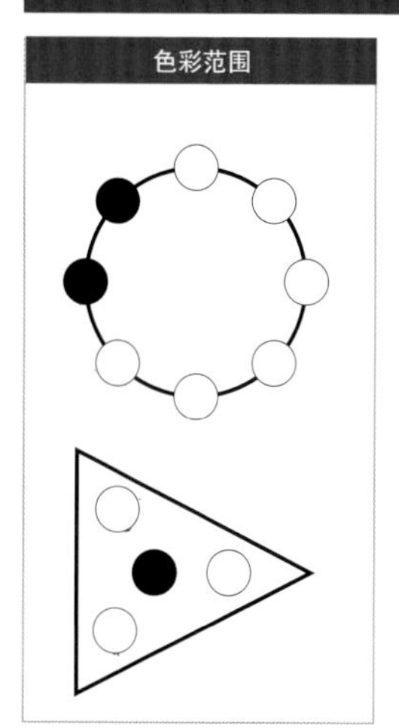

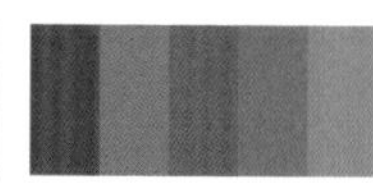

| 37 | 38 | 39 |
| --- | --- | --- |
| BCDS: R60O40b31w28<br>CMYK: 40-73-65-01 | BCDS: K80G20b33w27<br>CMYK: 61-45-82-02 | BCDS: K60G40b42w10<br>CMYK: 75-54-94-18 |
| BCDS: R40O60b24w36<br>CMYK: 32-65-63-00 | BCDS: Y20K80b20w41<br>CMYK: 41-31-71-00 | BCDS: K60G40b27w29<br>CMYK: 63-37-78-00 |
| BCDS: R100b36w36<br>CMYK: 48-67-53-01 | BCDS: K30G70b29w38<br>CMYK: 63-34-64-00 | BCDS: K60G40b42w26<br>CMYK: 69-49-77-06 |
| BCDS: P20R80b42w21<br>CMYK: 56-80-62-15 | BCDS: G100b37w25<br>CMYK: 77-43-73-02 | BCDS: K60G40b39w43<br>CMYK: 61-44-62-00 |
| BCDS: R100b30w41<br>CMYK: 41-62-47-00 | BCDS: K20G80b41w36<br>CMYK: 69-45-64-02 | BCDS: K60G40b22w43<br>CMYK: 54-28-66-00 |

粉红色的墙面和地板，搭配棕黄色的家具，整体给人鲜明的女性化气质，甜美温柔，雅致。

灰绿色的墙面搭配黄灰色的家具，给人的感觉是那种大自然的生命力和发展性。

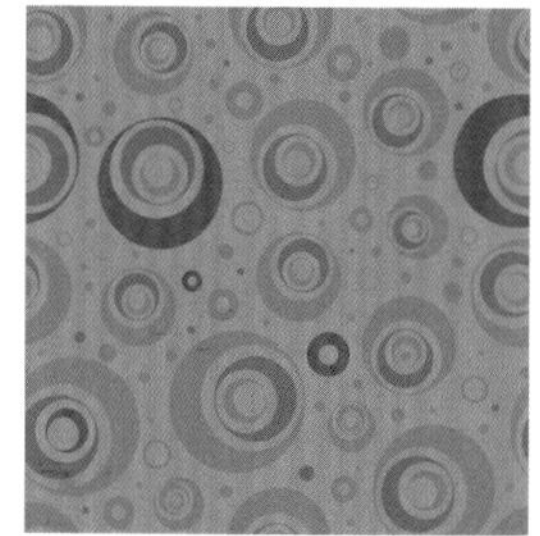

灰绿色的组合，配以白色的墙面和书籍，色彩明快，给人以清新活泼的感觉。

## 1 颜色主题：书香〔中明度低彩度配色〕

色彩范围

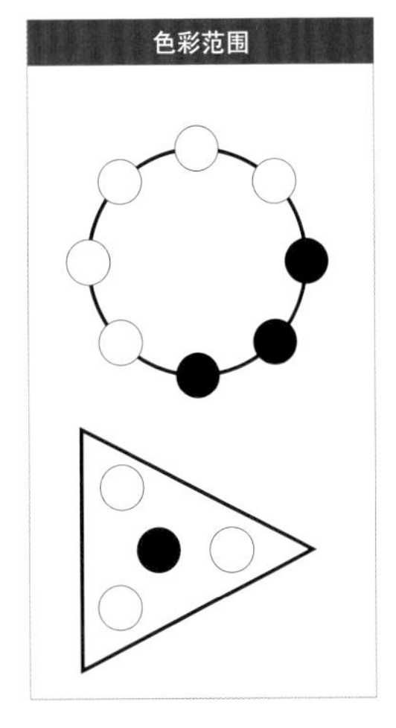

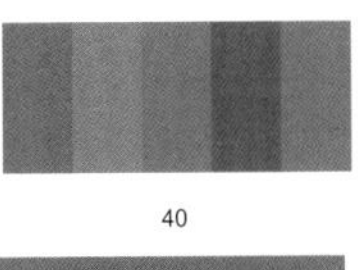

40

41

42

| 40 | 41 | 42 |
| --- | --- | --- |
| BCDS: K70G30b37w25<br>CMYK: 65-45-81-03 | BCDS: K20G80b32w28<br>CMYK: 72-38-73-00 | BCDS: K30G70b36w23<br>CMYK: 75-44-80-04 |
| BCDS: K50G50b22w30<br>CMYK: 63-31-78-00 | BCDS: K40G60b37w40<br>CMYK: 62-40-62-00 | BCDS: G80T20b25w30<br>CMYK: 75-26-61-00 |
| BCDS: K20G80b27w32<br>CMYK: 69-33-71-00 | BCDS: G90T10b41w27<br>CMYK: 76-45-67-03 | BCDS: K80G20b30w34<br>CMYK: 56-39-73-00 |
| BCDS: G100b34w20<br>CMYK: 80-41-76-02 | BCDS: G70T30b21w50<br>CMYK: 60-19-45-00 | BCDS: G30T70b38w32<br>CMYK: 74-40-55-00 |
| BCDS: G70T30b31w37<br>CMYK: 69-32-54-00 | BCDS: G20T80b41w10<br>CMYK: 89-52-69-11 | BCDS: T60B40b42w37<br>CMYK: 73-47-49-00 |

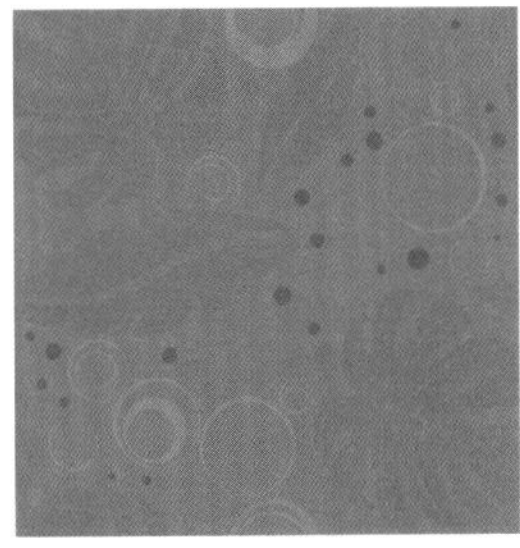

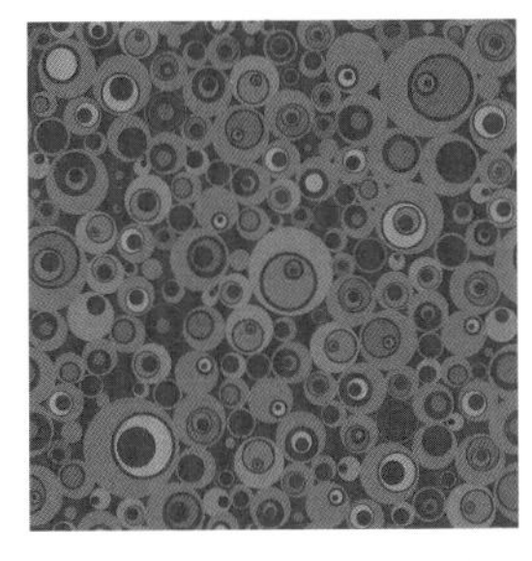

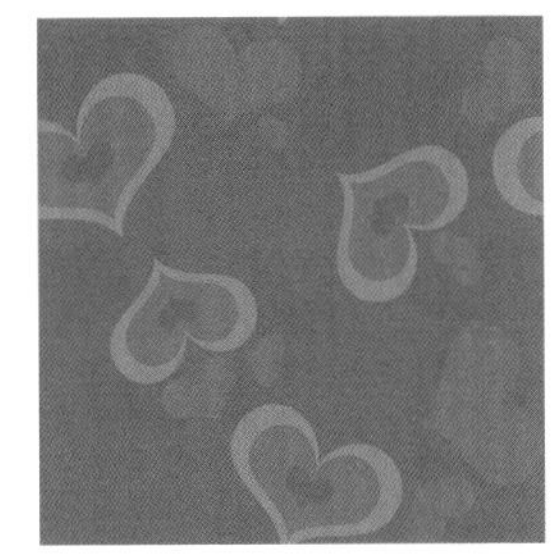

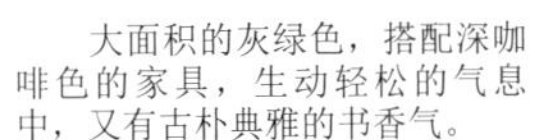

大面积的灰绿色，搭配深咖啡色的家具，生动轻松的气息中，又有古朴典雅的书香气。

高明度的灰绿色和中明度的灰绿色过渡自然，点缀蓝绿色的家具，使整体风格显得宁静中多了些含蓄的男性魅力。

土黄色的书柜搭配灰绿色的墙面和窗帘，加上灰紫色的点缀，整体色彩丰富却不杂乱，统一在同明度的色彩组合上。

## 1 颜色主题：书香〔中明度低彩度配色〕

色彩范围

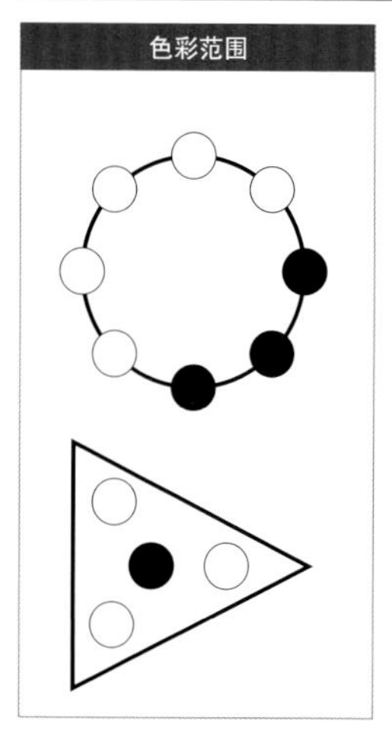

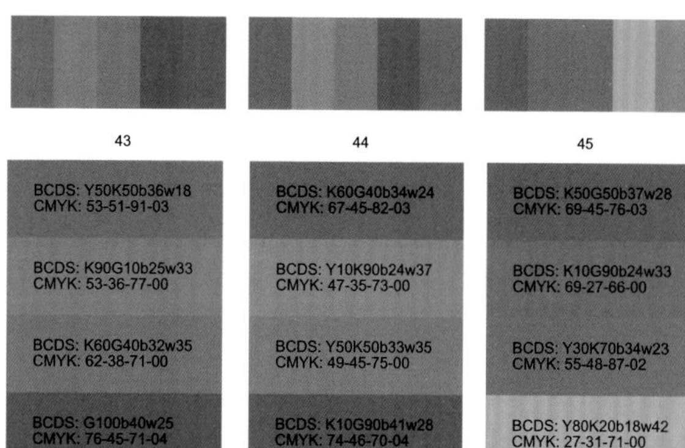

| 43 | 44 | 45 |
|---|---|---|
| BCDS: Y50K50b36w18<br>CMYK: 53-51-91-03 | BCDS: K60G40b34w24<br>CMYK: 67-45-82-03 | BCDS: K50G50b37w28<br>CMYK: 69-45-76-03 |
| BCDS: K90G10b25w33<br>CMYK: 53-36-77-00 | BCDS: Y10K90b24w37<br>CMYK: 47-35-73-00 | BCDS: K10G90b24w33<br>CMYK: 69-27-66-00 |
| BCDS: K60G40b32w35<br>CMYK: 62-38-71-00 | BCDS: Y50K50b33w35<br>CMYK: 49-45-75-00 | BCDS: Y30K70b34w23<br>CMYK: 55-48-87-02 |
| BCDS: G100b40w25<br>CMYK: 76-45-71-04 | BCDS: K10G90b41w28<br>CMYK: 74-46-70-04 | BCDS: Y80K20b18w42<br>CMYK: 27-31-71-00 |
| BCDS: G40T60b43w35<br>CMYK: 73-45-55-00 | BCDS: G70T30b41w43<br>CMYK: 66-42-53-00 | BCDS: K80G20b27w48<br>CMYK: 49-34-60-00 |

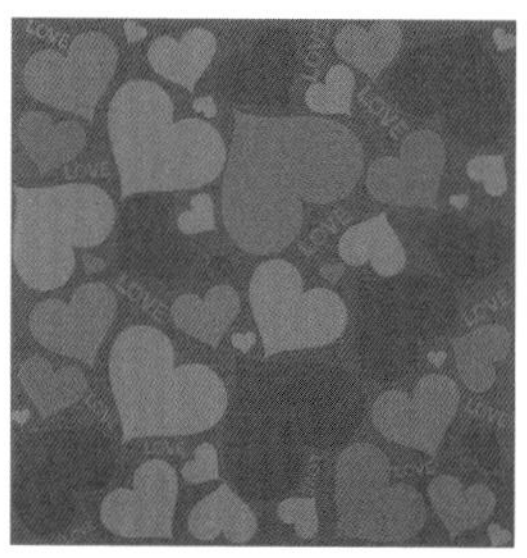

墨绿色的地面、橄榄绿色的书架，搭配蓝灰色的窗帘，色彩层次不够跳跃，恰好体现男人的绅士和神秘，深邃稳重的气质。

棕黄色的墙面、浅灰绿色书架和浅蓝灰色的地面，同明度的不同色彩组合，给人内敛含蓄的感觉。

大面积黄绿色的墙面，搭配黄色的沙发和米色的家具，给人欢愉柔美，温暖舒适的感觉。

## 1 颜色主题：书香〔中明度低彩度配色〕

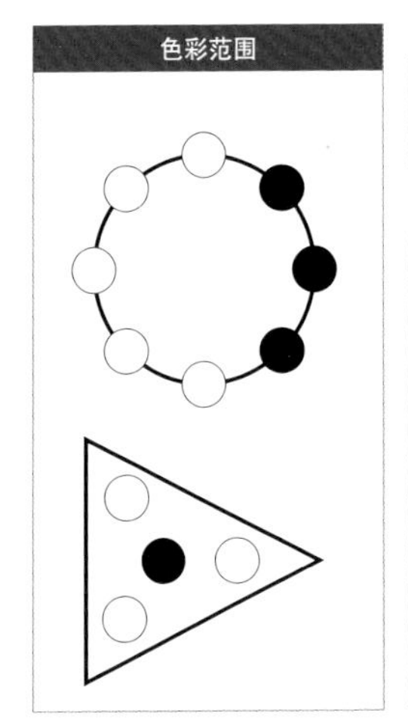

46

BCDS: K50G50b38w21
CMYK: 73-47-85-06

BCDS: K80G20b24w37
CMYK: 53-34-73-00

BCDS: Y20K80b31w34
CMYK: 51-42-75-00

BCDS: Y70K30b37w33
CMYK: 50-49-76-01

47

BCDS: Y40K60b26w32
CMYK: 44-38-79-00

BCDS: Y10K90b36w38
CMYK: 55-44-72-00

BCDS: K80G20b34w28
CMYK: 61-45-80-02

BCDS: K20G80b21w41
CMYK: 62-23-63-00

BCDS: G100b37w50
CMYK: 59-39-49-00

48

BCDS: K40G60b32w26
CMYK: 70-39-79-00

BCDS: K70G30b40w24
CMYK: 67-48-81-05

BCDS: G80T20b30w40
CMYK: 69-31-56-00

BCDS: G20T80b17w42
CMYK: 68-15-42-00

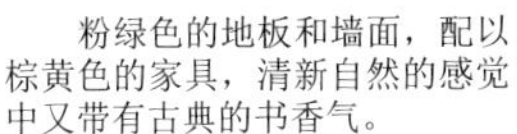

粉绿色的地板和墙面，配以棕黄色的家具，清新自然的感觉中又带有古典的书香气。

土黄色和粉绿色的组合，搭配灰绿色，整体的感觉天然清新中不乏沉静和古朴。

中低明度和高明度的绿色组合，点缀土黄色的座椅，整个书房的色调统一，充足的光线使得整个空间显得清晰明快。

## 2 颜色主题：古朴〔中明度中彩度配色〕

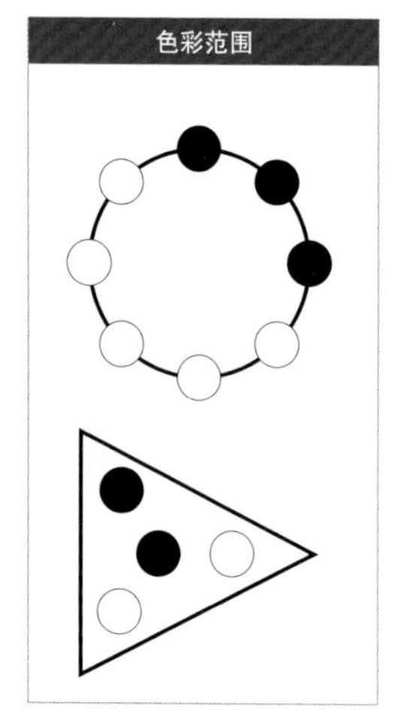


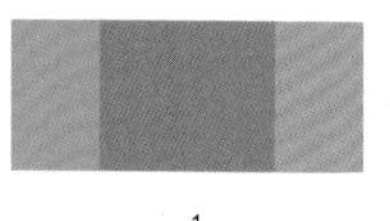

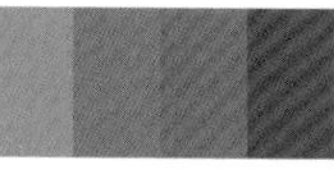

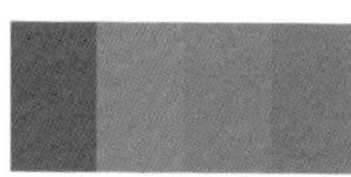

| 1 | 2 | 3 |
|---|---|---|
| BCDS: O20Y80b20w43<br>CMYK: 24-42-66-00 | BCDS: O90Y10b19w43<br>CMYK: 19-55-63-00 | BCDS: K50G50b38w21<br>CMYK: 73-47-85-06 |
| BCDS: O80Y20b27w36<br>CMYK: 31-60-69-00 | BCDS: O90Y10b32w39<br>CMYK: 38-60-66-00 | BCDS: K80G20b24w37<br>CMYK: 53-34-73-00 |
| BCDS: Y70K30b34w38<br>CMYK: 47-45-71-00 | BCDS: O90Y10b29w27<br>CMYK: 36-67-77-00 | BCDS: Y20K80b31w34<br>CMYK: 51-42-75-00 |
| BCDS: Y50K50b19w37<br>CMYK: 35-31-76-00 | BCDS: O90Y10b46w11<br>CMYK: 50-76-89-16 | BCDS: Y70K30b37w33<br>CMYK: 50-49-76-01 |

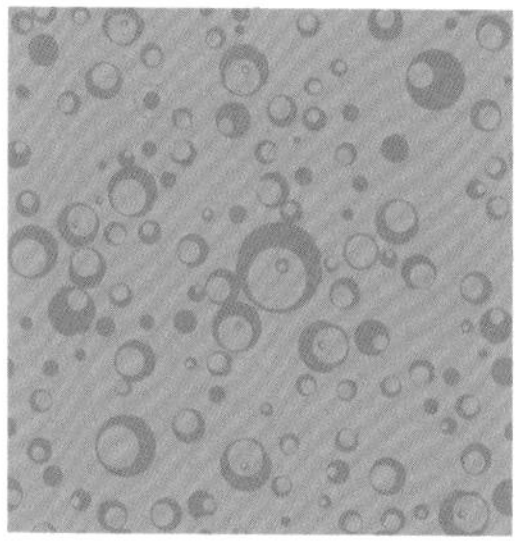

中黄色和棕色的配色组合，点缀少许灰绿色，给人以古典的书香气息，温暖而含蓄。

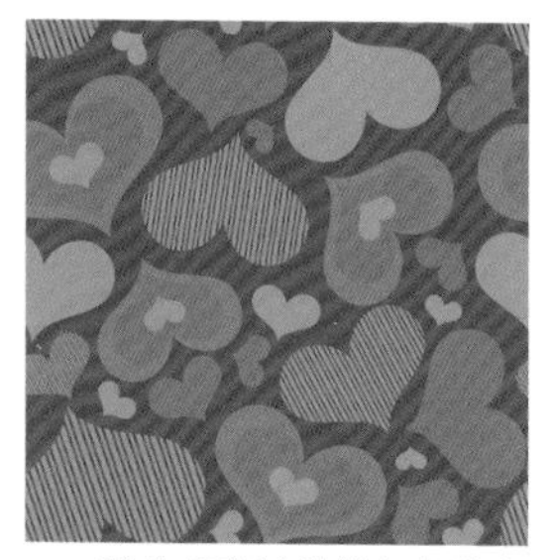

整个书房以浅棕红色为主体，搭配浅灰色的墙壁和棕色家具，给人感觉既明朗温暖，又舒适典雅。

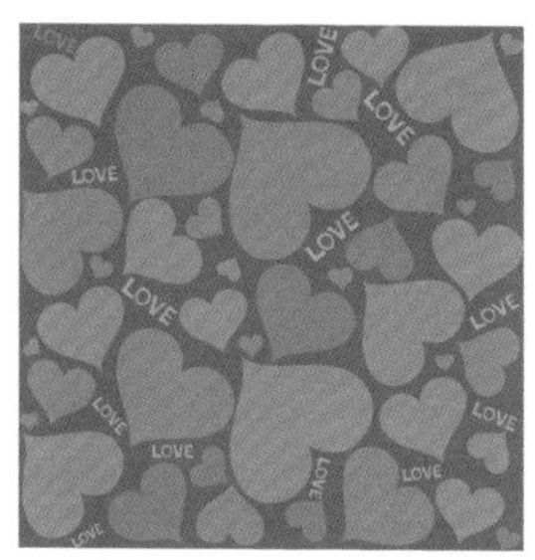


草地绿的地面，土绿色的墙面和浅棕色的家具，给人青春舒适的感觉，又带几分书香气。

## 2 颜色主题：古朴〔中明度中彩度配色〕

色彩范围

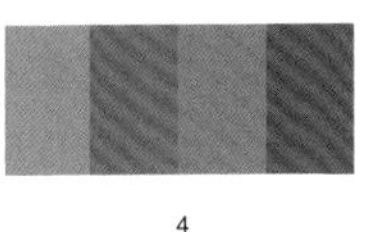
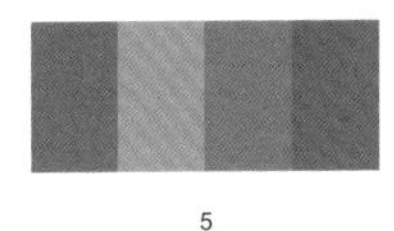

| 4 | 5 | 6 |
|---|---|---|
| BCDS: P70R30b23w49<br>CMYK: 40-51-24-00 | BCDS: K40G60b36w26<br>CMYK: 71-43-78-02 | BCDS: G20T80b37w24<br>CMYK: 81-44-58-01 |
| BCDS: P40R60b37w34<br>CMYK: 52-68-47-01 | BCDS: K80G20b18w36<br>CMYK: 48-27-74-00 | BCDS: T90B10b40w33<br>CMYK: 75-44-51-00 |
| BCDS: B10P90b28w39<br>CMYK: 55-54-22-00 | BCDS: G90T10b31w38<br>CMYK: 69-33-59-00 | BCDS: T60B40b16w41<br>CMYK: 70-18-35-00 |
| BCDS: P30R70b35w21<br>CMYK: 53-81-57-07 | BCDS: G40T60b44w34<br>CMYK: 73-46-56-01 | BCDS: K10G90b30w28<br>CMYK: 73-36-71-00 |

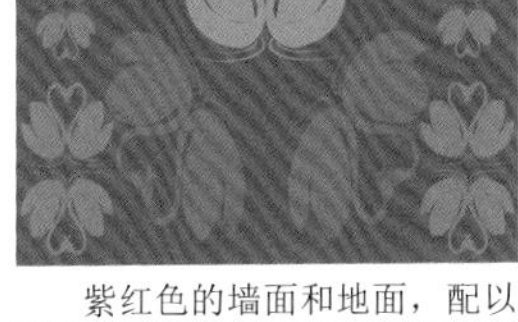

紫红色的墙面和地面，配以紫罗兰色的窗帘，整个书房让人感受到浓郁的庄重和古朴，文化气息深沉强烈。

灰蓝色的书架，灰绿色墙壁和地板，点缀少许的草绿色，使人感觉清爽、明朗、严肃。

粉蓝色的墙壁，灰绿色的地面，整个空间色彩明快、清新自然、爽朗干净。

## 2 颜色主题：古朴〔中明度中彩度配色〕

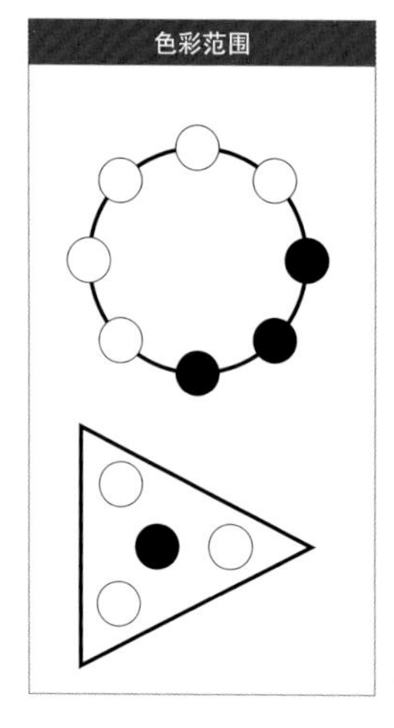

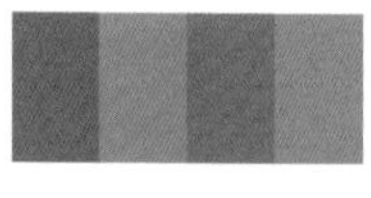

| 7 | 8 | 9 |
| --- | --- | --- |
| BCDS: Y30K70b34w26 CMYK: 53-47-82-01 | BCDS: Y60K40b41w21 CMYK: 56-54-88-06 | BCDS: Y30K70b34w26 CMYK: 53-47-82-01 |
| BCDS: K90G10b22w37 CMYK: 50-32-74-00 | BCDS: Y100b26w34 CMYK: 35-44-78-00 | BCDS: K90G10b22w37 CMYK: 50-32-74-00 |
| BCDS: K40G60b33w34 CMYK: 66-39-70-00 | BCDS: O30Y70b40w34 CMYK: 46-56-72-01 | BCDS: K40G60b33w34 CMYK: 66-39-70-00 |
| BCDS: G80T20b40w39 CMYK: 68-42-56-00 | BCDS: O90Y10b24w44 CMYK: 26-56-62-00 | BCDS: G80T20b40w39 CMYK: 68-42-56-00 |

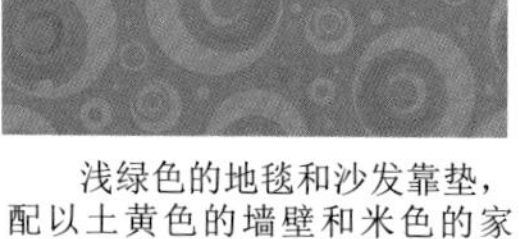

浅绿色的地毯和沙发靠垫，配以土黄色的墙壁和米色的家具，给人轻柔高雅、青春甜蜜的感觉。

浅棕色的家具和地面，点缀少许绿色，给人古朴舒适的感觉，同时暖色调又使人亲切。

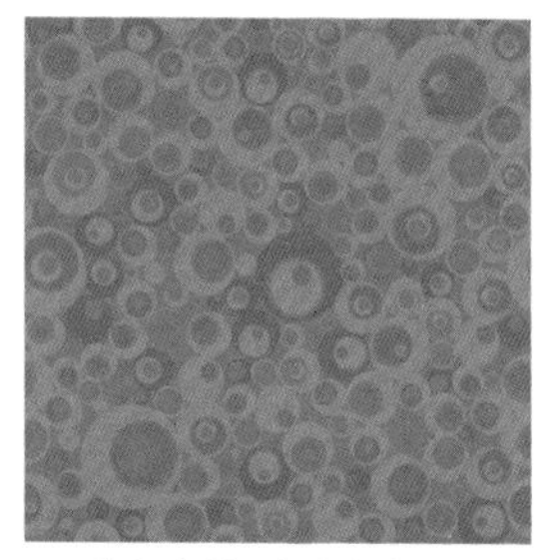

浅绿色搭配棕色的书柜，恰到好处地结合了自然清爽和古朴典雅的感觉。

## 2 颜色主题：古朴〔中明度中彩度配色〕

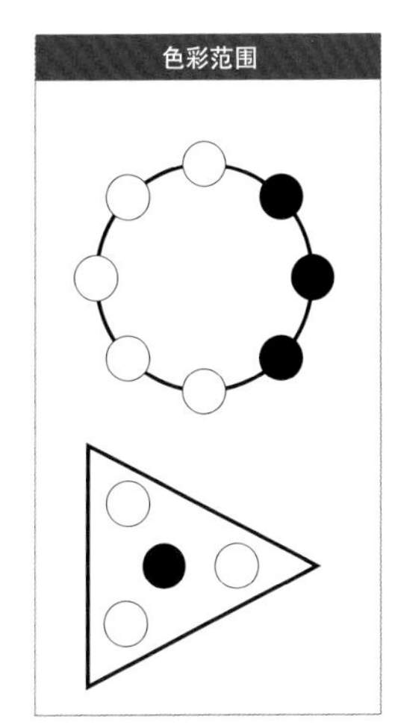


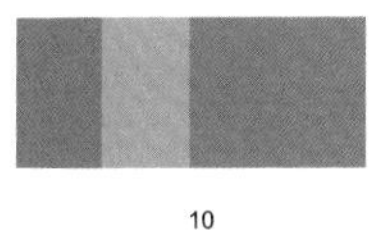

10

BCDS: Y50K50b38w25
CMYK: 54-50-84-02

BCDS: O20Y80b20w38
CMYK: 24-44-72-00

BCDS: K90G10b30w26
CMYK: 55-44-84-01

BCDS: K30G70b31w40
CMYK: 64-36-63-00

11

BCDS: Y30K70b34w26
CMYK: 53-47-82-01

BCDS: K90G10b22w37
CMYK: 50-32-74-00

BCDS: K40G60b33w34
CMYK: 66-39-70-00

BCDS: G80T20b40w39
CMYK: 68-42-56-00

12

BCDS: K80G20b37w26
CMYK: 63-47-82-03

BCDS: Y10K90b19w39
CMYK: 43-30-73-00

BCDS: Y80K20b34w17
CMYK: 49-52-92-02

BCDS: Y30K70b46w42
CMYK: 58-49-61-01

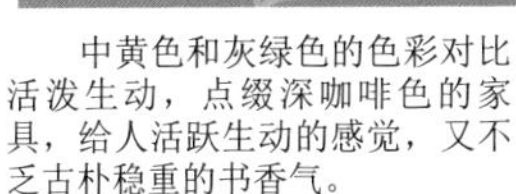

中黄色和灰绿色的色彩对比活泼生动，点缀深咖啡色的家具，给人活跃生动的感觉，又不乏古朴稳重的书香气。

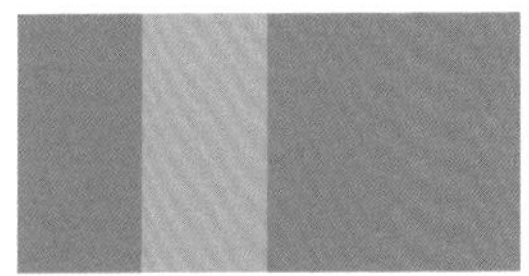

大面积的绿色和棕黄色家具的组合，点缀少许灰的蓝色，使人在古朴沉稳中也能感觉到清爽自然。

墨绿色的书架和灰绿色的窗帘，搭配灰紫色的地面，点缀棕色的家具，给人感觉深邃沉着，古朴神秘。

## 2 颜色主题：古朴〔中明度中彩度配色〕

色彩范围

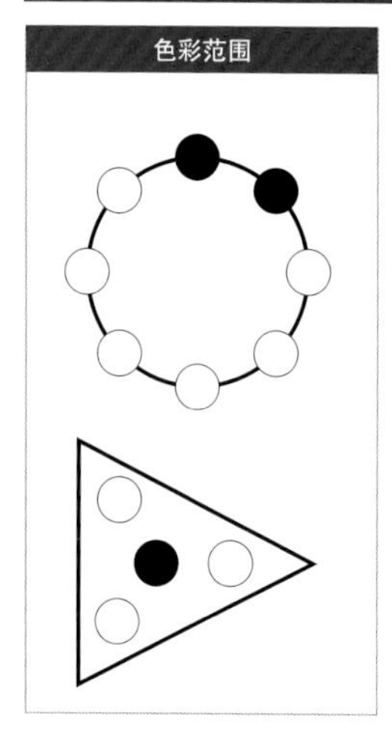

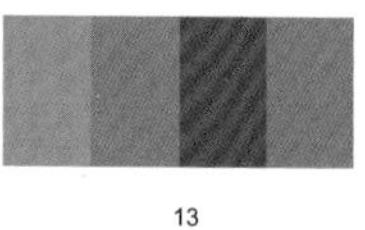

13

BCDS: O50Y50b20w34
CMYK: 22-53-73-00

BCDS: R20O80b29w44
CMYK: 35-58-58-00

BCDS: R80O20b42w22
CMYK: 51-76-67-11

BCDS: O80Y20b30w39
CMYK: 36-58-67-00

14

BCDS: K50G50b34w33
CMYK: 65-41-71-00

BCDS: K90G10b41w26
CMYK: 64-50-82-06

BCDS: Y30K70b21w36
CMYK: 40-33-75-00

BCDS: Y90K10b40w43
CMYK: 50-48-64-00

15

BCDS: B50P50b40w24
CMYK: 78-63-31-00

BCDS: B10P90b33w37
CMYK: 60-58-27-00

BCDS: P70R30b43w39
CMYK: 57-61-42-00

BCDS: P20R80b32w23
CMYK: 49-80-58-05

中黄色的家具搭配灰棕色的墙面，点缀少许的紫灰色，使人感受到恬静温和的气息。

浅绿色的壁橱和橄榄绿色的书柜相互呼应，搭配灰棕色的地板，让在此读书的人感觉古朴自然、清新。

蓝色墙面配以灰紫色的地板，点缀灰红色的家具，整个书房冷暖色对比鲜明，给人古典严肃的感觉。

## 2 颜色主题：古朴〔中明度中彩度配色〕

色彩范围

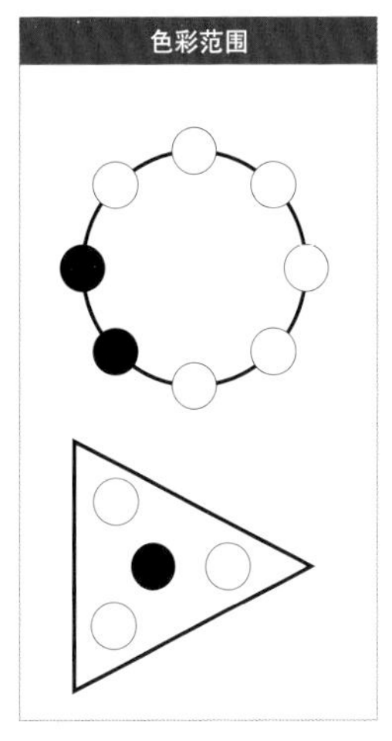

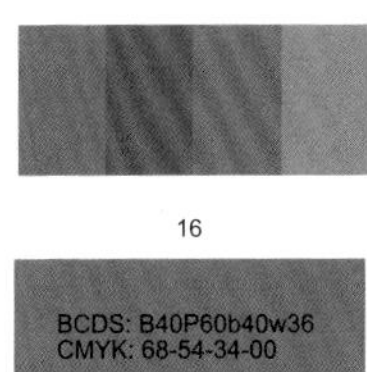

16

BCDS: B40P60b40w36
CMYK: 68-54-34-00

BCDS: P70R30b43w25
CMYK: 63-75-46-04

BCDS: P30R70b36w35
CMYK: 51-67-49-01

BCDS: R30O70b23w39
CMYK: 27-62-60-00

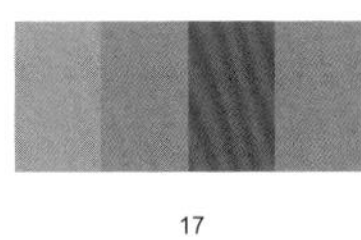

17

BCDS: O50Y50b20w34
CMYK: 22-53-73-00

BCDS: R20O80b29w44
CMYK: 35-58-58-00

BCDS: R80O20b42w22
CMYK: 51-76-67-11

BCDS: O80Y20b30w39
CMYK: 36-58-67-00

18

BCDS: P30R70b35w34
CMYK: 51-68-48-01

BCDS: R70O30b26w32
CMYK: 36-70-60-00

BCDS: R90O10b27w42
CMYK: 37-62-48-00

BCDS: R20O80b39w22
CMYK: 46-73-79-08

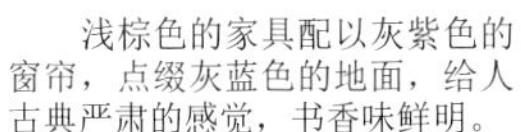

浅棕色的家具配以灰紫色的窗帘，点缀灰蓝色的地面，给人古典严肃的感觉，书香味鲜明。

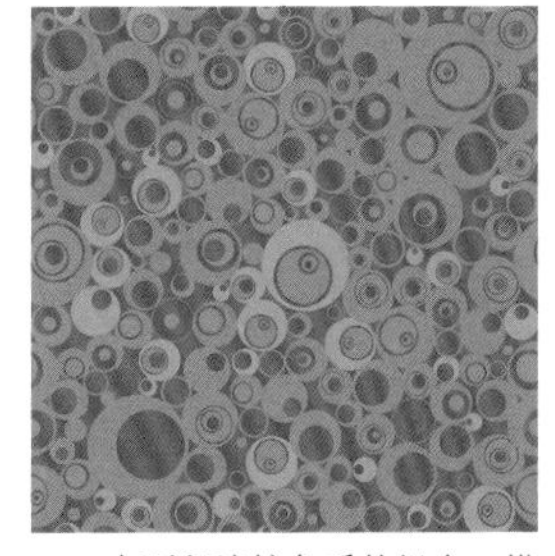

大面积浅棕色系的组合，搭配紫檀色的家具，使人感觉温馨典雅。

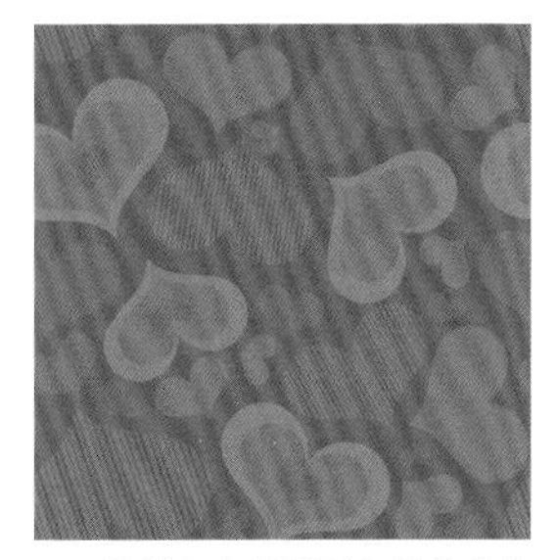

浅棕红色的墙面和棕黄色的地板，搭配粉紫色的书架，使人感觉到甜美雅致。

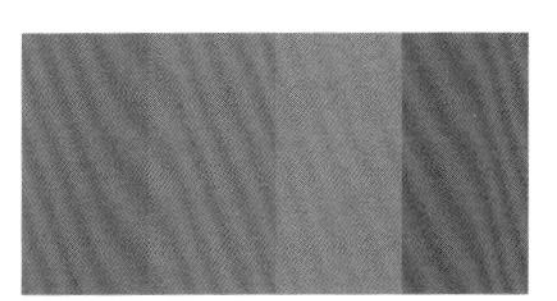

## 2 颜色主题：古朴〔中明度中彩度配色〕

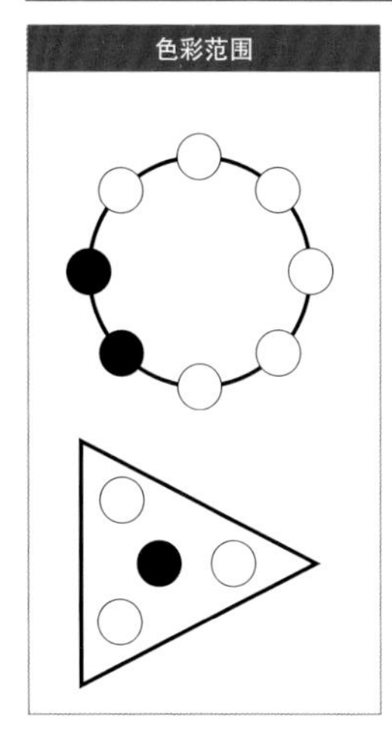


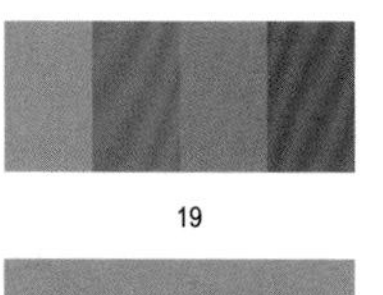

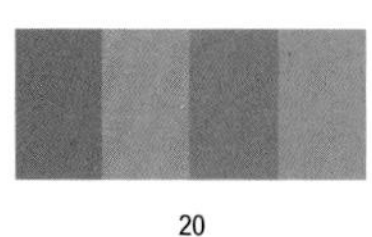

| 19 | 20 | 21 |
| --- | --- | --- |
| BCDS: P70R30b23w49<br>CMYK: 40-51-24-00 | BCDS: Y60K40b41w21<br>CMYK: 56-54-88-06 | BCDS: Y30K70b34w26<br>CMYK: 53-47-82-01 |
| BCDS: P40R60b37w34<br>CMYK: 52-68-47-01 | BCDS: Y100b26w34<br>CMYK: 35-44-78-00 | BCDS: K90G10b22w37<br>CMYK: 50-32-74-00 |
| BCDS: B10P90b28w39<br>CMYK: 55-54-22-00 | BCDS: O30Y70b40w34<br>CMYK: 46-56-72-01 | BCDS: K40G60b33w34<br>CMYK: 66-39-70-00 |
| BCDS: P30R70b35w21<br>CMYK: 53-81-57-07 | BCDS: O90Y10b24w44<br>CMYK: 26-56-62-00 | BCDS: G80T20b40w39<br>CMYK: 68-42-56-00 |

墙面和地面都是粉紫色，点缀些许蓝灰色，给人以优雅中不乏爽朗的感觉。

浅棕色的地面和土黄色的墙面，点缀少许浅橘色，色彩丰富，中高明度的搭配，使书房显得自然、活泼温馨。

大面积的浅绿色搭配浅棕色，点缀少许橄榄绿，在天然清新的氛围中，不乏含蓄古朴的气息。

## 2 颜色主题：古朴〔中明度中彩度配色〕

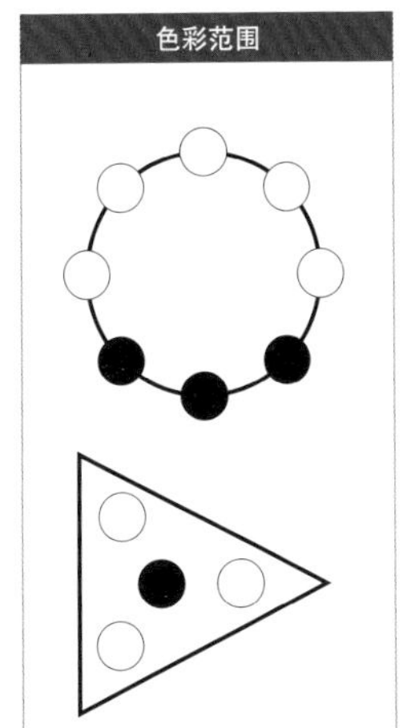


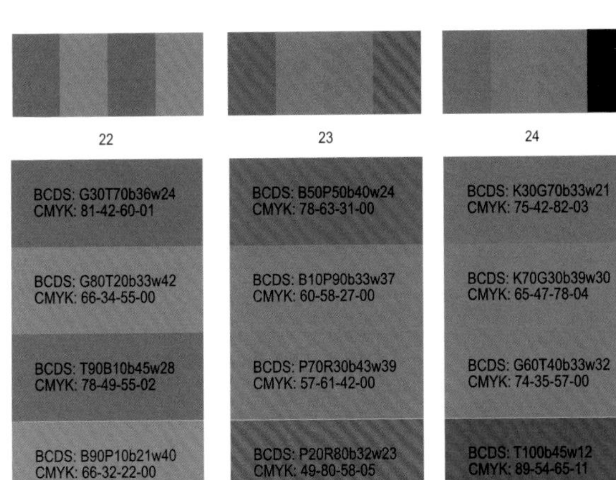

整个书房以不同明度的绿色为主色调，点缀少许蓝灰色，给人干净素雅的感觉，自然爽朗。

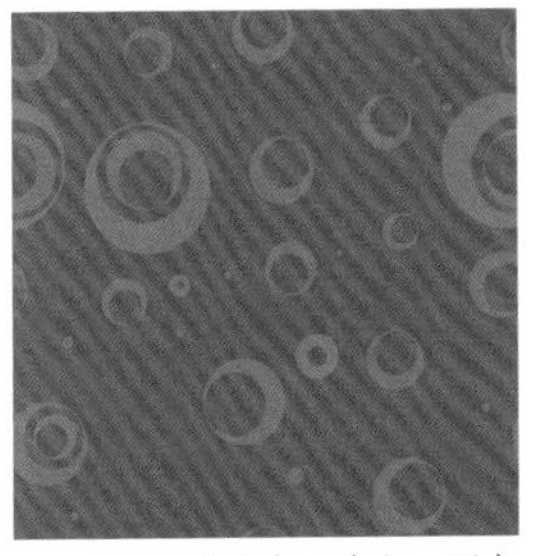

书房以蓝白色调为主，而家具点缀少许棕色和紫色，使得书房在稳重沉静中也有些许的质朴典雅的味道。

土黄色的家具搭配灰绿色的墙面和地面，在雅致古朴的气息中，也有冷静清新的感觉。

## 2 颜色主题：古朴〔中明度中彩度配色〕

色彩范围

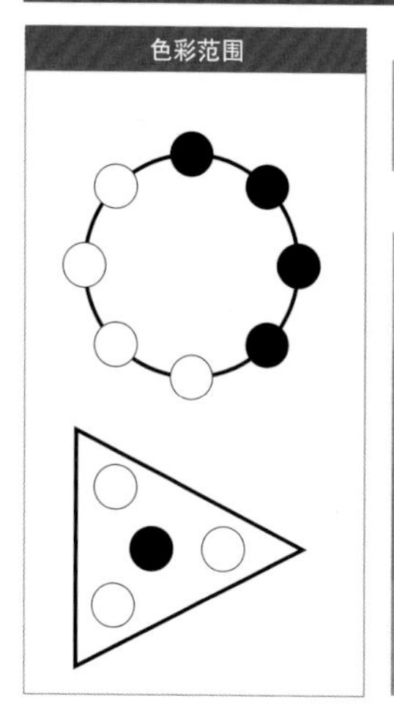

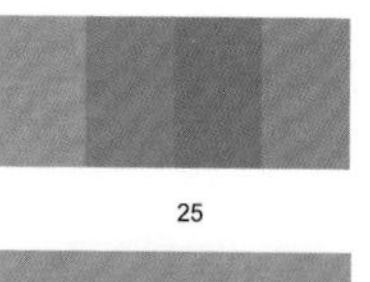

25

BCDS: O30Y70b27w36
CMYK: 33-51-73-00

BCDS: K70G30b32w24
CMYK: 64-42-84-01

BCDS: G90T10b39w32
CMYK: 73-43-63-01

BCDS: G30T70b30w43
CMYK: 66-31-46-00

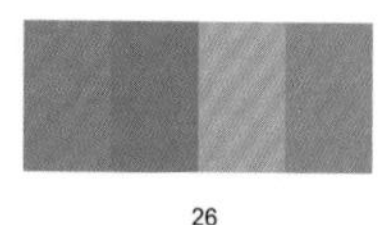

26

BCDS: K50G50b34w33
CMYK: 65-41-71-00

BCDS: K90G10b41w26
CMYK: 64-50-82-06

BCDS: Y30K70b21w36
CMYK: 40-33-75-00

BCDS: Y90K10b40w43
CMYK: 50-48-64-00

27

BCDS: G80T20b37w20
CMYK: 83-44-71-04

BCDS: T100b40w32
CMYK: 75-44-53-00

BCDS: T50B50b27w27
CMYK: 80-36-43-00

BCDS: B70P30b20w43
CMYK: 62-34-17-00

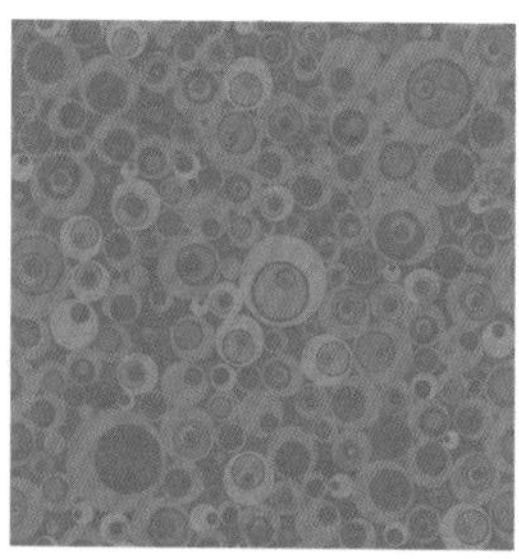

整个书房以蓝绿色调为主，家具点缀的少许棕色，使书房在稳重沉静中也有些许的质朴典雅的味道。

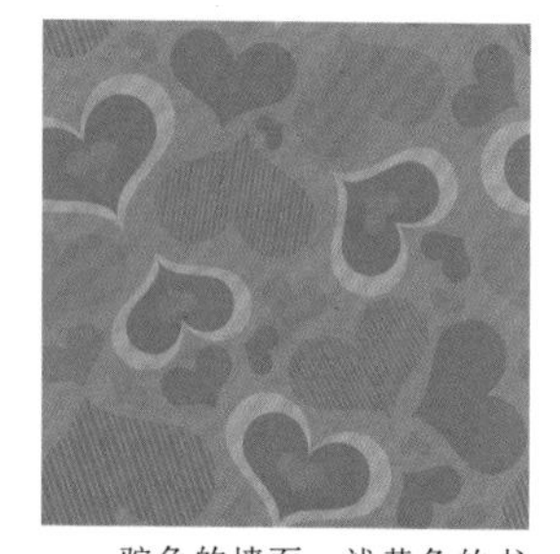

驼色的墙面，浅黄色的书柜，搭配灰绿色的地面，使人感觉简洁清爽，安静干练。

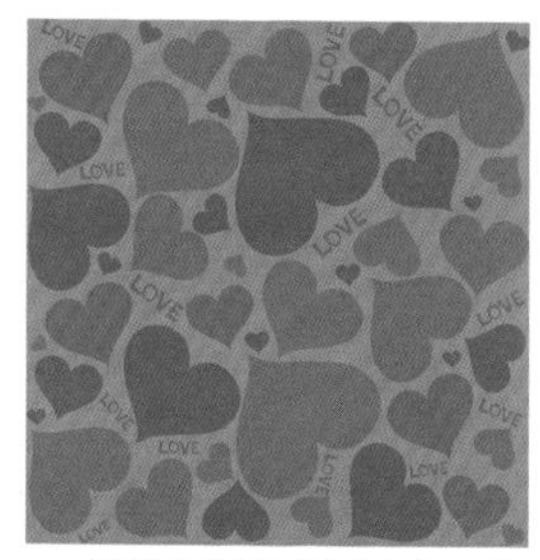


浅蓝色的墙面搭配灰绿色的地面，点缀少许绿色，使整个书房空间感增强，色调清新爽朗。

## 2 颜色主题：古朴〔中明度中彩度配色〕

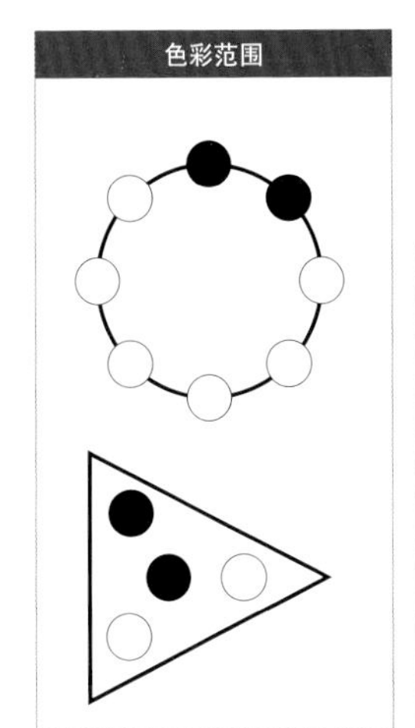


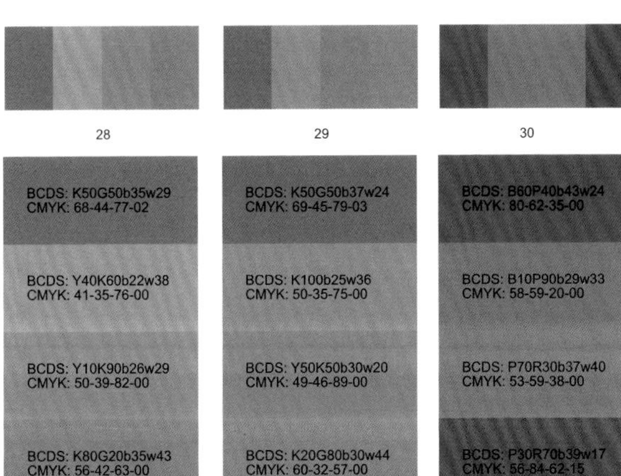

浅黄色的墙壁和灰绿色的家具，点缀少许深绿色，给人整洁、干练、明朗的感觉。

土黄色的地面和不同明度的灰绿色的组合，使人有回归自然的感觉。

檀木色的家具，搭配浅蓝色的地毯，给人以现代而又古朴的气息。

## 2 颜色主题：古朴〔中明度中彩度配色〕

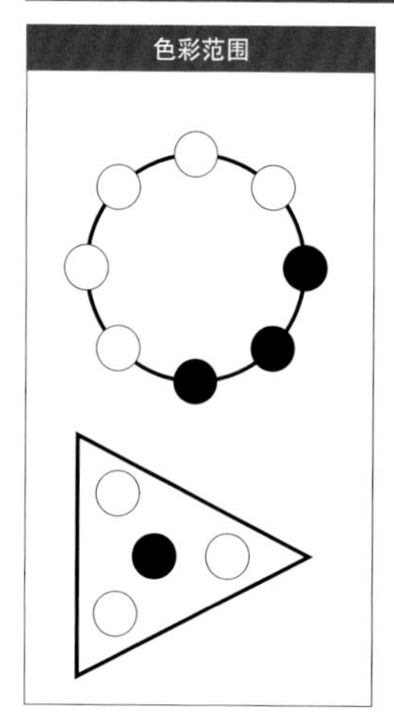

| 31 | 32 | 33 |
|---|---|---|
| BCDS: G90T10b42w23<br>CMYK: 80-47-71-05 | BCDS: R10O90b31w31<br>CMYK: 37-65-70-00 | BCDS: K60G40b38w24<br>CMYK: 68-46-80-04 |
| BCDS: K30G70b25w28<br>CMYK: 70-31-76-00 | BCDS: R60O40b20w34<br>CMYK: 26-68-59-00 | BCDS: Y10K90b23w33<br>CMYK: 45-34-76-00 |
| BCDS: K60G40b34w20<br>CMYK: 69-45-87-04 | BCDS: R40O60b29w47<br>CMYK: 35-55-52-00 | BCDS: K80G20b36w38<br>CMYK: 58-44-69-00 |
| BCDS: G50T50b27w42<br>CMYK: 67-26-49-00 | BCDS: P20R80b44w21<br>CMYK: 57-80-63-16 | BCDS: K30G70b43w19<br>CMYK: 77-49-82-10 |

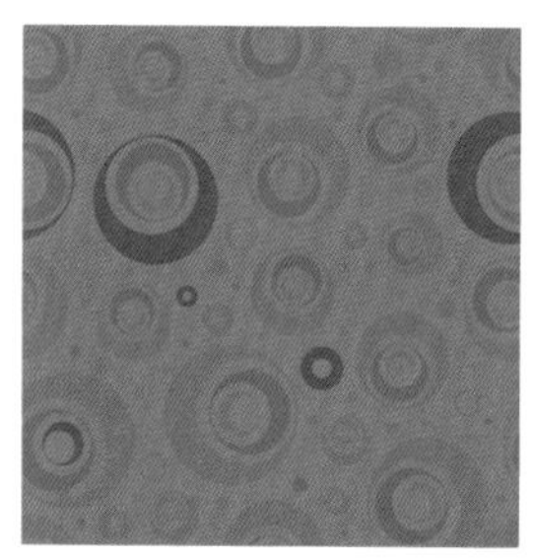

蓝绿色系的组合，配上少许的墨绿色，使人在安宁平和气氛中，感受到青春和舒适的感觉。

以温暖的红色为主色调，点缀少许的冷紫色，使书房突显了在整体高贵和热情的气质下，又多了几分优雅和神秘。

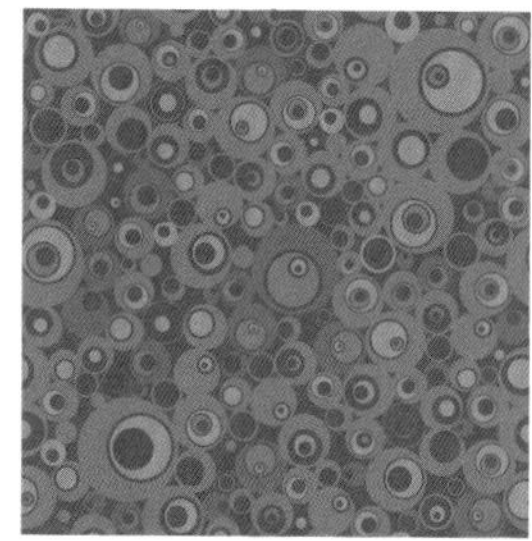

整个书房以不同明度的绿色为主，加以充足的采光，在安静平和中又有深远和沉着的感觉。

## 2 颜色主题：古朴〔中明度中彩度配色〕

色彩范围

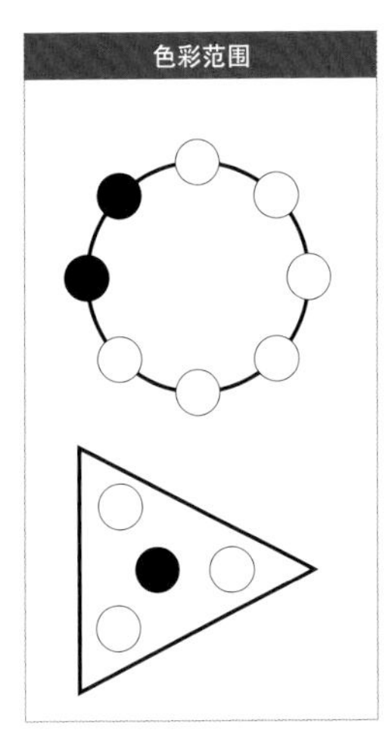

34

BCDS: P10R90b31w37
CMYK: 44-67-49-00

BCDS: R70O30b26w32
CMYK: 35-71-59-00

BCDS: R90O10b41w44
CMYK: 51-59-53-01

BCDS: P70R30b42w32
CMYK: 59-67-44-01

35

BCDS: Y40K60b33w24
CMYK: 53-47-84-01

BCDS: Y100b24w30
CMYK: 33-44-80-00

BCDS: O60Y40b24w39
CMYK: 28-54-69-00

BCDS: R20O80b39w35
CMYK: 46-65-67-03

36

BCDS: R20O80b26w34
CMYK: 33-65-68-00

BCDS: R70O30b35w39
CMYK: 45-64-57-01

BCDS: P20R80b22w45
CMYK:34-60-37-00

BCDS: P70R30b38w25
CMYK: 59-75-43-01

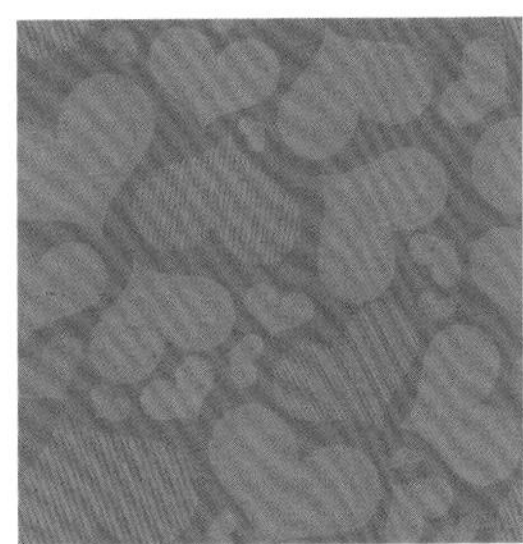

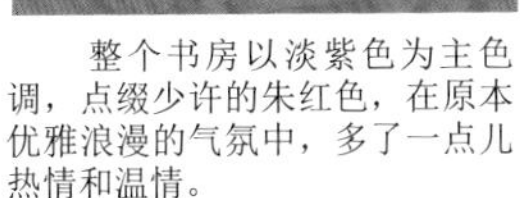

整个书房以淡紫色为主色调，点缀少许的朱红色，在原本优雅浪漫的气氛中，多了一点儿热情和温情。

这间书房以明朗欢快的黄色为主色，搭配少许的浅棕色和灰绿色，给人娇嫩温柔的感觉。

整间书房以粉红色为主色，搭配浅棕色，点缀少许的绿色，给人活泼生动的感觉，粉色系又有少女的梦幻感。

## 2 颜色主题：古朴〔中明度中彩度配色〕

色彩范围

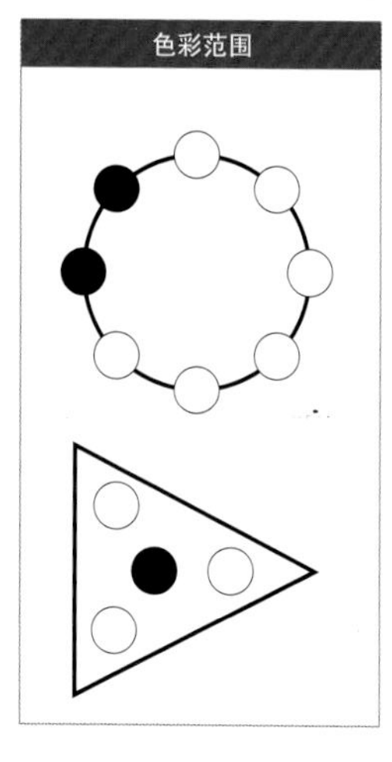

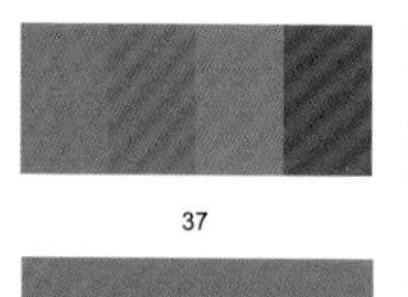

37

BCDS: R20O80b31w36
CMYK: 37-63-65-00

BCDS: R70O30b23w30
CMYK: 32-72-60-00

BCDS: P30R70b22w39
CMYK: 35-64-38-00

BCDS: R60O40b43w19
CMYK: 50-78-74-14

38

BCDS: Y70K30b31w29
CMYK: 45-47-82-00

BCDS: Y30K70b16w37
CMYK: 36-29-77-00

BCDS: O40Y60b23w40
CMYK: 25-48-68-00

BCDS: R10O90b42w33
CMYK: 47-65-68-04

39

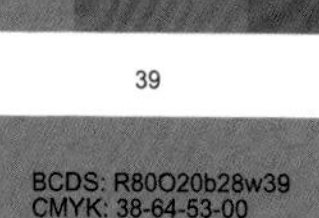

BCDS: R80O20b28w39
CMYK: 38-64-53-00

BCDS: P30R70b29w30
CMYK: 46-75-49-00

BCDS: P60R40b39w33
CMYK: 55-67-43-00

BCDS: B10P90b36w23
CMYK: 70-73-31-00

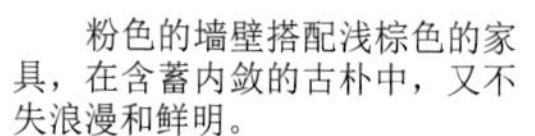

粉色的墙壁搭配浅棕色的家具，在含蓄内敛的古朴中，又不失浪漫和鲜明。

紫蓝色的书柜配以棕黄色的地板，点缀些许浅绿色，古色古香的书房不乏清新灵动。

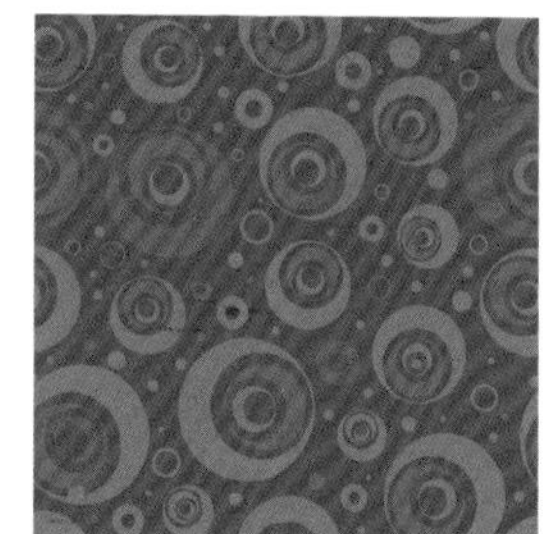

浅棕色搭配淡紫色，点缀紫檀色的家具。使书房的书香气十足，但不失温馨感。

## 2 颜色主题：古朴〔中明度中彩度配色〕

色彩范围

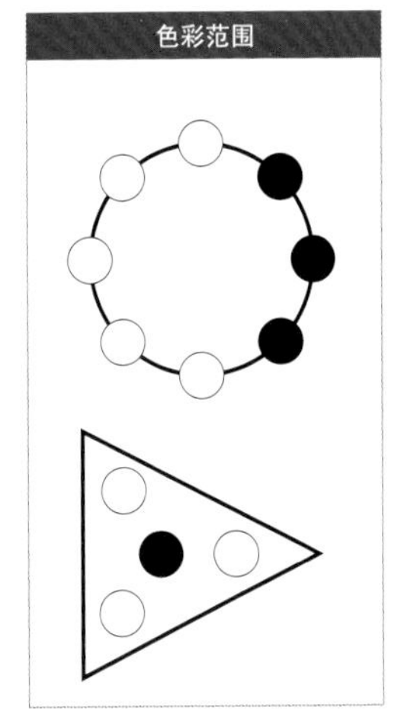

40

BCDS: K70G30b36w26
CMYK: 65-47-82-04

BCDS: Y30K70b24w31
CMYK: 44-38-81-00

BCDS: Y80K20b27w36
CMYK: 37-41-75-00

BCDS: O40Y60b37w14
CMYK: 44-65-91-04

41

BCDS: K50G50b36w25
CMYK: 69-44-78-02

BCDS: K80G20b19w37
CMYK: 49-29-75-00

BCDS: Y20K80b30w40
CMYK: 49-40-71-00

BCDS: Y60K40b20w41
CMYK: 33-31-73-00

42

BCDS: Y60K40b30w36
CMYK: 45-43-76-00

BCDS: Y30K70b17w38
CMYK: 36-28-75-00

BCDS: K100b34w26
CMYK: 57-45-83-02

书房以土黄和灰绿色为主色调，点缀小面积的棕色，古朴中多了几分草木的新鲜。

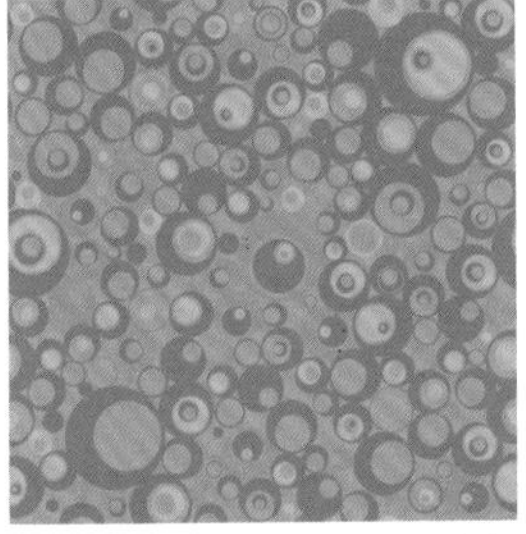

浅咖啡色的家具搭配绿色的地面和窗帘，古朴典雅的沉稳气质中，又不乏清新感。适合学者和作家使用。

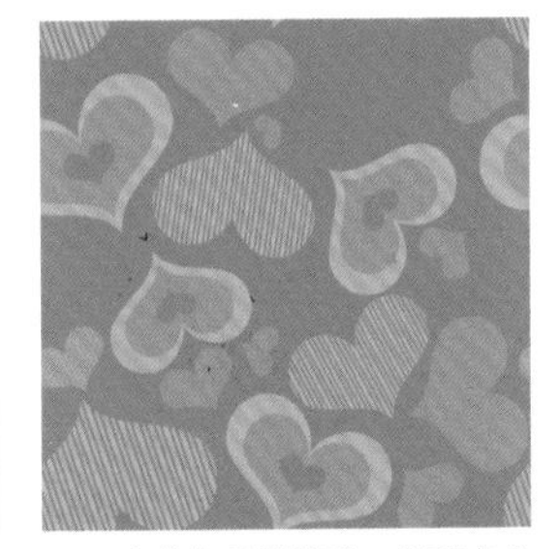

土黄色系的墙壁，搭配灰白色的家具，点缀小面积的橄榄绿色，古朴自然中更多的是干练理性的感觉。适合白领使用。

## 2 颜色主题：古朴〔中明度中彩度配色〕

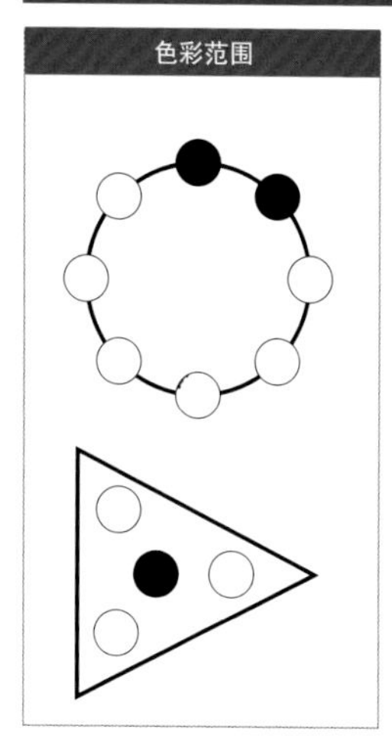


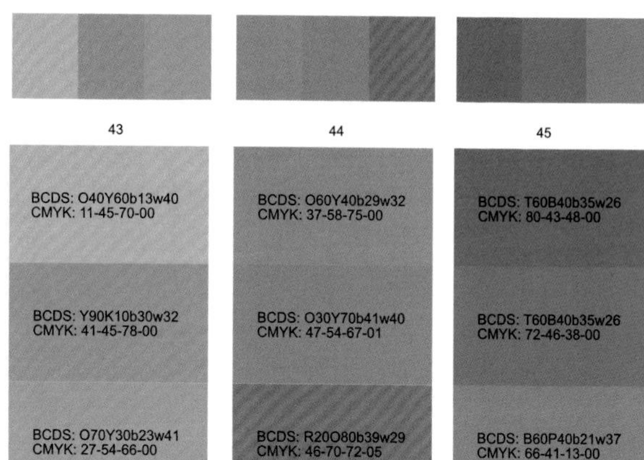

浅咖啡色搭配浅棕色，使人感受到温暖的古朴书香味，点缀少许的灰绿色，让原本质朴的感觉多了一分青春生命力。

大面积的浅棕色的墙面和浅驼色的家具组合在一起，给人典雅高贵的感觉，点缀少许的浅橘色，又多了一些活跃和温情。

整个墙面和地面都使用了浅蓝色和蓝灰色，点缀少许的蓝绿色。使书房在清爽理智的氛围中略带爽朗和新鲜。

## 2 颜色主题：古朴〔中明度中彩度配色〕

色彩范围

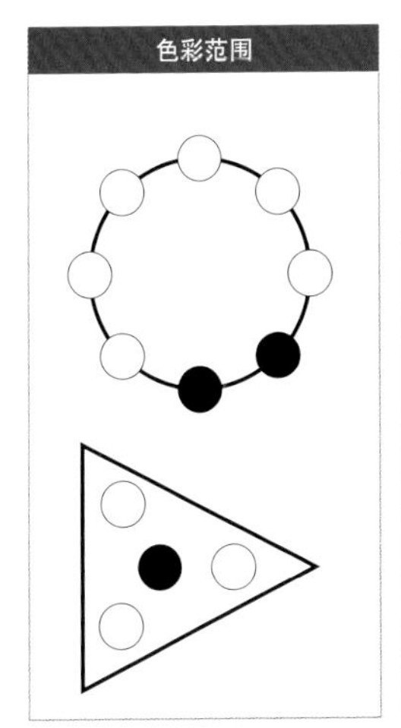

46

BCDS: G70T30b36w25
CMYK: 80-42-65-01

BCDS: K20G80b38w38
CMYK: 67-42-63-00

BCDS: G30T70b22w34
CMYK: 75-23-50-00

47

BCDS: Y80K20b33w30
CMYK: 46-49-80-00

BCDS: Y60K40b18w36
CMYK: 33-32-78-00

BCDS: O20Y80b43w16
CMYK: 50-64-91-08

48

BCDS: K30G70b34w29
CMYK: 70-40-73-01

BCDS: G100b22w36
CMYK: 67-25-60-00

BCDS: G60T40b39w19
CMYK: 84-45-68-04

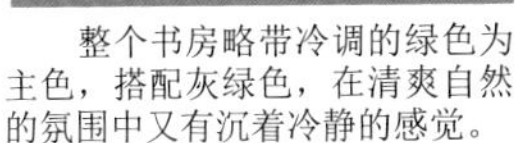

整个书房略带冷调的绿色为主色，搭配灰绿色，在清爽自然的氛围中又有沉着冷静的感觉。

黄绿色的墙面搭配棕色的家具，整体显得书香古朴，有回归田园的感觉。

大面积的浅绿色和灰绿色搭配，点缀少许的橄榄绿，使整个书房清爽明朗，干练沉静。

## 2 颜色主题：古朴〔中明度中彩度配色〕

色彩范围

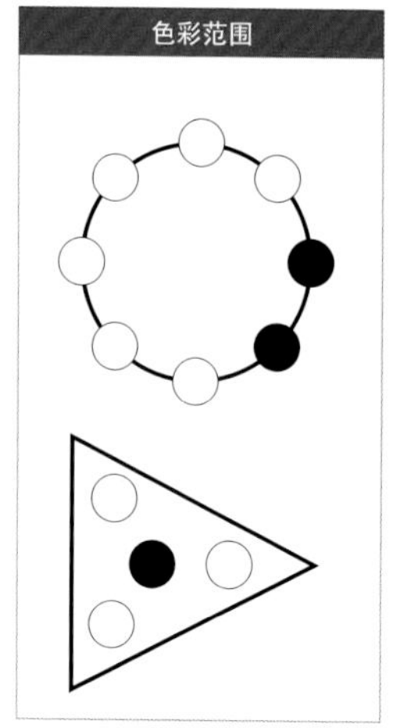

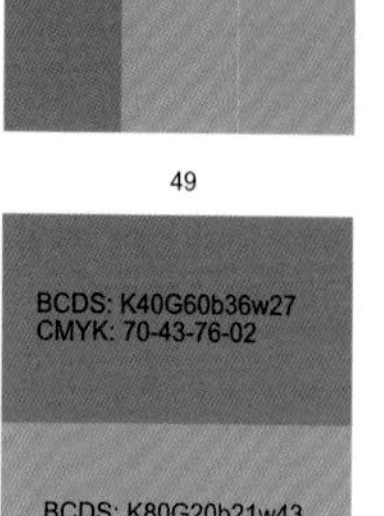

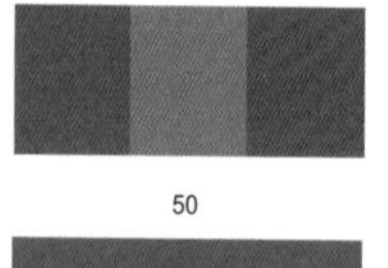

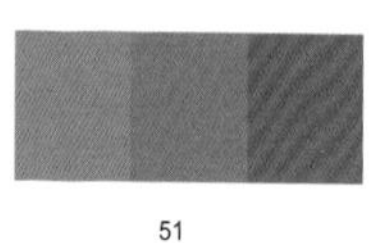

| 49 | 50 | 51 |
|---|---|---|
| BCDS: K40G60b36w27<br>CMYK: 70-43-76-02 | BCDS: G20T80b46w15<br>CMYK: 81-45-61-02 | BCDS: R30O70b25w38<br>CMYK: 30-63-61-00 |
| BCDS: K80G20b21w43<br>CMYK: 48-29-67-00 | BCDS: T80B20b21w55<br>CMYK: 68-38-54-00 | BCDS: O90Y10b37w36<br>CMYK: 43-62-70-01 |
| BCDS: Y50K50b23w28<br>CMYK: 40-37-82-00 | BCDS: T50B50b33w28<br>CMYK: 80-52-57-05 | BCDS: R70O30b33w25<br>CMYK: 44-75-65-03 |

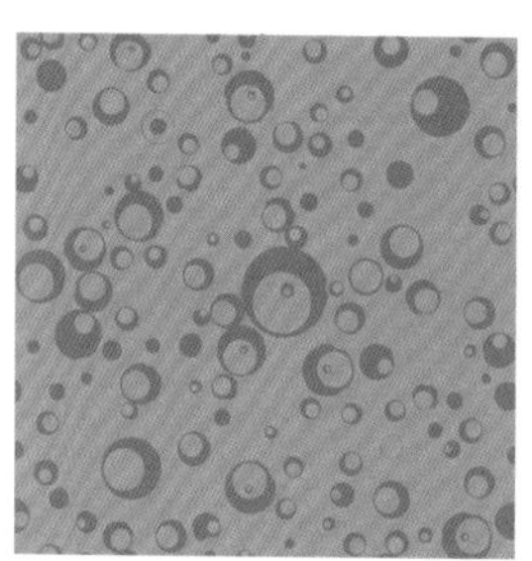

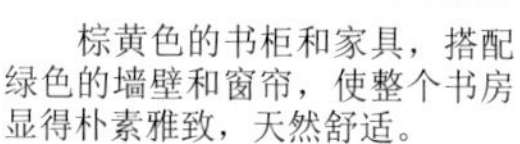

棕黄色的书柜和家具，搭配绿色的墙壁和窗帘，使整个书房显得朴素雅致，天然舒适。

整个空间采用大面积的蓝绿色系组合，使人感觉深邃安静，沉稳刚毅。

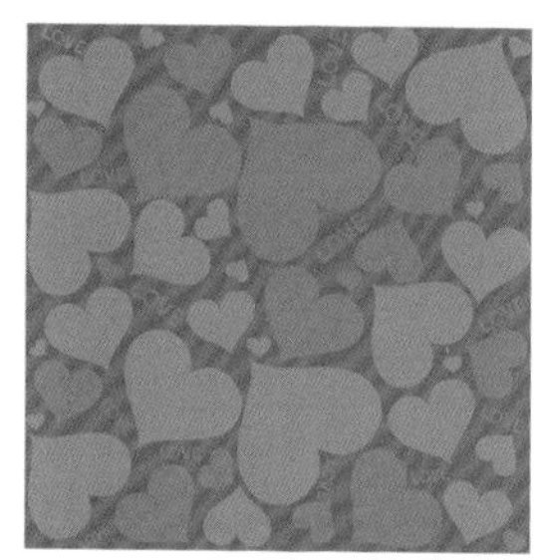

从浅棕色到棕红色的自然过渡，色彩平和稳定，烘托出书房典雅古朴的气质。

## 2 颜色主题：古朴〔中明度中彩度配色〕

色彩范围

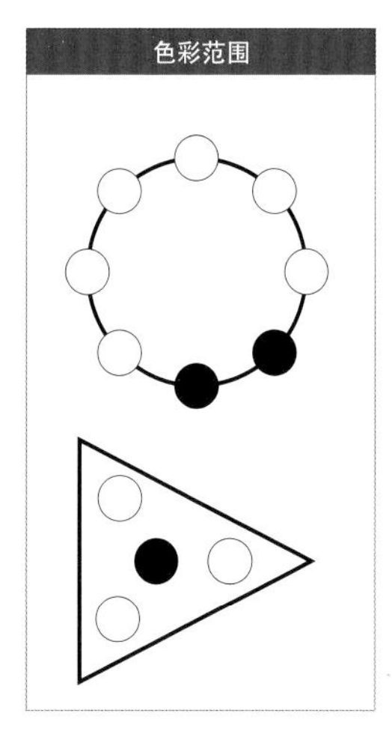

52

BCDS: G40T60b35w28
CMYK: 79-41-58-00

BCDS: T60B40b40w14
CMYK: 87-51-55-04

BCDS: T10B90b39w35
CMYK: 75-48-42-00

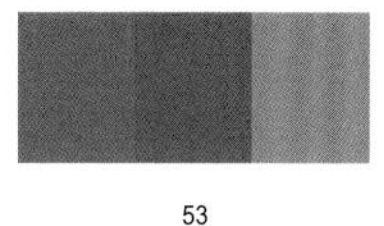

53

BCDS: G90T10b39w26
CMYK: 77-44-67-02

BCDS: K20G80b38w16
CMYK: 80-48-84-09

BCDS: K60G40b21w32
CMYK: 60-31-78-00

54

BCDS: R40O60b24w37
CMYK: 31-64-60-00

BCDS: R70O30b37w38
CMYK: 46-64-56-01

BCDS: P20R80b40w22
CMYK: 55-78-60-11

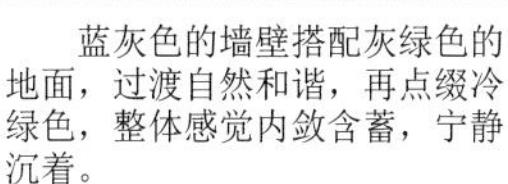

蓝灰色的墙壁搭配灰绿色的地面，过渡自然和谐，再点缀冷绿色，整体感觉内敛含蓄，宁静沉着。

灰绿色的家具搭配浅棕色的书柜，大面积白色的墙壁，给人既现代又古朴的感觉。

浅棕色到棕红色的自然过渡，使得整个空间色彩和谐统一，有古香古色的感觉。

## 2 颜色主题：古朴〔中明度中彩度配色〕

色彩范围

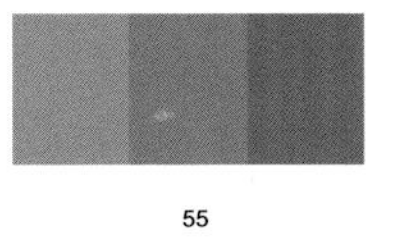

55

BCDS: P70R30b16w41
CMYK: 35-59-16-00

BCDS: P100b33w39
CMYK: 55-56-29-00

BCDS: B40P60b34w28
CMYK: 72-58-23-00

56

BCDS: G30T70b34w28
CMYK: 78-37-57-00

BCDS: G90T10b42w19
CMYK: 82-48-74-08

BCDS: T60B40b39w42
CMYK: 69-44-46-00

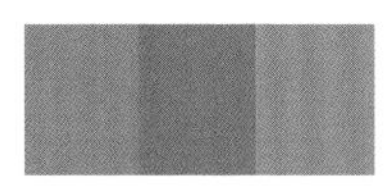

57

BCDS: Y50K50b31w32
CMYK: 48-44-78-00

BCDS: O20Y80b38w23
CMYK: 45-58-84-03

BCDS: K60G40b19w35
CMYK: 56-26-73-00

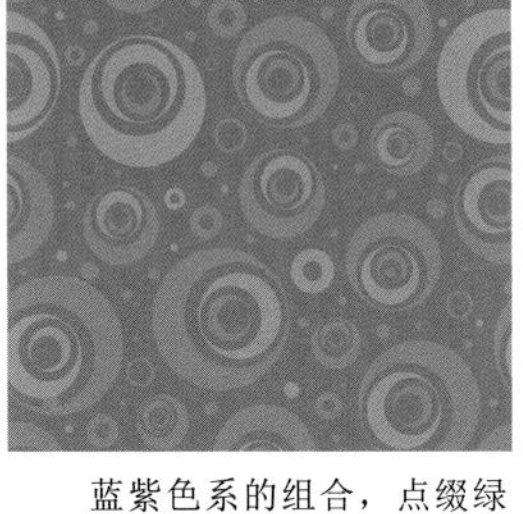

蓝紫色系的组合，点缀绿色的家具，给人深沉高贵的感觉，同时绿色使整个书房多了些许清爽。

绿色的墙面搭配灰绿色的地面，点缀深咖啡色的家具，给人沉静平和的清新感，也不乏干练和质朴的气质。

灰绿色搭配棕黄色，给人古朴典雅的书香气，又有大自然的清新平和气息。

## 2 颜色主题：古朴〔中明度中彩度配色〕

色彩范围

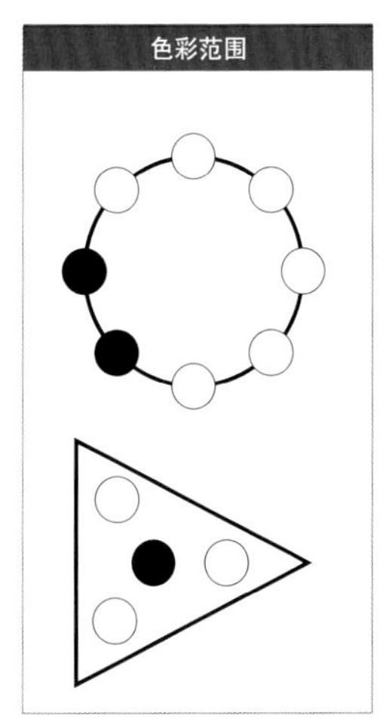

| 58 | 59 | 60 |
|---|---|---|
| BCDS: B50P50b37w23<br>CMYK: 79-62-27-00 | BCDS: P40R60b35w29<br>CMYK: 52-73-49-01 | BCDS: B70P30b34w23<br>CMYK: 81-56-26-00 |
| BCDS: B20P80b40w37<br>CMYK: 64-56-35-00 | BCDS: P10R90b26w34<br>CMYK: 41-71-51-00 | BCDS: B10P90b41w37<br>CMYK: 64-59-38-00 |
| BCDS: P90R10b34w35<br>CMYK: 57-63-31-00 | BCDS: P80R20b35w37<br>CMYK: 55-62-35-00 | BCDS: P70R30b44w25<br>CMYK: 64-75-47-05 |

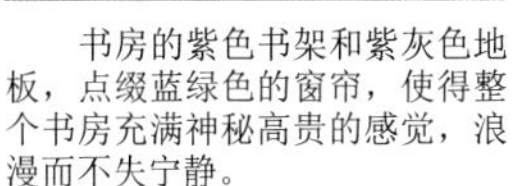

书房的紫色书架和紫灰色地板，点缀蓝绿色的窗帘，使得整个书房充满神秘高贵的感觉，浪漫而不失宁静。

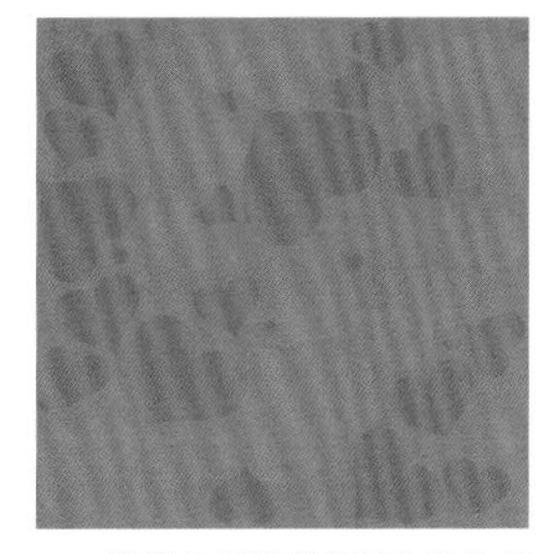

淡紫色的墙壁搭配白色的书架和书桌，给人温柔典雅的感受，干净明快。

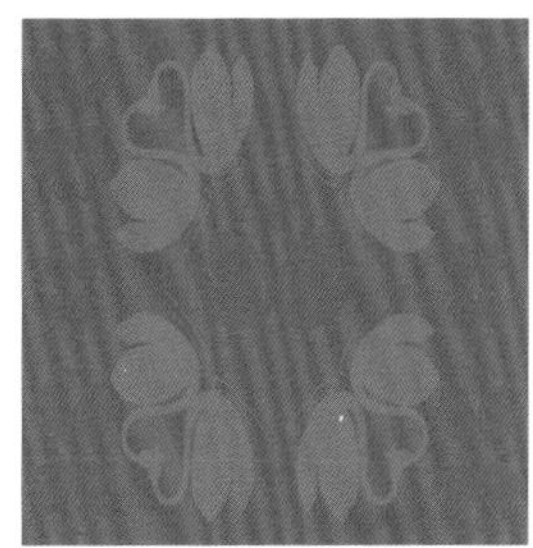

淡紫色的墙壁搭配蓝绿色书柜，点缀红色的沙发，整体设计感觉活跃跳动，搭配新颖。

## 2 颜色主题：古朴〔中明度中彩度配色〕

色彩范围

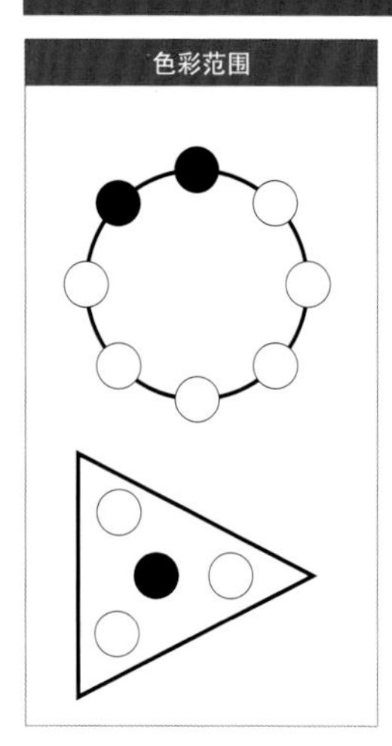

61

BCDS: R20O80b24w38
CMYK: 29-62-63-00

BCDS: R60O40b42w27
CMYK: 50-73-68-09

BCDS: O70Y30b36w20
CMYK: 43-68-84-04

62

BCDS: G100b12w45
CMYK: 60-08-53-00

BCDS: G60T40b22w45
CMYK: 64-20-47-00

BCDS: G30T70b32w45
CMYK: 64-33-45-00

63

BCDS: O30Y70b37w26
CMYK: 44-59-82-02

BCDS: Y80K20b26w34
CMYK: 37-40-77-00

BCDS: O100b34w44
CMYK: 37-55-58-00

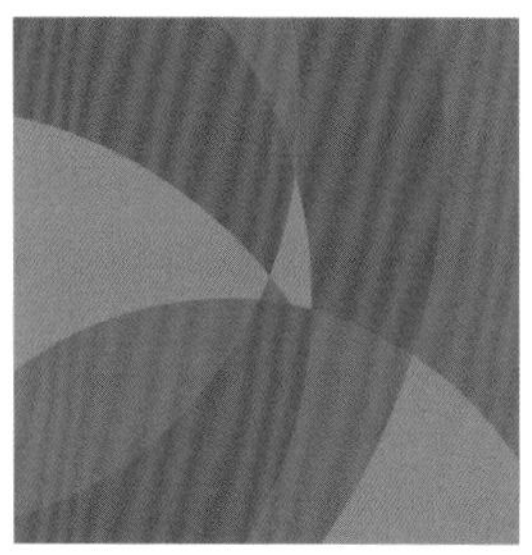

浅橘色的墙壁搭配浅棕色的地面，点缀朱红色的家具，使温馨的书房不失书香气。

灰绿色的家具搭配浅棕色的书柜，大面积白色的墙壁，给人既现代又古朴的感觉。

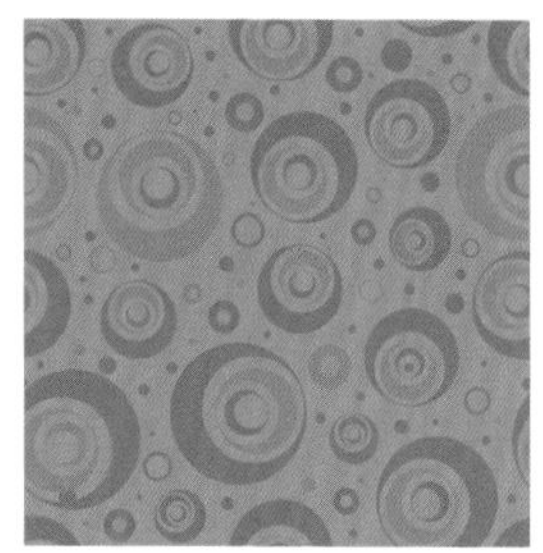

浅棕色到棕红色的自然过渡，色彩平和稳定，典雅古朴。

## 2 颜色主题：古朴〔中明度中彩度配色〕

色彩范围

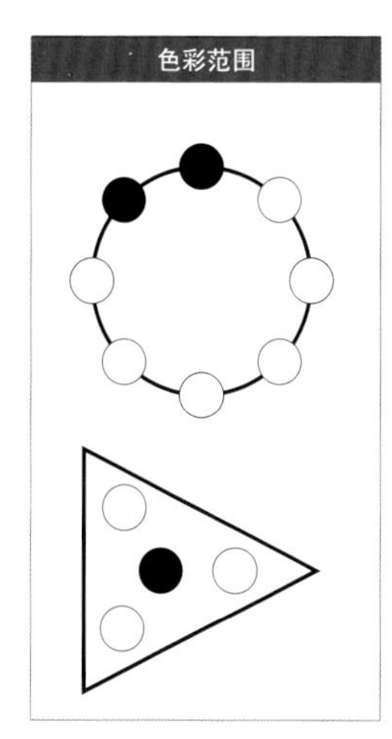

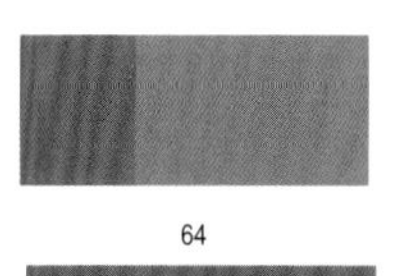

64

BCDS: R80O20b35w29
CMYK: 47-73-64-04

BCDS: P40R60b29w43
CMYK: 43-59-38-00

BCDS: R20O80b24w32
CMYK: 30-67-69-00

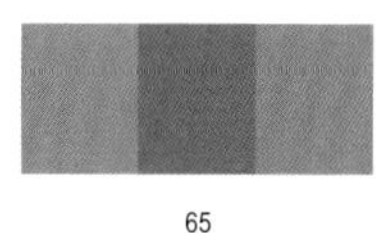

65

BCDS: Y20K80b26w34
CMYK: 47-38-77-00

BCDS: K60G40b39w30
CMYK: 67-46-76-04

BCDS: K30G70b28w46
CMYK: 57-31-55-00

66

BCDS: B40P60b34w43
CMYK: 63-48-30-00

BCDS: B80P20b42w28
CMYK: 77-55-38-00

BCDS: T20B80b21w36
CMYK: 72-28-31-00

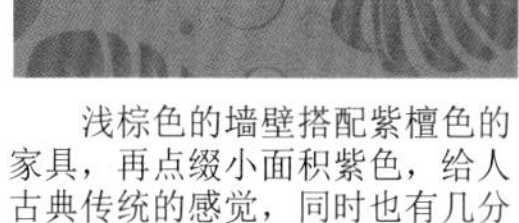

浅棕色的墙壁搭配紫檀色的家具，再点缀小面积紫色，给人古典传统的感觉，同时也有几分优雅。

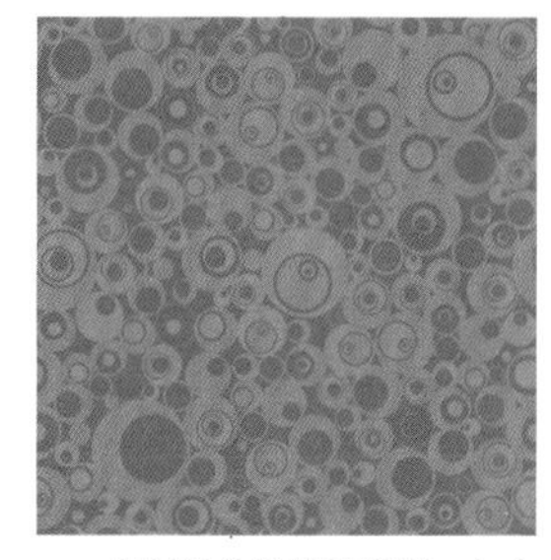

灰绿色的墙壁和地面，加上白色的窗户，整体感觉干净明朗，干练沉着。

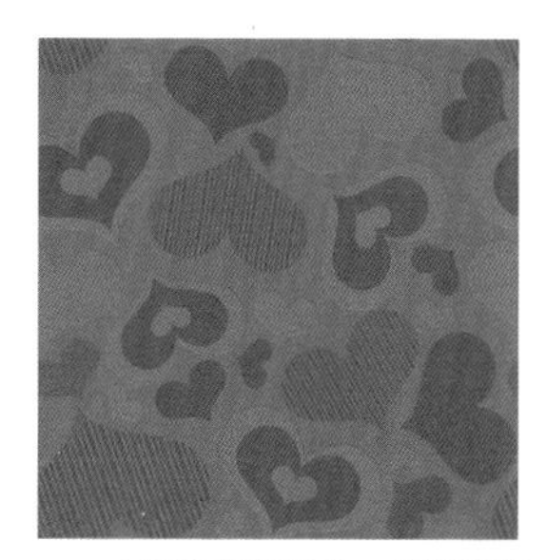

大面积的蓝灰色，点缀淡紫色的小家具，给人宁静沉着的感觉，也有几分优雅和浪漫。

## 2 颜色主题：古朴〔中明度中彩度配色〕

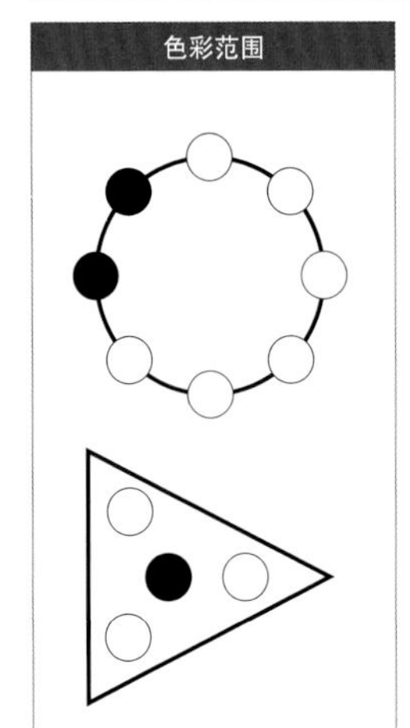

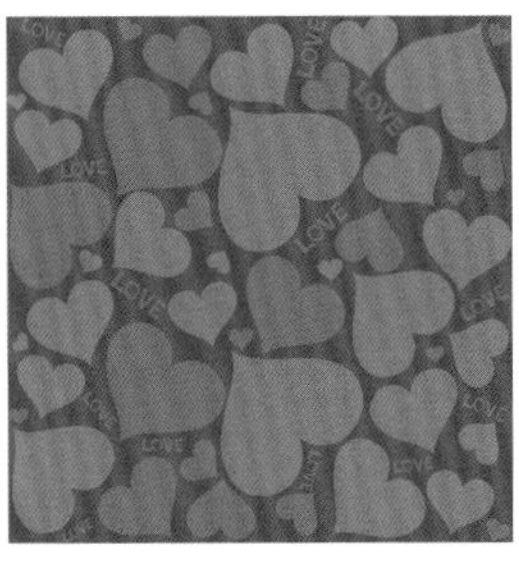

整个书房采用大面积的紫色和朱红色，明亮的采光，使得整个书房在深邃古朴的感觉中，多了一分明朗。

浅棕色的墙壁搭配白色的书柜，点缀少许的深咖啡色，使书房变得雅致平静，适合性格内敛的人士使用。

浅棕黄色的墙壁搭配白色的书柜，点缀嫩绿色的装饰画，给人典雅高贵的感觉，点缀少许的浅橘色，又平添了一些活跃。

## 2 颜色主题：古朴〔中明度中彩度配色〕

**色彩范围**

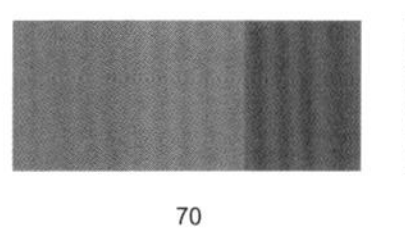
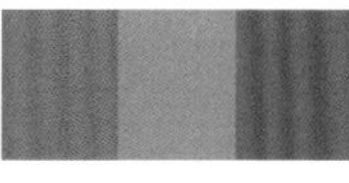

| 70 | 71 | 72 |
|---|---|---|
| BCDS: P100b38w38<br>CMYK: 58-58-33-00 | BCDS: R30O70b41w35<br>CMYK: 47-65-65-03 | BCDS: Y80K20b29w30<br>CMYK: 42-44-81-00 |
| BCDS: P70R30b26w39<br>CMYK: 45-62-27-00 | BCDS: O80Y20b25w31<br>CMYK: 28-61-73-00 | BCDS: O30Y70b33w41<br>CMYK: 40-51-67-00 |
| BCDS: P40R60b40w24<br>CMYK: 56-78-54-06 | BCDS: R70O30b41w20<br>CMYK: 49-77-70-11 | BCDS: O70Y30b40w25<br>CMYK: 46-66-81-06 |

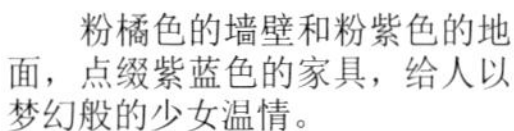

粉橘色的墙壁和粉紫色的地面，点缀紫蓝色的家具，给人以梦幻般的少女温情。

浅咖啡色的书柜和白色的墙壁，点缀玫红色的椅子，使整个书房有古朴沉稳的感觉，但不乏跳跃的激情。

浅棕色到棕红色的自然过渡，使得整个空间色彩和谐统一，具有古香古色感觉。